国家出版基金项目
NATIONAL PUBLICATION FOUNDATION

涡轮机械与推进系统出版项目

航空发动机技术出版工程

航空发动机涡轮设计

黄维娜 邹正平 李维 等 编著

科学出版社

北 京

内 容 简 介

涡轮是航空发动机的复杂关键部件,直接推动了航空发动机技术的发展。本书开篇介绍了涡轮的工作原理、基本类型、基本构成和涡轮技术的发展历程,从涡轮的学科与专业划分为气动设计、冷却与传热设计、结构设计,系统阐述了涡轮的详细设计过程,并介绍了涡轮试验验证的规划和相关工作,最后对涡轮先进设计技术进行了展望。本书从涡轮的设计实践出发,力求实用性及实效性。

本书可以作为航空发动机专业高年级本科生和研究生,以及航空发动机工程技术人员的参考书。

图书在版编目(CIP)数据

航空发动机涡轮设计 / 黄维娜等编著. —北京:
科学出版社,2022.12
航空发动机技术出版工程　国家出版基金项目
涡轮机械与推进系统出版项目
ISBN 978-7-03-074388-6

Ⅰ. ①航…　Ⅱ. ①黄…　Ⅲ. ①航空发动机-涡轮喷气发动机-设计　Ⅳ. ①V235.11

中国版本图书馆 CIP 数据核字(2022)第 246474 号

责任编辑:徐杨峰 / 责任校对:谭宏宇
责任印制:黄晓鸣 / 封面设计:殷　靓

斜 学 出 版 社 出版

北京东黄城根北街 16 号
邮政编码:100717
http://www.sciencep.com

南京展望文化发展有限公司排版
广东虎彩云印刷有限公司印刷
科学出版社发行　各地新华书店经销

*

2022 年 12 月第 一 版　开本:B5(720×1000)
2024 年 10 月第六次印刷　印张:22 1/4
字数:436 000

定价:170.00 元
(如有印装质量问题,我社负责调换)

航空发动机技术出版工程
专家委员会

航空发动机技术出版工程
设计系列
编写委员会

涡轮机械与推进系统出版项目

序

　　涡轮机械与推进系统涉及航空发动机、航天推进系统、燃气轮机等高端装备。其中每一种装备技术的突破都令国人激动、振奋,但是由于技术上的鸿沟,使得国人一直为之魂牵梦绕。对于所有从事该领域的工作者,如何跨越技术鸿沟,这是历史赋予的使命和挑战。

　　动力系统作为航空、航天、舰船和能源工业的"心脏",是一个国家科技、工业和国防实力的重要标志。我国也从最初的跟随仿制,向着独立设计制造发展。其中有些技术已与国外先进水平相当,但由于受到基础研究和条件等种种限制,在某些领域与世界先进水平仍有一定的差距。在此背景下,出版一套反映国际先进水平、体现国内最新研究成果的丛书,既切合国家发展战略,又有益于我国涡轮机械与推进系统基础研究和学术水平的提升。"涡轮机械与推进系统出版项目"主要涉及航空发动机、航天推进系统、燃气轮机以及相应的基础研究。图书种类分为专著、译著、教材和工具书等,内容包括领域内专家目前所应用的理论方法和取得的技术成果,也包括来自一线设计人员的实践成果。

　　"涡轮机械与推进系统出版项目"分为四个方向:航空发动机技术、航天推进技术、燃气轮机技术和基础研究。出版项目分别由科学出版社和浙江大学出版社出版。

　　出版项目凝结了国内外该领域科研与教学人员的智慧和成果,具有较强的系统性、实用性、前沿性,既可作为实际工作的指导用书,也可作为相关专业人员的参考用书。希望出版项目能够促进该领域的人才培养和技术发展,特别是为航空发动机及燃气轮机的研究提供借鉴。

张彦仲

2019 年 3 月

航空发动机技术出版工程

序

　　航空发动机被誉称为工业皇冠之明珠,实乃科技强国之重器。

　　几十年来,我国航空发动机技术、产品及产业经历了从无到有、从小到大的艰难发展历程,取得了显著成绩。在世界新一轮科技革命、产业变革同我国转变发展方式的历史交汇期,国家决策进一步大力加强航空发动机事业发展,产学研用各界无不为之振奋。

　　迄今,科学出版社于2019年、2024年两次申请国家出版基金,安排了"航空发动机技术出版工程",确为明智之举。

　　本出版工程旨在总结、推广近期及之前工作中工程、科研、教学的优秀成果,侧重于满足航空发动机工程技术人员的需求,尤其是从学生到工程师过渡阶段的需求,借此也为扩大我国航空发动机卓越工程师队伍略尽绵力。本出版工程包括设计、试验、基础与综合、前沿技术、制造、运营及服务保障六个系列,2019年启动的前三个系列近五十册任务已完成;后三个系列近三十册任务则于2024年启动。对于本出版工程,各级领导十分关注,专家委员会不时指导,编委会成员尽心尽力,出版社诸君敬业把关,各位作者更是日无暇晷、研教著述。同道中人共同努力,方使本出版工程得以顺利开展、如期完成。

　　希望本出版工程对我国航空发动机自主创新发展有所裨益。受能力及时间所限,当有疏误,恭请斧正。

2024 年 10 月修订

前　言

　　本书从航空发动机涡轮工作原理和基本类型出发,按照系统工程的方法,给出了涡轮设计需求分析和设计流程,阐述了涡轮气动、冷却与传热和结构设计的设计依据、设计原则,论述了当前涡轮的设计方法、分析技术,说明了涡轮的试验验证方法,介绍了航空发动机涡轮技术发展与挑战。

　　本书由中国航发四川燃气涡轮研究院黄维娜、北京航空航天大学邹正平、中国航发湖南动力机械研究所李维、中国航发四川燃气涡轮研究院贺进负责章节架构确定、章节内容的策划安排,以及全书统稿和校核工作。其中,第 1 章主要由中国航发四川燃气涡轮研究院唐洪飞、北京航空航天大学邹正平、西北工业大学乔渭阳编写;第 2 章主要由北京航空航天大学邹正平、西北工业大学乔渭阳和刘存良、哈尔滨工业大学王松涛、中国航发四川燃气涡轮研究院黄康才、中国航发湖南动力机械研究所李维、中国航发沈阳发动机研究所王雷等编写;第 3 章由中国航发沈阳发动机研究所王雷、北京航空航天大学邹正平、中国航发湖南动力机械研究所李维等编写;第 4 章由西北工业大学刘存良等编写;第 5 章由中国航发四川燃气涡轮研究院何爱杰、马川,以及中国航发湖南动力机械研究所李维、中国航发沈阳发动机研究所王雷等编写;第 6 章主要由中国航发湖南动力机械研究所李维和蒋康河、中国航发沈阳发动机研究所陈云等编写;第 7 章由哈尔滨工业大学王松涛等编写。

　　在本书编写过程中,得到了中国航发四川燃气涡轮研究院科学技术委员会办公室、涡轮技术研究室的大力支持,在此表达感谢!

　　受作者水平限制,书中难免存在不足,恳请读者和专家批评指正并提出宝贵的意见。

本书编委会

2022 年 5 月

目　录

第1章　航空发动机涡轮概述

第2章　涡轮设计需求分析及设计体系

第 3 章　涡轮气动设计

第4章　涡轮冷却与传热设计

第5章　涡轮结构设计

第6章 涡轮试验验证

第7章　涡轮先进设计技术展望

第1章
航空发动机涡轮概述

涡轮(turbine)是航空发动机的核心部件之一,是将高温高压燃气的能量转变为动能和机械能的叶轮机械。高温高压燃气在涡轮中转弯膨胀产生机械功,进而带动航空动力系统中的压气机、风扇、螺旋桨、直升机旋翼及附件传动系统等。

自20世纪30年代末德国第1台涡轮喷气发动机问世以来,航空燃气涡轮发动机的技术已经取得了巨大的进步,并派生出多种形式的航空燃气涡轮喷气发动机,其中包括单转子涡轮喷气发动机、双转子涡轮喷气发动机、带加力燃烧室的涡轮喷气发动机、小涵道比涡扇发动机、大涵道比涡扇发动机、涡轮螺旋桨发动机、桨扇发动机、涡轴发动机等。无论是上述哪类航空发动机,涡轮部件始终是航空发动机设计研制的关键部件,在航空发动机的发展中都具有重要的作用,燃气涡轮的技术水平直接影响航空发动机的技术指标,不断改进燃气涡轮设计技术、提高燃气涡轮的技术水平等,始终是推动航空发动机技术进步的重要内容。

航空发动机对高推重比、高效率、低油耗等技术指标的追求,要求涡轮的设计必须保证高的做功能力与低的气动损失且耐高温,而恶劣的涡轮工作环境(高温、高压、高转速)导致涡轮结构复杂、制造技术精益、材料高端,其成本越来越高,而对可靠性、寿命的要求也越来越高,进一步增大了其设计难度。燃气涡轮部件是航空发动机中最昂贵、最复杂的部件,核心的涡轮设计技术也是目前西方国家在航空发动机技术合作中对我国严格限制和保密的。鉴于航空燃气涡轮的上述技术特点以及严酷的工作环境,航空发动机燃气涡轮设计涉及气动力学、传热学、结构动力学等多领域,属于综合、复杂的工业产品设计。

按燃气流动的方向,燃气涡轮又分为轴流式和径流式两种。轴流式涡轮具有流量大、尺寸紧凑、效率高的特点,在现代航空发动机上得到了广泛应用。本书主要讨论航空发动机燃气轴流式涡轮设计技术,包括燃气涡轮气动、冷却与传热、结构等设计内容。

1.1　航空发动机轴流式涡轮工作原理

1.1.1　航空发动机热力循环及涡轮热力学过程

航空发动机的基础热力循环模型来自燃气轮机装置定压加热理想热力循环（Brayton cycle，布雷顿循环），如图 1.1 所示，整个定压加热理想热力循环分为四个过程：1-2 是压缩气体，2-3 是定压燃烧，3-4 是膨胀做功，4-1 是喷气产生推力，其中分压气机、燃烧室、涡轮三个核心单元实现前三个过程。

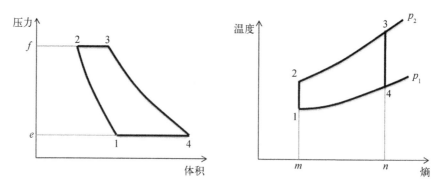

图 1.1　燃气轮机装置定压加热理想热力循环图
1-2. 压缩气体；2-3. 定压燃烧；3-4. 膨胀做功；4-1. 喷气产生推力

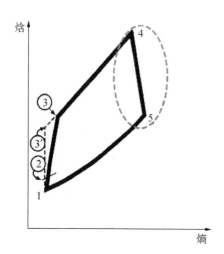

图 1.2　航空发动机热力循环图
1-2. 进气道过程；2-3. 压气机压缩过程；
3-4. 燃烧室燃烧过程；
4-5. 涡轮膨胀做功过程；
5-1. 喷管喷气产生推力过程

航空发动机实际循环中的各个过程都存在着不可逆因素，实际主要考虑压缩过程和膨胀过程存在不可逆性。因为流经叶轮式压气机和涡轮的工质通常在很高的流速下实现能量之间的转换，这时流体之间、流体与流道之间的摩擦等损失不能再忽略不计。图 1.2 为航空发动机热力循环图，其中 1-2 为进气道过程，在这个过程中由于受到飞行器的飞行惯性，进口气体具有一定的压缩作用；2-3 为压气机压缩过程，在这个过程中压力得到提升；3-4 为燃烧室燃烧过程，在这个过程中温度得到提升；4-5 为涡轮膨胀做功过程，在这个过程中压力和温度均下降，气体热力学能转换为机械功输出；5-1 为喷管喷气产生推力过程。

其中,1-3和4-5过程均考虑了不可逆过程中的熵增。对于航空发动机涡轮部件,热力循环过程如图1.3所示,在涡轮部件的不可逆膨胀过程中,相同压力膨胀过程下的理想循环中的热力学能减少量(等熵焓降)与不可逆循环中的实际热力学能减少量(实际焓降)之间存在差值,这种差值与理想循环中的焓降占比决定了涡轮部件的膨胀工作热力学效率,这也是涡轮设计初期较为关注的设计目标。

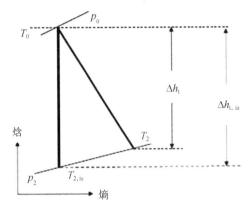

图 1.3　涡轮热力循环图

1.1.2　航空发动机轴流式涡轮工作原理

航空发动机涡轮部件工质通流部分通常由导叶和动叶组成,其中导叶为相对静止状态,动叶会随着转子旋转,输出轴功。

涡轮作为一种将工质的热能转换为机械能的旋转式动力机械,广泛地应用于国民经济各部门,与其他动力机械相比(与蒸汽机和内燃机比较)具有以下几方面的特点。

(1) 涡轮的功率大。涡轮是连续工作的回转式机械,在其内工质的热能首先转换成动能,然后将动能转换为机械功,所以可以显著提高进入其中的工质量,从而提高涡轮的功率。活塞式发动机是一种往复式的动力机械,进入汽缸内的工质不能太多,因为进入汽缸内的工质增加,必须使活塞的行程增加并使汽缸的直径增大。这样,汽缸的尺寸及活塞的直径较大,增大了活塞往返的惯性力,降低了运动时的安全可靠性。

(2) 涡轮具有高速性。高速性是指涡轮叶片的运转速度很高,上述涡轮具有工质流量大和功率大的特点,而单位时间流入涡轮的工质量与其速度相关,工质的流动速度与涡轮叶片的运行速度有一定的比例关系,所以工质的增加必然导致涡轮叶片运动速度的提高。

(3) 涡轮有较高的涡轮前温度。由热力学可知,提高热力循环的初始参数可以提高热效率。在蒸汽涡轮中,更多的是提高涡轮前压力,最高压力甚至超过了500 bar(1 bar = 0.1 MPa);在燃气涡轮中,更多的是提高涡轮前温度,最高温度甚至超过了 2 300 K。

1.2　涡轮的基本类型

涡轮的应用领域较为广泛,其种类也较多,可以从结构、功能、气动特征、有无冷气四个方面来划分。

1.2.1　按结构划分

从结构上,可以分为径流涡轮(图 1.4)、轴流涡轮(图 1.5),也可以分为单级涡轮、多级涡轮、对转涡轮,另外还包括特殊结构的涡轮。

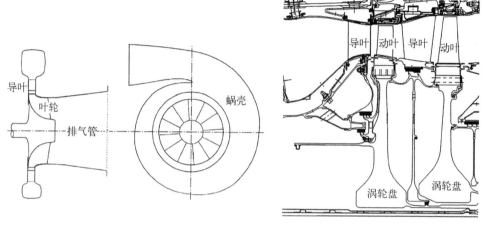

图 1.4　径流涡轮　　　　　　　　　图 1.5　轴流涡轮

径流涡轮(一般情况下为向心涡轮,特定场合下可为离心涡轮)往往应用于小流量涡轮设备上,如涡轮泵、涡轮增压器等,其结构简单、成本低,但是径向尺寸会随涡轮流量的增加而急剧增加,当流量大到一定程度时,其尺寸和质量将大于轴流涡轮,而效率水平会低于轴流涡轮,这时轴流涡轮更具有优势,因此军民用航空发动机中往往采用轴流涡轮。

涡轮级数设计主要依据性能、质量、寿命、成本等需求,军用发动机为追求高推重比,高、低压涡轮一般采用单级涡轮,民用发动机为追求较低的耗油率和较高的寿命、可靠性,高压涡轮往往采用双级涡轮,而低压涡轮则采用更多的级数。但是这并不是绝对的,如著名的 CFM56 发动机,其核心机是在用于 B-1 轰炸机的 F101 核心机的基础上发展而成的[1],因此 CFM56 系列发动机一直采用单级高压涡轮设计。

对转涡轮是指高、低压涡轮转子反向转动的涡轮,并充分利用反向转动时上游级出口产生的预旋来减小低压第一级导叶的折转角度,甚至不需要第一级导叶的折转而取消第一级导叶,因此对转涡轮可以分为 1+1 对转涡轮[图 1.6(a)]、1+1/2对转涡轮[图 1.6(b)]、1+1/2+N 对转涡轮[图 1.6(c)][2]。目前,对转涡轮的应用还不多,仅在新一代军用发动机等上有应用。

变几何涡轮在航空发动机的一大应用领域是变循环发动机,变循环是新一代先进航空发动机的典型特征,而变循环正是通过变几何来实现的,包含变几何涡轮部件。然而,在极高的温度环境下实现涡轮变几何,其难度可想而知。轴流涡轮变几何与向心涡轮变几何存在较大的差异,在同样采用叶片旋转方式变几何时,后者

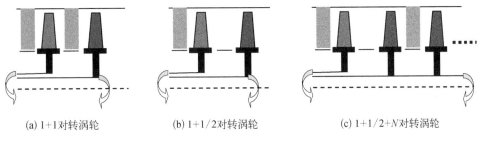

(a) 1+1对转涡轮   (b) 1+1/2对转涡轮   (c) 1+1/2+N对转涡轮

图 1.6 对转涡轮结构示意图

是在平面上完成的,而前者是在曲面上完成的,因此轴流变几何涡轮在气动、结构设计上更为复杂。

1.2.2 按功能划分

按功能划分,涡轮可分为高压涡轮、中压涡轮、低压涡轮和动力涡轮。其中,高压涡轮用于驱动压气机,双轴发动机中低压涡轮用于驱动风扇和增压级,在英国罗尔斯·罗伊斯公司(简称罗·罗公司)特有的三轴发动机中,通过中压涡轮驱动增压级,低压涡轮驱动风扇。动力涡轮主要用于涡轴/涡桨发动机、燃机中,有些动力涡轮用于驱动一些工业用途的压缩系统,有些动力涡轮用于驱动发电机来提供电力,有些动力涡轮用于驱动飞机或舰船的涡桨,作为动力之源。

1.2.3 按气动特征划分

按气动特征,可以将涡轮分为反力式涡轮和冲动式涡轮。其中,反力式涡轮是指气流在动叶中具有膨胀过程的涡轮,冲动式涡轮则是气流在动叶中不再膨胀的涡轮,即反力度为零的涡轮。气动上的特征决定了两种涡轮的性能,反力式涡轮设计工况的效率水平更高,而冲动式涡轮的起动性能更好。航空发动机、燃机等追求低油耗的发动机中往往采用反力式涡轮,冲动式涡轮往往应用在功率密度要求较高,而效率要求不是很高的地方,如涡轮泵、空气马达等。

1.2.4 按有无冷气划分

按有无冷气划分,可以将涡轮分为无冷却涡轮和气冷涡轮。气冷涡轮的设计难度比无冷却涡轮更高,需要在气动、结构、空气系统、传热等方面考虑冷气的影响,其复杂程度远高于无冷却涡轮叶片。在早期的发动机中,涡轮前温度较低,应力水平较低,一般采用无冷却涡轮。随着发动机性能指标的提升,涡轮前温度不断提高,必须采用冷却措施才能达到涡轮寿命和可靠性的要求,但是目前的低压涡轮和动力涡轮的温度水平仍不是很高,一般采用简单冷却或者不冷却。

1.3 航空发动机轴流式涡轮的基本构成

涡轮由静子和转子组成,如图 1.7 所示。静子由静子叶片、机匣、涡轮外环等组成,转子由转子叶片、涡轮盘、涡轮轴等组成。其中,静子叶片简称静叶,也称导向器叶片或导叶,转子叶片简称动叶,导叶和动叶合称为涡轮叶片。为保证安全工作,静子和转子间存在间隙(图 1.8)。间隙一般分为两种:一种为导叶和动叶之间的距离在轴向上的投影,称为轴向间隙;另一种为静子和转子在径向上的缝隙,称为径向间隙。径向间隙包括叶尖间隙、转子前/后级间间隙、蓖齿间隙等。

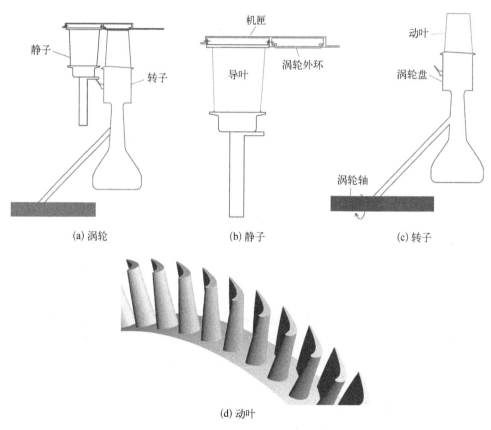

(a) 涡轮   (b) 静子   (c) 转子

(d) 动叶

图 1.7 涡轮结构示意图

导叶和动叶组成的气体流经的主要通道为主流道(图 1.9),主流道上下壁面的型线从前到后一般为扩张型,以适应气流经过涡轮后增加的体积流量,有些情况下,进出口轴向速度的比值也会影响其形状。高温高压燃气进入主流道,通过导叶通道发生膨胀,气流速度增加且被扭转,高速扭转气流冲击动叶,使动叶旋转产生

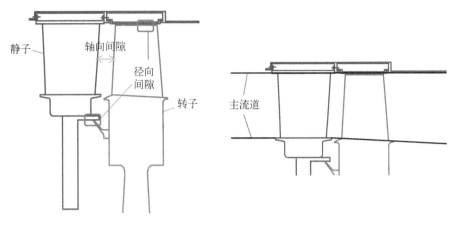

图 1.8　涡轮静子和转子间的间隙　　　　图 1.9　涡轮主流道示意图

旋转机械功率。此功率通过连接其涡轮盘传递至涡轮轴上,从而带动上游的压缩部件(风扇或压气机)或非压缩部件(如旋翼和螺旋桨)旋转。涡轮叶片一般设计成流线型,以减少气流损失。现代先进航空发动机中,燃气温度远超涡轮叶片材料的熔点,故涡轮叶片需进行冷却。为保证冷却效果,涡轮叶片设计得非常复杂。因静子和转子间存在间隙,间隙处也需进行封严或冷却,以防止燃气倒灌进静子和涡轮盘间的盘腔通道中烧坏涡轮。

涡轮的冷却方式包括对流冷却、气膜冷却和发散冷却等。对流冷却适用于燃气温度不高的情况;气膜冷却适用于燃气温度较高的情况;发散冷却因冷气与主流接触面很大、损失高,一般仅适用于温度极高的情况。涡轮叶片常采用对流冷却和气膜冷却的组合冷却模式,在涡轮叶片内腔增加肋壁、绕流柱等来强化换热,冷气通过气膜孔喷入主流道,在叶片表面形成气膜保护层,使叶片金属表面和气膜外的主流产生较大的温度梯度,降低金属表面温度,达到保护叶片的目的。

涡轮的冷气来自上游压缩部件中间级或出口处的空气,一股引至机匣,另一股引自导叶下方,导叶下方的预旋喷嘴控制流入下游的冷气流量。导叶的冷却一般采用上下进气的方式,将冷气从叶片上方的机匣和下方引入,实现内部对流或表面气膜冷却;动叶的冷气来自导叶下方的预旋喷嘴,该气体进入涡轮盘内的接受孔,向上进入动叶,通过内部对流或表面气膜实现动叶的冷却。静子和涡轮盘之间的冷气同样来自预旋喷嘴,通过盘腔流路从上方流入主流道,此处的冷气流量由预旋喷嘴出口与盘腔流路出口的压差、篦齿间隙大小控制。

1.4　涡轮技术发展历程

涡轮是蒸汽轮机、燃气轮机的重要组成部件。张燧的铜轮、我国民间的走马灯及达·芬奇设置在烟道中的叶轮,都可以看作燃气涡轮的雏形,它们都是将气体能量提取出来转换为机械功的装置。但早期的探索受困于科学技术水平的限制,无法系统应用到生产和生活之中。19 世纪 80 年代,随着蒸汽机的出现和电气化时代的到来,涡轮设计技术逐步得到发展。特别是 20 世纪 30 年代,英国的惠特尔和德国的奥海因先后研制出涡轮喷气发动机,标志着人类进入喷气时代,由此产生的巨大需求推动着涡轮设计理论和方法迅速发展[1]。涡轮的设计技术先后历经了低维设计、准三维/三维设计、全三维精细化设计和非定常设计四个阶段,并逐渐向不确定性设计过渡,如图 1.10 所示。

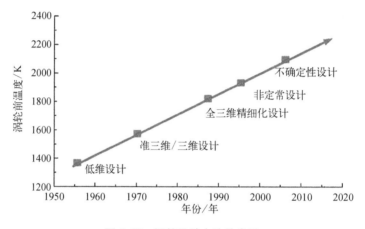

图 1.10　涡轮设计方法的发展

第一阶段:低维设计阶段。在涡轮喷气发动机诞生初期,由于手段限制和认识有限,涡轮设计大部分局限于简单的低维设计,即通过有限数据进行经验关联总结模型。例如,相关研究者于 1965 年给出的经典 Smith 图的本质就是将反力度为 0.5 左右的载荷系数、流量系数和效率进行关联,以便为后来的涡轮设计提供参考。更多的经验关联是以数学表达式,即损失模型形式给出的,其中较为经典的有 Ainley 和 Mathieson 于 1957 年归纳的损失模型,其可计及叶型、二次流及叶尖泄漏损失对涡轮效率的影响。此后,该模型得到不断完善,例如,20 世纪 70 年代,Dunham 和 Came 对其进行了修正,可以考虑雷诺数变化对损失的影响;80 年代,Kacker 和 Okapuu 作了进一步研究,使该模型计及了可压缩性影响。常见的损失模型还有 Traupel、Craig&Cox 等模型,随着涡轮进口温度的不断提高,Hartsel 和 Ito 等还提出了可以评估冷气掺混的损失模型。随着数据库的建设和有效数据的增加,基于经验或半经验的一维设计方法趋于完善[2],作为涡轮气动设计的基础,这些低维设计方法对后来的涡轮设计影响深远。

第二阶段:准三维/三维设计阶段。在低维设计方法完善的同时,研究人员也着眼于更高维度的设计方法,以谋求更高性能。吴仲华于 1950 年建立了基于 S1 和 S2 流面模型的叶轮机械三元流动通用理论,为高维设计提供了理论指导[3]。20 世纪 60 年代,研究人员开始对叶栅中的边界层损失、三维流动现象、跨声速流动、二次流和湍流度对气动损失的影响等问题展开了研究,并发展了行之有效的设计方法。例如,考虑三维负荷分布的弯扭掠造型及多自由度叶型设计等方法逐渐成熟,并于 20 世纪 80 年代开始得到广泛应用。在发动机结构方面,罗·罗公司发明的三转子结构,在改善发动机匹配性能的同时,可有效提升涡轮效率;同时,冷却叶片设计技术和热障涂层技术的应用,使得涡轮前温度大幅度提升。通用电气(General Electric, GE)公司在 E3 计划中发展的冲击、对流和气膜复合冷却的新方法,结合先进的金属材料,可将涡轮前温度提高到 1 600 K 左右[4]。随着计算机技术的发展,计算流体动力学(computational fluid dynamics, CFD)也开始应用于涡轮设计中,利用 CFD 方法对涡轮内部流动状态进行模拟成为涡轮设计人员的常规研究手段。

第三阶段:全三维精细化设计阶段。随着研究手段的发展,20 世纪 90 年代,涡轮设计进入了全三维精细化设计阶段,以满足第四代发动机涡轮等的性能指标要求[5]。叶身端壁融合技术、非轴对称端壁方法、动叶尖部精细流动组织技术、波系精细化组织技术、综合考虑冷气与主流掺混的流动组织方法、过渡段支板一体化设计、前缘修型方法等精细化设计技术得到了广泛的重视并逐渐应用于航空发动机型号,如 Trent XWB 和 LEAP X 发动机高压涡轮中,通过叶尖形状的精细化设计有效降低了泄漏损失,提升了涡轮性能[6]。同时,新的气动布局,如对转涡轮设计技术开始得到成功应用。此外,随着多路复合式冷气系统、单晶镍基合金技术的成熟应用,配合更先进的涂层技术,进一步将涡轮前温度提高到了 2 000 K 左右[7]。

第四阶段:非定常设计阶段。涡轮内部流动的本质就是非定常流动,其内部的非定常效应和非定常掺混等对涡轮性能影响显著[8,9]。为了进一步提升涡轮性能,有必要在设计中考虑非定常效应,其中最为成功的应用即英国剑桥大学和罗·罗公司利用尾迹与边界层相互作用产生的非定常寂静效应,在保持涡轮效率不变甚至略有提高的情况下,大幅度提升了涡轮气动负荷,并在 Trent 系列发动机上得到广泛应用[10]。随后,GE 公司和普拉特·惠特尼集团公司(简称普惠公司)也开展了大量寂静效应的研究,并各自应用于自己的型号设计中。此外,随着对时序效应、激波干涉、热斑输运机制等的认识日益深入,考虑这些非定常效应的气动和冷却及强度设计技术等得到快速发展,并逐步应用于发动机型号;同时,基于多学科耦合的优化技术也在迅猛发展,为涡轮设计提供了新的技术手段。

第五阶段:不确定性设计阶段。在发动机的真实环境中,存在诸多不确定性因素,使得涡轮工作状态偏离理想设计状态,最终导致涡轮性能和可靠性的不确定性[11,12]。这些不确定性因素主要体现在几何的不确定性和工作状态的不确定性方面,其中几何的不确定性包括加工和装配的不确定性、发动机运行工况中叶片的磨损或损伤、机匣的变形、多种力作用下叶片的变形等;工作状态的不确定性包括由于涡轮和相邻部件系统(如空气系统、燃烧室、尾喷管等)工作状态的不确定性,这些不确定性将导致涡轮工作环境(如气动、热力、力学边界条件等)的不确定性。通过不确定性设计方法,在设计和加工、装配等各个环节充分考虑不确定性带来的影响,从而有效降低其对涡轮所带来的影响,提高涡轮乃至航空发动机的可靠性。

参考文献

[1] Dixon S L, Hall C. Fluid Mechanics and Thermodynamics of Turbomachinery [M]. 7 Ed. Oxford: Buttworth-Heinemann, 2014.

[2] Zou Z, Wang S, Liu H, et al. Axial Turbine Aerodynamics for Aero-engines: Flow Analysis and Aerodynamics Design[M]. New York: Springer, 2018.

[3] Wu C H. A general theory of three-dimensional flow in subsonic and supersonic turbomachines of axial, radial, and mixed-flow types [R]. Washington: NASA, 1952.

[4] Timko L P. Energy efficient engine high pressure turbine component test performance report [R]. Cleveland: NASA-Lewis Research Center, NASA－CR－168289, 1984.

[5] Pratt and Whitney. F119 [J]. Jane's Aero-Engines, 2010: 460－472.

[6] IHS. Jane's Aero-Engines Yearbook 2010 [M]. London: IHS Jane's, 2010.

[7] Rolls-Royce Plc. The Jet Engine[M]. 6th Ed. London: Rolls-Royce Plc, 2005.

[8] Denton J D. The 1993 IGTI scholar lecture: Loss mechanisms in turbomachines [J]. Journal of Turbomachinery, 1993, 115(4): 621－656.

[9] Greitzer E M, Tan C S, Graf M B. Internal Flow: Concepts and Applications [M]. Cambridge: Cambridge University Press, 2007.

[10] Hodson H P, Howell R J. Bladerow interactions, transition, and high-lift aerofoils in low-pressure turbines[J]. Annual Review of Fluid Mechanics, 2005, 37: 71－98.

[11] Garzon V E, Darmofal D L. Impact of geometric variability on axial compressor performance [C]. New York: ASME Turbo Expo, 2003: 1199－1213.

[12] Wang X, Zou Z. Uncertainty analysis of impact of geometric variations on turbine blade performance[J]. Energy, 2019, 176: 67－80.

第2章
涡轮设计需求分析及设计体系

2.1 涡轮设计需求分析和设计原则

需求,泛指由需要而产生的要求。不同的行业对需求有不同的理解,即便同一行业的不同机构并非完全相同。美国国家航空航天局(National Aeronautics and Space Administration, NASA)将其定义为利益相关方期望[1],即特定利益相关个人或团体的认识,通过指定所需项目最终状态或产品是什么,或为项目目标增加约束范围来确定。这些约束范围可能包括(资源)消耗、时间、性能目标,以及其他非定量约束,如组织需求和地缘政治目标;而国军标体系中将需求定义为武器装备在规定的使用环境下应具备的作战能力(或功能)。具体到航空发动机领域,通常定义为客户期望发动机产品具备的功能、能力、状态、服务要求,以及产品/技术开发中实现要求必须或者需要遵守的条件、标准、约束、要求。

发动机的需求来源主要包括: ① 客户(军方/飞机方)对发动机产品的要求,通常以研制总要求或任务书等形式下达;② 约束发动机研制的外部标准,如国军标、适航要求、法律法规等;③ 航发产品的用户体验反馈;④ 为提高发动机产品竞争力,保持单位行业领先的需求。

作为发动机中的重要部件之一的涡轮,其需求同样来自上述四个方面。涡轮部件设计前需首先开展需求分析,对需求进行分类并形成完整的涡轮部件需求报告,以此作为开展设计及验证的依据。需求分类方式多样,从客户的使用角度可分为性能要求、强度寿命要求、可靠性要求、环境适应性要求等;从研发角度可将上述第②条归为通用需求,第①③④条涉及的需求一般通过总体对部件的要求文件提出,归为项目具体要求,当然具体型号的总体要求文件中也会包含第②条要求的分解。按照国军标要求的设计定型审查或按照适航标准的取证,其主要目的是保证涡轮部件满足标准和相关法律法规的要求,即满足技术任务书中对涡轮可靠性和安全性的要求,各种极端环境下发动机性能保持对涡轮的要求,申明寿命期内的有害物和噪声水平要求等。下面从涡轮部件的三个专业方向描述涡轮部件的需求。

2.1.1　气动设计需求

1. 通用需求

涡轮是航空发动机中产生机械功率的部件,工作在高温、高压、高转速环境中。涡轮的气动设计直接决定了整个航空发动机的性能,也在一定程度上影响了航空发动机的可靠性与结构完整性。涡轮气动设计的通用需求包括以下 4 个方面。

1) 航空发动机全工作包线内的性能要求

涡轮的气动设计应保证涡轮的气动特性满足航空发动机从飞机起飞到降落的全工作包线范围内的性能要求,此要求通过航空发动机整机试验和飞行试验台进行验证。为满足此项要求,需要在涡轮的气动设计中考虑使涡轮的气动特性具有较宽的高效率区间。

2) 航空发动机在不同环境条件下的性能要求

涡轮的气动设计应保证涡轮的气动性能满足航空发动机在国军标或适航条款所规定的不同的大气温度、湿度、高度、气压条件下的性能要求,此要求通过飞行试验台进行验证。为满足此项要求,需在涡轮的气动设计中考虑使涡轮的气动性能具有良好的环境鲁棒性。

3) 航空发动机在使用寿命期间的性能衰减要求

涡轮的气动设计应保证航空发动机在使用寿命期间的性能衰减要求,在规定的使用时间间隔内,由涡轮气动设计造成的航空发动机寿命衰减小于规定值,此要求通过发动机的飞行试验进行验证。为满足此项要求,需在涡轮的气动设计中考虑降低涡轮气动性能对于几何尺寸变化的敏感性。

4) 涡轮叶片的结构完整性要求

涡轮叶片的气动外形设计应满足叶片强度、寿命、疲劳、振动、蠕变等结构完整性要求,此项要求通过叶片的结构完整性试验,如叶片断裂试验、振动试验、蠕变试验等验证。为满足此项要求,需在涡轮叶片的气动设计中综合考虑叶型几何对叶片结构完整性的影响。

2. 具体型号设计需求

涡轮气动设计的具体型号设计需求包括来自上一层级(如整机)分解的要求、同一层级的部件/系统(如压气机、燃烧室、空气系统、润滑系统等)所提的关联约束、涡轮部件内部不同专业的约束要求,以及以往的经验教训需求。

3. 气动设计原则

涡轮气动设计需要满足全包线范围内的总体性能要求,同时作为部件设计工作的引领,涡轮气动设计中关于构型、流道、参数等的选择,对后续结构、冷却、强度等的设计难度和合理性起很大作用,因此需基于设计规范、成熟型号等的参考,遵循相关设计原则。

1) 涡轮级数选取原则

在满足需求的前提下,级数越少越好。根据总体要求的涡轮功率、膨胀比、出口马赫数,以及基本几何尺寸、结构强度寿命等要求,考虑载荷系数的大小与涡轮效率高低成反比这一因素来确定涡轮级数。

初始涡轮级数是根据发动机设计要求,经与相关发动机的参数对比分析等,依赖于经验进行选择的。有时,涡轮级数会存在多种选择。单级的涡轮设计中能减少发动机零件数量和减轻发动机重量,提高发动机的可靠性,但会增加气动设计的难度和叶片高度。双级的涡轮设计能降低涡轮气动设计的难度,容易实现涡轮的高效率,但会增加发动机的结构复杂性。在具体的型号设计中,需要考虑多种因素进行权衡,有时甚至会同时开展两种方案的设计,最终在权衡利弊后进行取舍。

2) 子午流道设计原则

涡轮子午流道的设计遵循的原则:在满足性能的前提下,AN^2(涡轮出口环形面积与转速平方之积)值尽可能低、叶根切线速度尽可能低。

当各级功率分配确定之后,载荷系数决定了涡轮中径大小。载荷系数越高,涡轮径向尺寸越小,涡轮部件的重量也越轻,但涡轮的级效率越低。载荷系数越低,涡轮级效率越高,但涡轮的径向尺寸越大,涡轮部件的重量也越重。在流量确定之后,流量系数决定了叶片高度(流道内外径之差),流量系数低,对保证级效率有利,但叶片拉伸应力大。

参数 AN^2 是涡轮设计中的一项重要指标,决定了涡轮叶片叶根的理想拉伸应力水平,体现了涡轮流道尺寸对叶片强度和寿命的影响。设计时可参考同类型现有涡轮的 AN^2 值,AN^2 值的大小体现了叶片的离心拉伸应力水平。

叶片根部的离心拉伸应力可用式(2.1)估算(可以看出,叶片的离心拉伸应力与 AN^2 值成正比):

$$\sigma = 2\pi K\rho\left(\frac{N}{60}\right)^2 A \times 10^{-6} \qquad (2.1)$$

式中,ρ 为叶片的材料密度(kg/m³);A 为叶片出口环形面积(m²);N 为发动机转速(r/min);K 为叶片的形状因子,其与叶片根尖截面面积比相关,通常在 0.5 左右。

涡轮叶根切线速度即轮缘速度,在发动机转速确定后,其取决于涡轮内径的大小,决定了涡轮轮盘的最大离心应力(轮缘处)。在进行涡轮的流道设计时,涡轮内径的选择应在保证涡轮效率的前提下,使涡轮叶根切线速度尽可能小,以降低轮盘应力风险。

3) 涡轮级间参数选取原则

级间参数的选取包括多级涡轮级功率的分配比例和涡轮级反力度的选取。

多级涡轮级功率分配比例的选取基本上遵循涡轮整体效率最高的原则,级功率的分配决定了各级膨胀比和负荷大小的分配。为使涡轮整体效率最高,通常要求级功率的分配保证涡轮各级在气动负荷(载荷系数)上较均衡。由于涡轮前面级的温度、压力高于后面级,前面级的做功能力高于后面级,故级功率分配通常采取逐级下降的形式,具体的分配比例可通过一维参数的迭代优化得到。

涡轮级反力度数值的大小由导叶与动叶喉部面积的比值来决定,当导叶喉部面积一定时,动叶喉部面积较大意味着反力度较小,反之则较大。反力度主要影响燃气涡轮导叶、动叶出口马赫数和气流角,以及轴向力大小。

涡轮级反力度的选取应综合考虑多种因素,包括使导叶和动叶出口马赫数比较均衡,气动损失较小;末级反力度的选取应使涡轮出口气流尽可能接近轴向等。另外,还需要注意配合空气系统进行轴向力的计算,以避免反力度选取不当造成涡轮轴向力过大或过小,进而导致轴承因轻载打滑或过载损坏。

2.1.2　结构设计需求

1. 通用需求

涡轮部件常在高温、高压、高转速下工作,工作条件十分苛刻,但要求长寿命和高可靠性,同时质量受到严格控制。因此,涡轮结构设计的通用需求包括以下方面。

(1) 为保证在预期的设计用法条件下,能达到使用寿命要求,结构设计应考虑全部的失效模式,按《航空发动机结构完整性指南》(GJB/Z 101—1997)考虑所有影响发动机结构完整性的其他因素,如机动载荷、环境状况(结冰、砂尘、雨、盐水)、维修和检查方法等,给出消耗件、附件、轴承的计划更换寿命,对所有关键的失效模式(包括能引起发动机空中停车或零件击穿发动机机匣的失效模式)做出说明,关键件的设计寿命要考虑所有失效模式和偶然恶化因素的影响,应有足够的储备,以满足飞机安全性和可靠性的要求。

(2) 在发动机设计使用寿命期内,结构设计应考虑零件的耐久性要求,在最大可能振动应力和稳态应力联合作用条件下,发动机零件不应破坏。涡轮部件全部零件应至少有如下的高循环疲劳寿命:铁基、镍基合金零件不低于 10^7 次循环,有色金属合金零件不低于 $3×10^7$ 循环,钛合金不低于 10^9 循环;零件不应出现低循环疲劳破坏;涡轮部件静子和转子零件的蠕变量应不妨碍发动机工作,也不影响发动机的分解和重新装配。

(3) 结构设计中应考虑在承受单独或复合的极限载荷下,涡轮部件应有足够的强度,不应出现灾难性破坏。在发动机所有工作状态下,包括发生喘振和失速时,封严和间隙均应保持有效;在最高允许瞬态转速时,涡轮叶片在叶身与榫头转接部位断裂时,发动机应能完全包容;涡轮转子满足超转、破裂、超温要求;动力涡轮轴满足超扭要求;相关机匣满足压力、静力等条件下的使用要求。

2. 具体型号设计需求

涡轮部件设计需在总体给定的循环参数与尺寸限制条件下,提供能满足发动机功率、耗油率的涡轮部件;同时,基于国内材料、工艺水平,应满足重量、强度、寿命、可靠性、成本等指标要求。涡轮部件设计输入包括总体性能要求与结构要求、其他关联系统/部件的要求及生产制造要求。

3. 结构设计原则

涡轮结构设计必须将气动及冷却的要求转化为可制造的机械特征,并满足型号规范中的相关要求,这些要求包括但不限于以下条目。

1) 集成化原则

结构设计时应考虑采用成熟结构,同时尽量采用一体化、单元化的结构设计,减少零件数量,提高维护性。

2) 轻量化原则

尽量采用简单结构,以减轻重量,提高发动机推重比/功重比。

3) 经济性原则

合理限制使用战略储备或稀有材料、非传统工艺、高劳动强度操作、单一来源的工艺,满足成本控制需求。

4) 安全性原则

结构设计应考虑振动、破坏性的高循环疲劳、氧化、蠕变、低循环疲劳、腐蚀及氧化损伤等因素带来的安全性问题。

2.1.3　冷却与传热设计需求

1. 通用需求

作为发动机的热端部件,涡轮零件均处于高温工作环境中,必须进行合理的传热设计,保证其在高转速、高气动载荷等复杂条件下的工作性能。国军标及适航条款中均对发动机表面温度与放热、零件的冷却、限制温度及寿命等进行了规定,因此,需采用仿真、类比、部件试验或整机试验等方法,验证传热设计达到了国军标及适航条款中规定的相关条目要求。传热设计需满足的主要通用需求如下。

(1) 为了保证涡轮叶片、盘、机匣及外环等高温部件在高温环境下可靠工作,需对其进行冷却,以满足零件强度、寿命需求,并具有足够的裕度。

(2) 为保证叶尖间隙等转静子间隙在合理范围内,需设计冷却控制机匣等零件的温度响应,调节转静子间隙,以满足部件性能要求。

(3) 为保证滑油系统稳定工作,防止滑油温度过高及结焦,滑油系统对涡轮传热提出了轴承腔隔热的需求。

(4) 在下一代先进发动机中,为满足高效节能等需求,还应进行整机热管理设计。

为验证传热设计是否达到国军标及适航条款中的规定要求,除采用仿真、类比等手段外,通常需进行下列验证试验,包括叶片冷却效果试验、叶片热冲击试验、流量特性试验、流动换热试验、流场特性试验、水流试验及最终的整机试验等。

2. 具体型号设计需求

具体发动机对涡轮传热设计需求主要包括以下方面。

1）指标性需求

（1）温度限制需求：在总体确定的发动机载荷谱下，进行涡轮高温部件冷却设计，将零件温度控制在限制的范围内，为满足总体结构给各涡轮零件提出的强度、寿命要求提供保证，主要通过仿真和试验来验证设计是否满足要求。

（2）冷气量限制需求：在保证零件冷却效果的前提下，将冷气量控制在分配指标以下，以满足空气系统分配的冷气量限制需求。

（3）温度储备需求：针对型号的指标参数和使用要求，在传热设计及分析中选取合适的温度储备，以满足功率提升、补偿测量误差等需求。

2）约束性需求

（1）在确定的发动机构型下，采用合理的引排气位置和冷气量分配，尽量保证其对总体及各部件、系统的影响最小。

（2）在充分考虑具体发动机经济性和工艺性的条件下，采用合适的冷却方式和合理的冷却结构，以满足制造的可实现性，以及装配和分解的便捷性等要求。

（3）其他特殊需求，如发动机工作环境决定的防沙尘、防盐雾等需求，在传热设计中应采取相应的措施以满足相关特殊需求。

3. 冷却传热设计

冷却传热设计的主要原则有先进性原则、安全性原则和经济性原则等，以上原则在设计中相互影响、相互制约，需结合具体设计需求综合考虑。

1）先进性原则

冷却传热的先进性主要体现在冷却效果和冷却效率两项指标上，即在一定的冷气量下，高温部件的冷却效果和冷却效率越高越好，但同时还要综合考虑工艺可行性和成本（即经济性）。

冷却效果的含义为零件温度的冷却程度，冷却效率的含义为冷气潜能的利用程度。现代航空发动机高温部件的冷却效率大约为0.3，涡轮盘、机匣等零件的冷却效率通常在0.6以上，各级涡轮叶片的冷却效果因所使用的冷气量不同而有所差异，一般为0.25~0.7。

一般来说，冷却效率越高，同样当量冷气用量下的冷却效果越好。减少冷气用量和提高冷却效果的技术途径包括采用隔热措施降低燃气侧换热、降低冷气温度、强化冷气的换热、增大冷气侧的换热面积等。

2）安全性原则

a）设计裕度原则

涡轮冷却与传热设计应满足强度寿命设计指标要求，并具有一定的设计裕度，这个裕度主要是通过在叶片冷却设计与传热分析时附加较大的出口温度分布系数 (outlet temperature distribution factor, OTDF)温升和温度储备来实现。一级导叶附加的 OTDF 温升一般为燃烧室温升的 0.3~0.4,之后逐级递减;温度储备包含增长裕度、测试误差、加工误差、性能衰减等因素。

理论上来说,各项设计裕度越大,发动机的可靠性会越高,但裕度过大往往会造成性能浪费、重量和耗油率增加等负面影响。因此,最理想的状态是: 在保证较高的设计分析精度条件下,设计裕度越小越好,温度储备中的增长裕度越大越好,综合考虑,就存在一个最佳裕度值,即随着设计水平提高,设计裕度只需考虑增长裕度值。

b) 出流裕度原则

从出流裕度角度来说,每条流路的出流裕度越大越好,但出流裕度大通常伴随着出流量的增大,会造成冷气的浪费。因此,设计中还应综合考虑系统的流量分配,一般应保证引排气压力满足最小逆流裕度要求,评价指标为逆流裕度,推荐值是最小逆流裕度大于 0.3。

为了防止冷却流路的倒流或局部失效,引排气位置的压力比需要满足一定的设计要求,这一方面是考虑主流道周向压力分布的不均匀和非定常效应影响,另一方面也是为了兼顾非设计状态、加工公差和使用恶化等情况。对于引排气位置的压力要求,一般用逆流裕度指标来评估。逆流裕度定义为式(2.2),从统计数据来看,最小逆流裕度应大于 0.3,如果过小,不仅需要较大的流通面积,还容易导致流量过小,甚至出现局部倒流。

$$逆流裕度 = (P_{in} - P_{out})/P_{out} \qquad (2.2)$$

式中,P_{in} 为引气压力;P_{out} 为排气压力。

3) 经济性原则

在满足零件冷却效率/效果的前提下,冷气量越小越好,评价指标为当量引气量。降低流动损失是减小冷气量的一个重要途径,在冷却结构设计中,应尽量降低损失系数或提高流量系数,具体措施包括:选择最佳的形状和尺寸;降低表面粗糙度;孔边倒圆或倒角;减少流动分离;避免流动干扰。

另外,采用特定结构提高冷却压力或降低冷气温度,并实现冷气流动的精确分析与控制,也有助于使冷却当量引气量最小化,方法有以下几种:

(1) 采用易进行精度控制的限流结构进行精确的流量调节;

(2) 采用阻力或节流元件调节腔室压力,并采用离心增压结构来增加转子进口的压力;

(3) 通过不同级引气的混合来得到合适的温度;

(4) 采用预旋技术降低转子感受的相对总温;

（5）采用换热器降低冷气温度（但这种方法在小型发动机上不太适用）；

（6）进行基础试验，校准分析工具与方法，提高分析精度。

2.2　涡轮气动设计方法

1. 涡轮气动环境特点及设计难点

作为航空发动机的核心部件，高做功能力、高负荷、高效率、长寿命等一直是燃气涡轮气动设计的主要目标，一方面，高做功能力、高负荷、高效率的涡轮气动设计技术是保证发动机具有高推重比、低油耗的关键技术；另一方面，涡轮工作在高温、高压的燃气环境中，并且高速旋转，这种恶劣的工作环境使得涡轮特别是高压涡轮成为航空发动机中寿命最短、最容易发生故障的部件，涡轮的结构完整性直接影响发动机工作的可靠性，发动机整机寿命主要是由涡轮的工作寿命决定的。

对于航空发动机涡轮部件，特别是高压涡轮部件，由于其工作环境极为恶劣，气动设计技术难度大，主要表现在以下几个方面。

（1）航空发动机对高负荷、小质量、高效率的燃气涡轮设计的需要。目前，涡轮设计普遍采用跨声速、大转折角、高负荷、低展弦比的设计方案，从而导致涡轮通道内部流场呈现强烈的三维流动特征，带来严重的涡轮二次流动。由于二次流消耗了涡轮内部流动的能量，不仅将高温燃气卷吸到叶片表面和端壁，而且会将气膜射流带离叶片表面，因此二次流不仅是涡轮流动的重要损失源，而且加重了叶片表面换热带来的涡轮结构完整性问题。为了保证涡轮效率不被恶化并保持涡轮高效率，涡轮设计者必须深刻理解影响涡轮二次流和损失的各种物理机制，探索和找到控制涡轮二次流的设计方法。

（2）随着航空燃气涡轮发动机性能的不断提高，涡轮进口气流温度不断提高。一方面，涡轮冷却设计中，冷气流量进一步增大，第四代先进战斗机发动机中，涡轮冷气流量接近涡轮流量的 20%；另一方面，单一的冷却方式已经无法满足冷却的要求，当代先进战斗机用发动机涡轮往往同时采用多种冷却方式。由于涡轮前燃气温度历年来持续提高，必须依靠材料和冷却设计技术来保证涡轮叶片可靠工作。复杂的大流量冷气流进入涡轮，必然会对涡轮流动过程和涡轮气动性能产生影响，在涡轮设计过程中，分析计算冷气与涡轮主流燃气之间的相互干涉，研究冷气掺混对涡轮气动性能的影响等，是当前涡轮气动设计、气动性能分析等现代燃气涡轮气动设计中的重要技术问题。

（3）进口来流高湍流度、不均匀性和非定常扰动是涡轮固有的工作特征。研究表明，航空发动机燃烧室出口燃气压力和温度径向不均匀度通常可达 10% ~ 15%，进入涡轮的来流湍流度会高达 10% ~ 20%。特别是，由于固有的导向器/转子叶排干涉，导向器尾迹会在下游转子叶片进口产生湍流度大约为 10% 的周期性高湍流来流扰动。非均匀、高湍流度以及冷气入射等复杂流动边界,对涡轮二次流、热传递等均会造成严重影响,并进一步影响到涡轮叶片表面边界层的流动转捩和分离等物理过程,而且湍流强度的提高显著增加了层流边界层中的熵增,这就会对应产生更大的损失,这些最终都会影响涡轮气流的转折和气动性能。因此,在涡轮的设计中不能忽视进口来流条件对涡轮叶栅流场的影响。

综上所述,高性能的燃气涡轮设计技术在整个航空发动机设计中起到至关重要的作用,由于受到涡轮工作环境约束及发动机对涡轮性能的高要求,航空发动机燃气涡轮气动设计始终存在着很多技术难点和技术挑战,如何不断提高燃气涡轮气动设计的水平,一直是航空发动机设计的关键技术之一。

2. 涡轮气动设计技术发展简要回顾和目前的发展趋势

燃气涡轮气动设计方法的形成和发展与人们对其内部复杂流动过程及流动损失机理的认识是密切相关的。如前所述,燃气涡轮内部流动极为复杂,影响因素非常多(有几何因素,如展弦比、稠度等;有气动因素,如来流速度、湍流度和边界层厚度等;有冷气掺混影响,包括气膜冷却、级间喷射冷气与叶片尾缘喷射冷气等)。随着航空燃气涡轮发动机的发展和航空叶轮机设计技术的发展,人们对燃气涡轮内部复杂流动物理机理、流动损失机理的认识、损失模型的建立和发展等都经历了一个相当长的过程。

众所周知,以 Ainley 和 Mathieson[2] 于 20 世纪 50 年代建立的涡轮损失模型为重要标志,航空燃气涡轮真正从经验设计进入基于气体动力学理论指导的设计时代。从这个时期开始,人们将燃气涡轮内部流动损失源分为叶型损失、二次流损失(或端壁损失)、叶尖泄漏损失和冷气掺混损失等,并一直努力实现对每一种损失源的预测。从 50 年代到 70 年代,围绕基于 S2 - S1 流面的准三维涡轮设计体系,国内外众多的涡轮研究者采用试验测量、理论分析及数值计算方法,对涡轮内部流动机理、流动损失特点、损失与涡轮设计参数的关联关系等做了大量的研究工作,成功地建立了各式各样的涡轮流动损失模型,而基于这些经验损失模型的准三维涡轮设计体系,在第二代、第三代先进航空发动机发展中也取得了极大的成功。

进入 20 世纪 80 年代以后,为了满足先进战斗机对结构紧凑、高推重比、低耗油率航空发动机的需要,新一代航空发动机的涡轮设计中,必须进一步大幅度减轻涡轮重量、提高涡轮效率、降低涡轮制造成本。这时,仅仅依靠经验关联模型的准三维涡轮设计体系已不能满足工程发展的需要,涡轮设计必须从准三维设计向全三维黏性设计发展。因此,迫切地需要人们对涡轮内部复杂三维黏性流场进行深入的认识,而各种先进测试技术的发展和流场数值模拟 CFD 技术的快速发展,也使得人们对燃气涡轮内部的流动结构有了更进一步的认识基础和条件。

1980 年,美国康涅狄格大学的 Langston 采用五孔探针和墨迹显示方法,首次给出了涡轮叶栅通道内的三维流动结构,提出了平面叶栅端壁边界层分离流动模型。目前,Langston 模型已经成为对涡轮内部复杂流动结构进行描述的经典模型,得到了许多研究者的证实和使用[3]。在此之后,国际叶轮机领域许多著名学者,包括英国剑桥大学怀特实验室的 Denton 教授等,都对涡轮内部流动的细节进行了进一步详细的试验测量和理论分析,使得人们对涡轮内部复杂流动结构有了进一步的认识和理解[4]。

进入 21 世纪以来,研究人员采用更加精细化的试验测量技术和数值模拟技术,对涡轮流场和性能进行了广泛的试验测量和数值模拟,研究表明,由于三维黏性效应和非定常效应的影响,实际燃气涡轮内部流动过程很复杂,以前用于性能预测的流动损失经验关联模型过于简单,并不能完全反映许多新发现的流动物理现象。因此,为了实现大幅度增加涡轮负荷、提高涡轮效率的目标,在进行涡轮设计计算时,必须深刻理解涡轮内部的复杂三维流动物理机制、准确计算预测涡轮流场和性能随设计参数变化的规律、合理组织和控制涡轮通道的内部流动过程。

当前,先进航空发动机燃气涡轮设计技术的发展趋势是:不断提高涡轮前燃气温度和不断增加涡轮负荷、减轻涡轮重量。针对这两大发展趋势,涡轮的气动设计思想和设计体系在进一步的发展和完善之中,目前国内外的技术状况可以归纳为下面几个方面。

(1) 过去十多年来,通过大量的试验测量和数值模拟分析,涡轮流动模型和损失模型在国外已经有了很大发展,人们已经对涡轮流动的特点和规律有了相当程度的认识,对涡轮设计和非设计状态下的性能变化规律有了深刻的理解,在涡轮设计过程中,可以将设计点与非设计点性能的综合平衡作为重要的设计原则加以贯彻。国内已经建立了完整的涡轮设计体系,积极跟踪国外先进技术的发展,将近年来涡轮流动模型的研究成果纳入涡轮设计过程中,已经完全具有可行性和相应的条件。

航空发动机的工作特点决定了在涡轮设计时,既要保证设计点具有最高效率,又要保证在偏离设计转速和设计落压比下的涡轮效率损失最小。但是,低展弦比、高负荷涡轮设计,必然导致涡轮通道内部流场为强烈的三维流动,极易引起涡轮叶片流动损失的增大和涡轮做功能力的降低。因此,如何综合考虑涡轮设计点和非设计点性能,并进行合理设计是涡轮设计工作的重点。

(2) 对二次流损失准确预测分析和对二次流的控制研究,一直是涡轮设计研究的重点。目前,人们对高负荷涡轮二次流的基本结构及二次流损失的变化规律已有了深刻的理解,并发展了许多控制涡轮二次流的工程设计方法,通过有效抑制二次流发展,显著提升了涡轮的气动性能。

跨声速、大转折角、高负荷、低展弦比的设计方案,导致涡轮通道内部流场呈现强烈的三维流动特征,并带来严重的涡轮二次流动。由于二次流消耗了涡轮内部流动的能量,不仅将高温燃气卷吸到叶片表面和端壁,而且会将气膜射流带离叶片表面,因此二次流既是涡轮流动的重要损失源,又加重了叶片表面换热带来的涡轮结构完整性问题。为了保证涡轮效率不被恶化并保持涡轮高效率,涡轮的设计者必须深刻理解影响涡轮二次流和损失的各种物理机制,探索并找到控制涡轮二次流的设计方法。在对涡轮二次流的机理和流动模型具有深刻认识的基础上,过去20多年来,涡轮研究的重点一直是发展控制二次流的设计方法。

（3）深刻认识冷气掺混对涡轮气动性能的影响规律,发展冷气掺混条件下涡轮流场和性能的计算分析方法,准确评估冷气掺混对涡轮性能的影响,是当前涡轮设计研究的又一个重点。目前,人们对气冷涡轮的流场及性能已有了深刻的理解,基本弄清了冷气掺混对涡轮气动性能影响的物理机制。通过 CFD 数值计算方法,已经能够正确模拟冷气掺混过程,预测冷气掺混对涡轮性能的影响。

在涡轮设计过程中,分析计算冷气与涡轮主流燃气之间的相互干涉,研究冷气掺混对涡轮气动性能的影响等,是当前涡轮气动设计、气动性能验算等现代燃气涡轮气动设计的主要问题。

研究表明,冷气入射造成的流动损失增加的物理机制来自两个方面:一方面是冷气与主流的掺混损失;另一方面是冷气入射造成叶型边界层改变带来的损失。在低冷气吹气比情况下,掺混损失是主要的,但在高冷气吹气比情况下,两种损失都是重要的。

（4）随着数值计算技术和试验测试技术的不断发展,当前人们对涡轮流场和性能的研究更加细致和精确,真实涡轮工作条件下的涡轮非定常流动过程及性能已经引起了人们的广泛重视。准确预测真实工作环境下涡轮气动性能,掌握涡轮设计规律,并通过非定常涡轮设计,获得更高的涡轮性能等,已成为当前涡轮新的研究热点。目前,这一研究领域方兴未艾,但有限的研究工作已经展现出了鼓舞人心的进一步提高涡轮性能的前景。

众所周知,进口来流高湍流度、不均匀性和非定常扰动是涡轮固有的工作特征。如前所述,通常航空发动机燃烧室出口燃气压力和温度径向不均匀度可达10%~15%(温度不均匀也称"热斑"),进入涡轮的来流湍流度会高达 10%~20%。特别是,由于固有的导向器/转子叶排干涉,导向器尾迹会在下游转子叶片进口产生湍流度大约为 10%的周期性高湍流来流扰动。非均匀、高湍流度及冷气入射等复杂流动边界,对涡轮二次流、热传递等均会造成严重影响,并进一步影响到涡轮叶片表面边界层的流动转捩和分离等物理过程,从而影响涡轮气流的转折和气动性能,而且复杂的湍流和气膜冷却等也会对"热斑"等产生反作用。

燃烧室出口气流温度场不均匀对航空发动机涡轮设计来说是一个重要的问题,而燃烧室出口燃气温度是影响航空发动机总体性能最重要的参数,热斑的存在将直接影响到涡轮进口燃气温度,因此,深刻认识热斑在涡轮中的传播,分析流场端流、气膜冷气等对热斑传递的影响等是当前涡轮气动设计的重要课题。目前广泛接受的观点是：燃烧室出口的热斑通过涡轮第一级导向器之后仍然存在。

2.3　涡轮冷却与传热设计方法

处于高温高压下的发动机热端部件,相对于冷端部件来说更容易出现故障,尤其是涡轮叶片,因为其不仅要承受高温、高压燃气的冲刷,还要承受高的气动负荷及离心力作用。热端部件出现故障的原因有两方面:一是工作环境温度过高,冷却措施不匹配,使部件整体温度或局部温度过高,其提前产生局部显著变形或烧蚀,引发故障;二是部件内部温差大导致热应力大,长时间运行后,结构强度降低,导致使用寿命缩短。因此,对高温部件进行必要的冷却,降低其整体温度水平及局部温差,保证在要求的工作寿命范围内不产生严重变形或烧蚀,对其安全运行具有非常重要的意义。

热端部件中,涡轮叶片的冷却结构最为复杂,流动传热形式多样,是高温部件冷却设计中最典型的部件。冷气来自压气机引气,冷却方案一般由内部冷却和外部冷却组成,有些高温叶片还采用热障涂层隔热保护。内部冷却结构通常是由对流、冲击射流、带肋通道、扰流柱通道等组成的复合冷却结构,外部冷却多采用气膜冷却,通过内部冷却与外部冷却的合理协调可完成对叶片的冷却。

2.3.1　基本传热原理

将从叶片外部燃气通过壁面到内部冷气的传热过程进行简化,包括三个传热环节:① 燃气到高温侧壁面(叶片外表面)的对流传热,热辐射可以等价到对流传热中去;② 从高温侧壁面(叶片外表面)到低温侧壁面(叶片内表面)的导热;③ 从低温侧壁面(叶片内表面)到冷气的对流传热。

叶片的内、外壁温取决于三个热阻,以及燃气侧和冷气侧的换热温度。如果叶片的壁厚和材料一定,减小外部表面传热系数或增大内部的表面传热系数,也就是增大外部对流换热热阻或减小内部对流换热热阻,可以降低叶片壁温。降低外部燃气换热温度或内部冷气温度,都可以降低叶片的内、外壁温。不难分析出,燃气和冷气温度一定时,叶片内、外壁面的温差取决于内外对流换热热阻之和与导热热阻之比,增加总对流换热热阻与导热热阻之比,可以减小叶片内外壁面温差。

从以上分析可以看出,控制叶片壁温的主要因素是内外部对流换热热阻,以及燃气和冷气侧的换热温度。降低叶片壁温的途径有:① 减小外部燃气对流换热系数;② 降低燃气换热温度;③ 增大内部冷气对流换热系数;④ 降低冷气温度。

2.3.2　外部冷却技术

为了降低叶片壁温,从外部燃气侧考虑可以采用的途径是降低燃气对叶片外表面的换热温度,或减小燃气侧对流换热系数,从而增大燃气侧热阻。而在实际应用中,目前尚没有一种有效地减小叶片外表面换热系数的技术。降低燃气对叶片外表面的换热温度的主要方法就是采用气膜冷却技术,具体做法是使叶片内部的冷气通过在叶片表面分散布局的孔或槽缝流出,使其与叶片表面的燃气掺混后在叶片表面形成温度更低的气膜层,气膜层的温度是喷出的冷气与叶片表面原有的燃气掺混后的温度,介于从气膜孔喷出的冷气温度与燃气温度之间,相对无气膜时的燃气温度,有较大幅度下降,可以有效降低叶片内外壁面温度。需要注意的是,由于喷出的冷气具有较强的扰动性,与无气膜相比,气膜存在时的换热系数一般会有所增加,这会使叶片壁温有所上升,将部分抵消混合换热温度降低而产生的降低叶片壁温的效果。在气膜冷却设计中,希望气膜喷出后能很好地贴附于叶片表面,能有效降低燃气对流换热温度,能够抵消由于气膜喷出扰动引起的换热系数增加带来的负面影响,起到降低叶片壁温、保护叶片的作用。

在叶片外表面涂上隔热涂层也是一种外部冷却技术,隔热涂层相当于在传热过程中增加了一个热阻,或者说相当于增加了燃气侧对流换热热阻,可以降低叶片内外侧壁温及内外壁温差。

2.3.3　内部冷却技术

叶片内部冷却技术的主要手段是减小内部对流换热热阻或降低冷气的温度。对于航空燃气涡轮发动机,冷气来自压气机引气,冷气温度受到压气机引气温度的限制,如果对从压气机抽出的气体进行进一步冷却,例如,在外涵道安装换热器,对从压气机出来的气体进行冷却,可以大幅降低进入叶片冷气的温度,提高对叶片的冷却效果。降低内部对流传热热阻可以通过增大叶片内部对流换热系数以及对流传热面积实现,这是内部冷却技术的两个主要研究方向。冲击、扰流肋、扰流柱等都是增大叶片内部对流换热系数的常用冷却强化手段。有时,扰流肋、扰流柱等作为扩展表面也会使换热面积发生变化,但大多数铸造低肋和尾缘扰流柱的换热面积变化不大,主要的强化换热机理是通过扰动使对流换热系数增大。

降低进入叶片的冷气温度,会降低叶片的平均壁温,但通常会使内外壁温差增大。通过内部强化换热技术降低内部对流换热热阻,可以有效降低叶片壁温,尤其是内壁温,但也会使叶片内外壁温差增大。也就是说,无论是降低内部热阻或内部冷气温度,均可以有效降低平均壁温,但同时会增大内外壁温差,因此在进行内部冷却结构设计时需要综合考虑。

2.3.4　综合冷却技术

前面介绍了涡轮叶片的外部冷却技术和内部冷却技术。其中,外部冷却技术包括气膜和隔热涂层,气膜的主要作用是降低燃气侧的换热温度,而隔热涂层的主要作用是增加燃气向叶片外表面的传热热阻。内部冷却技术包括强化内部对流换热技术和降低冷却介质温度的相关技术,强化传热技术的主要是通过减小叶片内表面向冷却介质的传热热阻来达到冷却叶片的目的,降低冷却介质温度是通过增加叶片内壁温与冷却介质的传热温差来提高冷却介质的吸热能力以达到冷却叶片的目的。

作为完整的叶片冷却技术,只强调叶片内部强化吸热及外部气膜(和涂层)隔热还不够,必须将内、外传热技术与叶片的结构或叶片内外部的流动传热特点有机地结合起来进行设计,使得叶片在工作条件下满足一定温度水平的要求。壁温要求包括平均温度和温差,不仅整体叶片的平均温度需要降到一定的水平,同时叶片实体内部温度的不均匀度也应尽可能地保持在一定的范围之内。要做到使整个叶片不同部位具有相同的壁温几乎是不可能的,只能尽可能减小温度的不均匀度。因此,在设计叶片中某一区域的内部冷却结构时不仅要考虑该区域内外部的传热特性,还必须协调考虑与该部位相邻的区域的内外冷却结构的设计特点或流动传热特性。从这个意义上讲,叶片冷却技术并非单纯地降低叶片的温度,有时为了保证叶片壁温的均匀性,在局部区域弱化内部对流换热强度也是一种可行的方法。

除此以外,在叶片冷却结构设计中,还有许多相互矛盾的影响因素需要考虑,如壁面平均温度水平与内外壁温之差的矛盾、壁温水平与冷气用量之间的矛盾、壁温水平与主流流动损失的矛盾。总之,在实际应用中,完整的涡轮叶片综合冷却技术要考虑到许多制约因素的影响,其中哪些因素占主导地位,不能一概而论,应该具体问题具体分析。

2.4　涡轮结构设计方法

2.4.1　结构应力分析

涡轮部件结构强度设计基于基础的结构力学、材料力学、断裂力学。涡轮结构强度设计的目标是在保证足够的安全性和可靠性的前提下用最轻的重量来满足结构寿命的要求。

应力分析是结构强度设计工作中的主要手段。当零件所受的应力小于许用应力时,结构不会破坏,说明结构设计合理。设计中常用传统应力计算法和有限元应力计算法来对结构应力进行分析。

1. 传统应力计算法

在结构设计中,用传统应力计算法分析方法确定该结构受力的大小,然后结合失效模式,确定危险截面,并计算受力面积。通过力与受力面积的比值来计算结构中的应力,这个方法常用于结构简单、受力单一的部位,计算结果为该部位的平均应力值。

对于结构形式复杂、受力复杂多样的零件(或部位),采用传统应力计算法计算的结果不准确,无法计算应力分布及局部的应力,也无法获取最危险部位,不能满足当前航空发动机涡轮部件结构强度设计的基本要求。

2. 有限元应力计算法

得益于计算科学及电子计算机的发展,有限元应力计算法广泛用于结构强度设计分析,其基本思路是将待分析的构件离散化为有相互连接节点的细小单元;利用结构力学的平衡条件和边界条件将各个单元按原来的结构重新连接起来,形成有限元方程组;利用数字计算方法求解该方程组得出每个节点的受力和位移。

有限元应力计算法可获得详细应力分布及局部的应力情况,可帮助设计人员找到应力最高的危险部位,在边界条件确定的情况下,有限元应力计算结果的精确性依赖于离散单元的性质及数量。目前,用于结构强度分析的大型通用有限元技术软件有 ANSYS、MARC、ABAQUS 等。

2.4.2　涡轮承载能力——AN^2

由于涡轮部件具有“热”的特点,涡轮部件所选用的选材必须具备在高温下长期稳定工作的能力,以及具有满足要求的热强度水平,同时要有可接受的制造工艺性。特别是涡轮叶片、涡轮盘等零件,由于其苛刻的工作条件(工作温度高,承受应力高)及需要达到的极高可靠性、安全性水平,又要限制结构重量,这对当前的材料发展水平提出了极大的挑战。能体现涡轮设计水平或设计难度的有涡轮前温度 T_4、AN^2、寿命、可靠性等指标,其中 AN^2 代表叶片根截面应力水平。

图 2.1 为叶片在流道子午面上的投影示意图,当转子以转速 N 旋转时,可以计算转子叶片根截面的应力。

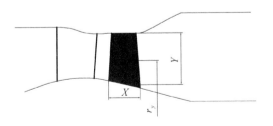

图 2.1　叶片在流道子午面上的投影示意图

r_y. 形心的回转半径;X. 叶片轴向弦长;Y. 流道高度

叶片根截面应力 σ_S:

$$\sigma_{\text{S}} = \frac{\rho XY\Delta tr_y\omega^2}{X\Delta t} = \rho Yr_y\omega^2 \tag{2.3}$$

式中，Δt 为截面的微元厚度；ρ 为材料密度；ω 为角速度。

由于

$$\omega = N\pi/180$$

并且流道环面的面积为

$$A \approx 2\pi r_y Y$$

代入式(2.3)，可得

$$\sigma_{\text{S}} = \frac{\pi}{64\,800}\rho \cdot AN^2 \tag{2.4}$$

或

$$\frac{\sigma_{\text{S}}}{\rho} = \frac{\pi}{64\,800} \cdot AN^2 \tag{2.5}$$

一般来说，叶片中截面的平均温度最高，如果叶片材料在该温度下的持久强度与密度的比值明显小于式(2.5)的计算值，那么用该材料设计涡轮工作叶片将不可行，必须更换比强度更高的材料。如果当前材料在该温度下的比强度均无法满足该 AN^2 值，那么表示该设计指标超出了目前材料技术发展水平，无法实现这样的设计指标。

2.4.3　结构可靠性

结构可靠性是指结构在规定的使用条件下，在寿命期内完成其功能的能力。可靠性是针对故障而言的，是故障的对立面，研究可靠性即研究故障概率，故障以功能失效或即将发生功能失效为标志。

构件结构的可靠性与材料性能关系密切，一般来说，结构在工作中承受的应力比材料的强度极限低，并且有一定的裕度，这样结构就不会破坏，然而结构设计分析的应力是存在误差的，误差来源有载荷边界条件、热边界条件的不确定性，有限元算法的误差，结构腐蚀、损伤等；材料性能也存在误差，误差来源有试样尺寸差异、测试系统误差、材料工艺波动、缺陷分布差异及漏检、材料使用性能衰退等。因此，在理论上存在一定的可能性，使得结构中的实际应力值大于材料的强度极限，这时结构就会破坏。

图2.2反映了结构应力波动与材料性能波动之间的相对关系，结构中应力的均值与材料强度极限的均值之间的差值为结构安全裕度。图2.2所示的阴影部分为结构可能遭受破坏的区域，以阴影部位所占的概率的数值来定量地表示结构的可靠性。

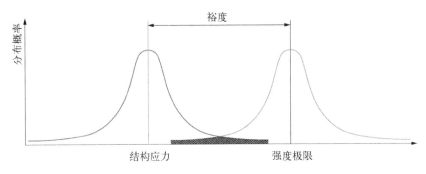

图 2.2　结构应力与材料强度的分布关系

可靠性定量描述需要建立在大量的试验基础之上,试验分为材料基础力学性能试验、简单特征力学性能试验、复杂特征力学性能试验、模拟件强度试验、考核试验。这些试验数量从多到少,从下到上可构成一个可靠性试验金字塔,如图 2.3 所示,考核试验位于塔尖,材料基础力学性能试验位于塔基。

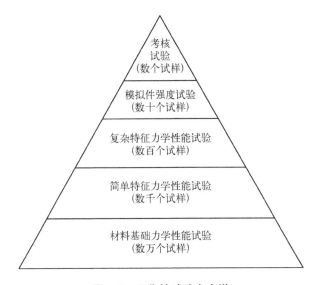

图 2.3　可靠性试验金字塔

可靠性等级用故障概率来衡量,一般来说,涡轮部件故障概率应低于 $10^{-3} \sim 10^{-4}$ 次/飞行小时,或者平均故障间隔时间大于 1 000~10 000 h,视不同的研制要求有一定的差异。

结构的可靠性取决于材料性能分散度、强度计算误差及安全系数(裕度),其中安全系数越高,结构可靠性越高,结构质量也就越大。结构强度设计就是综合考虑目前的材料数据可靠度、应力计算误差,选取适当的强度安全系数来保证可靠度水平,并设计最小结构质量来确保该强度安全系数。

2.4.4 结构安全性

结构安全性,是指结构在寿命期内的使用过程中,避免严重危害性故障及重要危害性故障发生的能力。安全性是针对危害性故障而言的,是结构设计的最低要求。

对发动机而言,严重危害性故障指可能引起人员重伤或死亡,以及飞机毁坏、重大环境损害的故障,举例如下:

(1) 不能提供安全起飞的最小推力;

(2) 发动机完全失去停车能力;

(3) 安装系统失效导致发动机脱开;

(4) 高能碎片不包容;

(5) 失去控制的着火;

(6) 产生与飞机指令方向相反的较大的矢量偏转力;

(7) 驾驶舱引气(源于发动机)有毒,使得驾驶员失去驾驶能力等。

重要危害性故障指可能引起人员轻伤或重大经济损失、发动机严重损坏及严重环境损害的故障,主要包括以下故障模式。

(1) 发动机不可恢复的空中停车;

(2) 发动机不能提供电源、液压源驱动力;

(3) 低能碎片飞出,但能表明不会发展成危害性发动机后果;

(4) 受控的着火(即用拉停发动机或机载灭火系统可以控制住的着火);

(5) 烧穿机匣,但能表明不会发展成危害性发动机后果;

(6) 发动机引气中有毒物质的浓度降低飞行员的操作效能;

(7) 产生与飞机指令方向相反的较小的矢量偏转力等。

以危害性故障发生概率来衡量结构的发动机安全性水平,其要求见表 2.1。

表 2.1　发动机安全性要求

故 障 等 级	发生概率低于/(次/飞行小时)	
	民 用 发 动 机	军用发动机及其他
严重危害性故障	$10^{-7} \sim 10^{-9}$	$10^{-4} \sim 10^{-6}$
重要危害性故障	$10^{-5} \sim 10^{-7}$	$10^{-5} \sim 10^{-7}$

可能发生严重危害性故障的零组件称为关键构件,可能发生重要危害性故障的零组件称为重要构件。关键构件和重要构件的安全性设计是涡轮部件设计的重点及难点。“热”是非常难以精确控制和准确预测的参数,涡轮作为热端部件,相对于非热端部件,其设计难度大幅增加。

除正常服役及使用条件外,关键构件和重要构件的安全性设计必须考虑材料未检出的缺陷、内物损伤、转子超转、超温,以及其他零组件损坏对自身的影响等各种可能存在的异常服役及使用条件,具体设计分析方法可参考《航空发动机结构完整性指南》(GJB/Z 101—1997)。

2.5　涡轮设计体系

涡轮设计体系是指经过试验验证的、可用于涡轮部件研制的、科学合理的、系统配套的一系列设计方法、规范、准则、软件以及工程数据库的总和,是涡轮部件设计经验的总结归纳和深化结晶。

传统的涡轮设计对技术人员的经验要求高,设计结果与设计周期非常依赖设计者的水平;另外用于确保高效准确设计分析工具也不规范,如专业之间甚至同一专业内部不同活动中所采用的工具(程序/软件)带有时代、应用场景以及开发者的特点,各种工具(程序/软件)输入输出接口数据格式多样,不统一也不规范,因此涡轮部件与总体,以及与其他部件/系统之间任务传递、数据传递经常需要人工介入,设计周期很长,耗时耗力,而且出错概率大,产品设计结果受人的影响大。国内通过近十几年对涡轮专业的研究与体系建设,补充了大量技术基础要素,在规范、软件和数据库方面取得了丰硕的研究成果,逐步建立了涡轮设计体系,在型号研制和科研生产中发挥了重要作用。

涡轮设计体系具备规范、指导、约束涡轮部件研发中的各项研发活动的特征。涡轮设计体系包含的基本要素为流程、工具(包括软件、集成平台)、规范(标准、方法)、数据库。通过科学化的流程,规范、约束科研人员的研发活动,明确产品研发时设计技术人员需要"做什么";通过实践总结提炼的规范,告诉设计技术人员"如何做"每项具体的任务;工具是设计与分析手段,明确定义工具,可保障每个技术人员能"好做事";通过系统而全面地研究做事情的流程、方法、工具,建设科学的体系后,每个设计才能基于体系,按照规定要求,设计出更好更稳定的产品,并把工作中的最佳实践经验反馈给体系,持续地改进完善设计体系。因而可以说,每个从事与涡轮设计相关的工作者既是涡轮设计体系的建设者,同时又是涡轮设计体系的使用者。

涡轮设计体系的基本要素具体如下。

1. 涡轮设计流程

涡轮设计流程是指组成涡轮部件研制业务过程的一系列业务活动。作为高温、高压、高转速核心部件,涡轮部件的设计涉及众多学科,如气动、结构、强度、热分析、空气系统、适航、材料应用、工艺分析等,项目不同阶段对应不同目标与设计内容,因此,涡轮设计流程需体现项目的研制阶段、学科领域、设计维度以及它们相互之间的界面。

一般的涡轮部件的设计流程如图 2.4。涡轮设计的输入来自发动机的需要分解,在完成涡轮部件系统集成与验证后,进入试制活动。

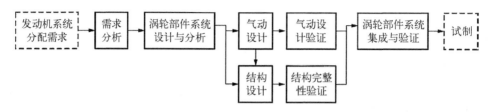

图 2.4   涡轮部件典型的设计流程图

根据涡轮部件设计各阶段、各专业的设计内容和工作目标,其一级流程策划见表 2.2 所示,一级流程图见图 2.5。

表 2.2   涡轮部件设计及流程策划

专业	工 作 目 标	工 作 输 出
气动专业	① 初步设计阶段完成涡轮气动方案设计及设计报告的编制,向相关专业提供初步的子午流道、流场及叶片的相关参数; ② 详细设计阶段完成涡轮气动设计及设计报告的编制,向相关专业提供子午流道、二维/三维流场、特性及叶片的相关参数; ③ 工程设计阶段完成强度、寿命点涡轮流场参数计算及计算报告的编制,向相关专业提供涡轮流场参数及性能参数	① 初步设计阶段输出涡轮初步热态子午流道、初步的涡轮流场参数与性能参数、涡轮气动方案设计报告; ② 详细设计阶段输出涡轮热态子午流道、涡轮流场参数与性能参数、涡轮气动设计报告、涡轮叶型设计报告、涡轮叶片型面坐标文件、涡轮三维流场计算报告、涡轮特性计算报告; ③ 工程设计阶段输出强度及寿命计算点涡轮 S2/S1 流场参数,编制涡轮 S2/S1 流场参数计算报告
结构设计专业	① 初步设计阶段完成结构整体布局设计,转、静子截面轮廓与连接、封严结构设计,与热分析及强度专业初步完成温度及强度校核,与材料及工艺部门协同确定主要锻、铸件选材及要求,完成关键技术分析和"六性"评估等; ② 详细设计阶段在方案设计的基础上进一步完成全部转静子结构件选材及结构特征设计,实现空气系统设计要求,与热分析及强度专业最终完成温度及强度校核,与工艺部门协同确定零组件主要加工要求及组合工艺要求,完成结构冷热态尺寸链、间隙换算以及详细设计阶段"六性"设计; ③ 工程设计阶段制定结构零组件一般加工及装配工艺要求,完成工程设计阶段零组件"六性"设计,完成零组件工程图及配套文件会签发放	① 初步设计阶段输出结构方案图、方案设计报告、空气系统设计报告、结构温度场初步计算报告、(涡轮叶片等零件及涡轮转子的)强度初步计算报告; ② 详细设计阶段输出结构打样图及设计说明、尺寸链计算报告,结构温度场详细计算报告,转静子变形计算报告及强度寿命评估报告,故障模式、影响及危害性分析(failure mode, effects and criticality analysis, FMECA)报告; ③ 工程设计阶段输出零组件工程图及配套技术文件(转子平衡要求文件、喷丸文件、质量证明文件记录要求、零组件生产/装配目录等),质量质心,转动惯量计算报告,关键件和重要件特性分析报告,"六性"设计报告

续　表

专业	工　作　目　标	工　作　输　出
冷却叶片专业	① 初步设计阶段完成气冷叶片初步结构设计,内外流动换热初步计算,二维温度、强度评估; ② 详细设计阶段完成叶片三维 UG 模型绘制,特征状态外换热、内流与换热计算及三维温度场与强度评估,完成部分流动换热试验; ③ 工程设计阶段完成叶片最终图纸绘制;完成强度、寿命点、瞬态点外换热计算、冷气内流与换热计算、三维温度及强度评估;进行气冷叶片强度、流动换热验证试验	① 初步设计阶段输出气冷叶片初步三维模型、气冷叶片方案设计报告; ② 详细设计阶段输出气冷叶片结构图、流动与换热计算结果、热分析结果; ③ 工程设计阶段输出气冷叶片工程图及配套文件

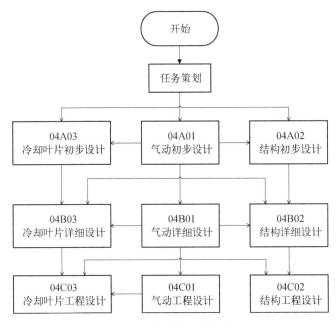

图 2.5　涡轮设计一级流程图

2. 涡轮部件设计软件

涡轮部件设计软件是涡轮设计体系的核心,也是进行涡轮部件设计活动的基本工具。涡轮部件设计软件提供涡轮部件的设计、分析、计算所需的全部功能。涡轮部件软件的能力直接反映了设计系统的能力,也在很大程度上反映了涡轮部件的设计能力与水平。

按专业划分,涡轮部件设计软件包括涡轮性能设计软件、涡轮结构设计软件、涡轮冷却叶片设计软件。

1）涡轮性能设计软件

涡轮性能设计软件包含一维设计软件、二维设计软件和三维设计软件。

（1）一维设计软件主要有以下几种：

（a）基于平均半径的涡轮性能参数设计软件；

（b）基于平均半径的涡轮特性计算软件；

（c）基于相似原理的非设计点涡轮流场计算软件。

（2）二维设计软件主要有以下几种：

（a）涡轮 S2 流面正问题/反问题设计与计算软件；

（b）涡轮叶型设计软件；

（c）涡轮 S1 流面参数计算软件。

（3）三维设计软件主要是指三维流场设计与计算软件，用于进行涡轮整个通道内的三维流场求解，常用的主流商业软件有 ANAYS、NUMECA、Star-CCM。

2）涡轮结构设计软件

涡轮结构设计软件包含以下几种。

（1）二维绘图软件。二维绘图软件主要用来开展涡轮结构方案图、打样图和工程图的二维绘制，常用的主流商业软件有 AutoCAD、UG‑NX 等。

（2）三维建模软件。随着计算机技术的飞速发展，为了满足航空发动机性能的高要求，在涡轮结构设计中大量采用三维建模软件，常用的主流商业软件有 UG‑NX、SolidWorks 等。

（3）结构强度分析软件。结构强度分析软件是用来对涡轮构件的强度问题（包括强度、刚度、稳定性和振动等）进行计算分析，确定是否满足设计要求，常用的主流商业软件有 ANSYS、ABAQUS 等。

3）涡轮冷却叶片设计软件

涡轮冷却叶片设计软件主要分为三类：叶片冷却结构设计软件、叶片流动换热分析软件、叶片强度分析软件。其中，叶片流动换热分析软件又包含外换热计算软件、叶片内部冷却系统计算软件、叶片温度场计算软件和叶片气热耦合计算分析软件。

（1）叶片冷却结构设计软件。

涡轮叶片冷却结构设计采用的软件与涡轮结构设计基本类似，通常冷却叶片内部的冷却结构非常复杂，三维实体建模软件在叶片冷却结构设计中发挥着重要作用，主要应用的软件包括大型商用软件 UG‑NX 等，除了完成结构设计，也会用于叶片全三维标注，方便叶片的工程制造。为了满足叶片的设计需要，设计部门会基于商用软件二次开发一些定制软件。目前，国内部分高校和研究机构正在寻求开发完全自主知识产权的叶片冷却结构设计软件。涡轮冷却叶片二维工程图纸设计主要应用的软件包括 AutoCAD、UG‑NX 等。

（2）叶片流动换热分析软件。

外换热计算软件。涡轮冷却叶片外换热计算可得到沿叶型的燃气侧换热系数和换热温度，主要应用的有三种方法：求解二维边界层流动换热的微分法、积分法，以及基于试验数据的经验准则公式法，工业部门也有与这三种计算方法分别对应的计算软件。其中，积分法是早期的一种近似的求解方法，无计算初值要求，对输入数据梯度变化不敏感，较易得到收敛的计算结果。采用基于 STAN5 程序的微分法可以处理各种二维边界层流动及换热问题，在国际上得到了广泛的应用，被公认为是计算边界层流动的最有效的程序。

叶片内部冷却系统计算软件。叶片内部冷却系统计算软件是在已知叶片冷却结构几何尺寸、进出口压力、温度边界条件的情况下，通过一维流动网络法求解出系统流路中压力、温度、流量及换热系数等参数，叶片内部冷却系统往往与整机空气系统进行联算，一维流动网络法在工程设计中应用较多。

叶片温度场计算软件。涡轮叶片温度场计算主要基于大型商业软件，包括目前应用较多的 ANSYS 系列软件及早期的 Patran、iDeaS 软件等，通过这些软件可以完成涡轮冷却叶片的二维或三维稳态及瞬态有限元温度场计算。为了完成叶片有限元温度场计算，需要准备叶片边界换热条件，通常还有与此相应的换热边界条件计算软件和数据处理接口程序。

叶片气热耦合计算分析软件。近年来，随着计算机软硬件技术的发展，特别是在国外商业软件的推动下，数值模拟的功能越来越强大，准确性越来越高，易用性也越来越强，在涡轮叶片产品设计中所起的作用也越来越大。涡轮冷却叶片气热耦合数值模拟技术目前主要依赖的是大型商用软件，主要包括 CFX、Fluent、STAR-CCM+等，通过气热耦合计算分析可得到叶片内外流场、叶身基体温度分布等信息。

（3）叶片强度分析软件。

涡轮叶片强度分析软件与涡轮结构类似，另外也可以采用大型商用软件完成涡轮冷却叶片的气-固-热多学科耦合数值模拟分析。

3. 涡轮部件设计规范

涡轮部件设计规范是涡轮设计体系的重点，不仅总结了多年涡轮部件研制中的技术活动，还规范了涡轮部件设计过程及各个技术活动的规则和准则，是对设计过程和设计质量进行有效控制的指导性文件。在建设涡轮部件设计系统时，所选定的设计软件、所实现的设计工作流程、数据库的支持等，都必须符合涡轮部件设计规范的要求。

按专业划分，涡轮部件设计规范包含涡轮性能设计规范、涡轮结构设计规范、涡轮冷却叶片设计规范。

1）涡轮性能设计规范

目前，涡轮性能包含以下设计规范。

（1）涡轮性能设计规范。该规范不仅规定了涡轮初步设计阶段、详细设计阶段及工程设计阶段的气动性能设计与计算工作的设计流程、工作项目、设计目的和设计输出，还规定了与其他相关专业之间的技术接口和数据，该规范适用于轴流式发动机涡轮性能设计工作。

（2）涡轮一维方案设计规范。该规范适用于航空涡喷、涡扇涡轴、涡桨发动机涡轮的一维方案设计工作，规定了涡轮一维方案工作的计算流程及其与总体性能、涡轮结构设计的接口关系。

（3）子午通道流场设计规范。该规范适用于轴流式发动机涡轮子午通道流场设计，规定了可考虑冷气掺混的涡轮 S2 流面反问题性能设计的工作流程及该项工作与总体设计、涡轮结构设计、主燃烧室、空气系统、气冷叶片设计、强度设计之间的接口关系。

（4）叶型设计规范。该规范适用于轴流式发动机涡轮叶片平面叶栅造型与叶身成形设计，规定了涡轮性能设计平面叶栅造型设计和叶身成形设计的设计流程、输入输出，以及该项工作与涡轮结构设计、强度设计和热分析设计之间的接口关系。

（5）叶栅流场计算规范。该规范适用于轴流式发动机涡轮叶片叶型设计分析及叶栅流场计算，规定了涡轮性能设计中叶栅流场计算的计算流程及该项工作与涡轮叶型设计、强度设计、热分析间的接口关系。

（6）子午通道流场分析计算规范。该规范适用于轴流式发动机涡轮子午通道流场计算，规定了涡轮性能设计子午通道流场分析计算（S2 流面正问题）的流程、方法、应用程序、输入输出，以及该项工作与总体性能设计、强度设计和空气系统设计等专业之间的接口关系。

（7）三维黏性流场计算规范。该规范适用于轴流发动机涡轮流场计算，规定了涡轮性能设计中涡轮流道内全三维稳态黏性流场计算的工作流程、计算方法、计算程序、输入输出，以及该项工作与涡轮性能设计间的接口关系。

（8）涡轮一维特性计算规范。该规范适用于轴流式发动机涡轮的特性计算，规定了涡轮一维特性计算的工作流程、输入输出，以及该项工作与总体气动设计之间的接口关系。

（9）非设计状态子午通道性能参数计算规范。该规范适用于轴流式发动机涡轮的非设计状态子午通道流场参数计算，规定了涡轮非设计状态子午通道流场参数计算的工作流程、计算方法，以及该项工作与总体设计、总体载荷设计、叶片强度设计、叶栅流场计算、空气系统和热分析设计间的接口关系。

2）涡轮结构设计规范

目前，涡轮结构包含以下设计规范。

（1）涡轮结构方案设计规范。该规范规定了航空涡喷、涡扇涡轴、涡桨发动机涡轮结构设计方案设计流程、设计输入和设计输出要求,以及与总体结构、强度、燃烧室、空气系统的接口关系。

（2）涡轮结构详细设计规范。该规范规定了航空发动机涡轮结构详细设计流程、温度场计算、强度计算、寿命计算和设计输出要求,以及与总体结构、强度、空气系统的接口关系。

（3）涡轮结构工程设计规范。该规范规定了航空发动机涡轮结构工程设计流程、构件工程图和配套技术文件要求,工程设计的子规范主要有涡轮盘设计规范、涡轮转子叶片设计规范、涡轮导向叶片设计规范、涡轮轴设计规范、涡轮机匣设计规范和涡轮封严篦齿结构设计规范等。

3）涡轮冷却叶片设计规范

涡轮冷却叶片设计规范可按不同设计阶段进行划分,有方案设计规范、详细设计规范和工程设计规范;也可按叶片设计流程编制叶片冷却结构设计、外换热计算、内部冷却系统计算、温度场计算、强度分析、气热耦合计算分析等规范,还可以分解为气冷导向叶片规范、工作叶片设计规范,并进一步分解编制气膜冷却设计、扰流肋设计、扰流柱设计或叶冠设计、榫头伸根设计、尾缝设计等子规范。

4. 涡轮部件工程数据库

涡轮部件工程数据库是涡轮设计体系的基础,数据库中存储了多年来在涡轮部件研制工作中所形成的设计、试验数据,以及设计中所需的基础数据,如材料、标准件/通用件、设计资料、设计准则、环境数据等。作为涡轮设计体系的基础,涡轮部件工程数据库将为涡轮部件的研制工作提供有效的支撑。

按专业划分,涡轮部件工程数据库包括涡轮性能工程数据库、涡轮结构工程数据库、涡轮冷却叶片工程数据库。

1）涡轮性能工程数据库

涡轮性能工程数据库包含涡轮气动性能设计工程数据库、涡轮叶型设计数据库、涡轮性能试验数据库。

（1）涡轮气动性能设计工程数据库,主要存储多年来设计过程中各种轴流发动机的单级/多级涡轮,以及亚声/跨声涡轮的设计数据和设计资料。

（2）涡轮叶型设计数据库,主要存储多年来所设计过的各种轴流发动机涡轮的平面叶栅造型数据,以及公开资料发表过的各种涡轮平面叶栅叶型参数。

（3）涡轮性能试验数据库,主要存储多年来所进行的各种涡轮的平面叶栅吹风试验、扇形段叶栅吹风试验、流量函数试验、涡轮级性能试验数据,以及公开发表的各种涡轮的性能试验数据。

2）涡轮结构工程数据库

涡轮结构工程数据库包括涡轮结构图数据库、涡轮装配数据库和涡轮故障数据库。

（1）涡轮结构图数据库：用来存储多年来设计过程中的涡轮结构方案图、打样图和工程图纸等设计资料。

（2）涡轮装配数据库：用来存储多年来发动机的涡轮装配履历和修理数据。

（3）涡轮故障数据库：用来存储多年来发动机涡轮发生的故障和排故的资料数据。

3）涡轮冷却叶片工程数据库

（1）涡轮冷却叶片设计（参考）数据库。该数据库是进行涡轮冷却叶片设计的综合信息数据库，可为叶片设计、分析及工程出图提供数据支持，其主要功能包括不同叶片设计要求信息、叶片基准模型（参考叶片）、叶片冷却结构设计参数、叶片流动换热计算信息，以及叶片常用材料数据和制造工艺相关信息等。

（2）涡轮冷却叶片实物信息管理数据库。该数据库主要提供涡轮冷却叶片实物技术状态基本信息，具体包括叶片号、批次号、蜡模号、交付日期、交付状态、交付用途、交付厂家、设计图号、组号、材料、材料厂家、铸造厂家、涂层信息、叶片质量、排气面积、水流量等。

（3）涡轮冷却叶片故障信息管理数据库。该数据库可提供涡轮冷却叶片故障的发生时间和地点、故障部位、故障现象、故障原因、排故措施等，并包含排故过程中提炼得到的关键技术和知识点，如技术总结、工具、方法、新技术、新工艺等。

参考文献

[1] American National Standards Institute. Guide for the Preparation of Operational Concept Documents[S]. ANSI/AIAAG‐043‐1992. USA: Reston, 1992.

[2] Ainley D G, Mathieson G C. A method of performance estimation for axial-flow turbines[R]. London: Aeronautical Research Council, ARC‐R/M2974, 1951.

[3] Langston L S. Secondary flows in axial turbines — A review[J]. Annals of the New York Academy of Sciences, 2001, 934(1): 11‐26.

[4] Denton J D. Loss mechanisms in turbomachines[J]. Journal of Turbomachinery, 1993, 115(4): 621‐656.

第 3 章
涡轮气动设计

3.1 设 计 依 据

3.1.1 总体性能设计要求

发动机总体性能设计应满足飞机在整个飞行包线内对发动机的性能要求。完成发动机方案论证后,发动机的总体方案基本确定,循环参数、截面参数已比较明确,如流道尺寸、空气流量、总压比、涡轮前温度等。一般情况下,总体性能对涡轮部件下达的设计要求如下:

(1) 涡轮进口燃气流量 W_g;

(2) 涡轮进口燃气总压 P_{t0};

(3) 涡轮进口燃气总温 T_{t0};

(4) 涡轮总压膨胀比 π_{T_t};

(5) 涡轮功率 N_T;

(6) 涡轮效率 η_{T_t};

(7) 涡轮冷却侧空气流量 W_c;

(8) 涡轮流道基本尺寸 L 及 D。

在涡轮气动设计中,除了上述总体提出的要求,还有几个需要与总体及其他部件协调的参数作为涡轮气动设计的输入条件:

(1) 涡轮级数 Z;

(2) 涡轮转子转速 n;

(3) 主燃烧室的径向温度(周向平均值)分布 $T_{t0}(r)$;

(4) 相关部件的流道尺寸。

下面分别分析总体下达的设计要求以及涡轮气动设计人员在设计中应予以考虑的问题。

1) 涡轮进口燃气流量

燃气流量的大小与发动机空气流量、不同热值的燃油流量、相对冷气量有关。燃气流量是非常重要的参数,它关系到涡轮流道尺寸及涡轮功率的大小。在单位功一定时,任何形式的燃气泄漏量都会直接引起涡轮功率的损失。

2) 涡轮进口燃气总压

总压是涡轮进口的重要状态参数,取决于发动机循环参数的选取。总压高有利于提高循环效率、降低单位油耗,且在相同流量和转速下可降低涡轮 AN^2 值,也有利于叶片的强度设计;同时,总压高也预示着涡轮具有较高的做功能力。

3) 涡轮进口燃气总温

总温同样是涡轮进口的重要状态参数,由发动机热力循环参数确定。

涡轮气动设计时,通常要考虑涡轮进口温度沿径向的不均匀系数即 RTDF (radial temperature distribution factor),而同一半径处的周向温度则按平均值考虑。在涡轮叶片选材及冷却方案设计时,涡轮进口的径向温度不均匀系数 RTDF 和周向温度不均匀系数 OTDF 均需考虑。一般要求 OTDF 为 0.25~0.35,RTDF 为 0.08~0.12。

在进行涡轮气动设计时,应与燃烧专业及冷却专业的设计人员共同确定燃气涡轮进口径向温度分布,最终通过燃烧室出口温度场测试调整确定。一般温度分布为叶中区域高、两端区域低,因为叶中效率高,叶中分配的功多一些有利于发挥它的作用,其结果将使沿叶高的速度三角形变化更合理、效率更高。

4) 涡轮输出有效功率

涡轮输出有效功率主要用于驱动风扇/压气机,对于涡轴与涡桨发动机,其动力涡轮输出的功率分别用于驱动直升机旋翼和螺旋桨;同时还要克服转子风阻以及机械损失。机械损失包括传动、飞机附件所消耗的功率,这一部分占输出功率的1%~2%。涡轮输出功率要在总体协调下,定量给出各种功率的大小。

众所周知,现代发动机通过压气机的空气流量与通过涡轮的燃气流量是不相等的,特别是双涵的涡扇发动机,压缩外涵空气的功率由低压涡轮承担,因此只有通过功率平衡才能确定涡轮单位功,而单位功是决定涡轮负荷大小的重要参数。

在涡轮进口温度和涡轮效率给定的条件下,单位功取决于膨胀比的大小,膨胀比的大小反映了气动负荷的大小。为了弥补间隙泄漏、冷气流量分配不准确、效率偏低等因素带来的误差,一般在确定输出功率时留有1%~2%的裕度。经验表明,当涡轮受条件限制未经充分的性能试验调整时,这种裕度对发动机调试有一定的帮助。

5) 涡轮效率的定量要求

涡轮效率是反映涡轮先进性的综合参数,且是一个极其复杂的参数,影响它的因素很多,如叶型损失、二次流损失、激波损失、冷气掺混损失、各种漏气损失等。燃气在涡轮流道内的流动是极其复杂的三维流动过程,虽然目前 CFD 数值计算分析能力越来越强,但经过条件假设后的数值计算严格意义上不能完全真实地捕获涡轮内部流动现象,两者的差异最终反映在涡轮效率的大小上。燃气流动总会有损失,叶型设计能否使损失最小、结构设计能否巧妙、间隙设计是否合理都直接影响涡轮效率的变化。为了获得高效率涡轮,人们不断改进设计方法,采用黏性全三维计算程序,积累大量试验数据以支持设计工作。

3.1.2 气体工质

对于航空发动机,航空煤油在燃烧室中与空气掺混点火燃烧,从而产生高温高压燃气进入涡轮,由涡轮将其热能和高压势能转化为动能和机械能做功,进而驱动压气机、风扇、螺旋桨、直升机旋翼及附件传动系统等。

涡轮气动设计中,工质即燃气,其热物性参数主要有气体绝热指数 k 和气体常数 R。k 是随着燃气的温度、油气比的变化而变化的,气体常数 R 也是随着燃气油气比的变化而变化的,而燃气热物性参数 k、R 的变化会给涡轮的性能带来影响。因此,在涡轮气动设计中,应考虑燃气的 k、R 值沿涡轮流程的变化。

3.1.3 设计状态点

在对发动机总体进行性能方案设计时,一般根据飞机的飞行剖面来确定发动机的任务剖面,在发动机的任务剖面内选定发动机设计点进行论证。通常,发动机总体根据发动机的共同工作线来确定压气机及涡轮的设计点。压气机与涡轮都达到了各自的设计点性能,同时燃烧室(加力燃烧室)在工作中也满足了总体提出的总压恢复系数、燃烧效率要求,则整台发动机的性能才能达到使用要求。

一般情况下,总体选定的涡轮设计点不一定是涡轮所能达到最高效率值的点,而是根据发动机的共同工作线选取的涡轮具有较高效率值的点。发动机在这一状态点工作,压气机能达到较高效率水平且其喘振裕度也能够满足要求,而此时涡轮也具有较高的效率水平,同时其他部件的性能也处于较佳状态。这时发动机性能达到最佳,因此才选定该状态点作为涡轮设计点。

发动机总体确定了涡轮、压气机设计点后,进行总体通流计算,匹配出发动机整机性能参数供各部件进行论证、设计。

3.1.4 冷却方案及冷气分配

随着涡轮前温度的不断升高,现代涡轮除了采用更先进的高温合金材料制造叶片外,还要不断改善叶片的冷却结构。用于冷却涡轮的冷气大致分为三部分:一是用于冷却导向叶片,由于导向叶片感受燃气绝对滞止温度,再加上燃气温度分布不均匀,工作条件恶劣,导向叶片占用的冷气量最大,目前可分配高达10%的内涵流量;二是用于冷却转子叶片,转子叶片旋转时,周期性承受温度的不均匀性影响,而且是相对滞止温度,一般相对滞止温度比绝对滞止温度低 $60\sim100℃$,转子叶片所用冷气量居第二位;三是用于冷却涡轮盘和机匣并构成对轴承腔隔热的冷气。

　　以上三股冷气完成各自任务后,大部分从涡轮不同截面进入主流道,参与后几级涡轮继续做功,少部分经封严环通过导管排入外涵或大气而不参与做功。因此,在进行涡轮性能设计时,要把冷气流量的掺混按不同截面分配好,计算出掺混后的各特征截面燃气量及由于掺混带来的对主燃气的温降影响。

　　正如前面所述,目前的军用航空发动机高压涡轮前温度非常高,多在1 700 K以上,第四代军用发动机涡轮前温度更是达到1 850~1 950 K,空中某些状态下甚至达到2 050 K,可见高压涡轮一直处在极高的温度下运转。因此,高压涡轮叶片的冷却结构形式设计多种多样,目的就是有效地降低高温带来的损伤,从而可靠地工作。

　　高压涡轮叶片叶身上所开的气膜孔基本上都开在叶片喉道所处位置的前部,其排出的冷气会对高压涡轮叶片的叶身起到降温作用,而叶片尾缘处的温度仍然很高,且尾缘厚度较薄,若不能有效降温,则很容易引起叶片尾缘烧蚀,从而给发动机带来故障,有时也会产生严重的后果。因此,叶片尾缘处多构造一条从上至下的尾劈缝,以便更好地对高压涡轮叶片尾缘进行冷却,保证其安全可靠工作。

　　叶片尾缘劈缝(简称尾劈缝)有两种形式:半劈缝和全劈缝。半劈缝是指劈缝开在尾缘叶盆侧喉道所处位置的前部[图3.1(a)],从该劈缝排出的冷气在喉道前与主气流掺混;全劈缝是指劈缝开在尾缘厚度的中间位置[图3.1(b)],从该劈缝排出的冷气与经过导叶槽道的燃气及导叶与动叶之间由内腔排入主流道的冷气共同掺混,再进入动叶槽道做功。

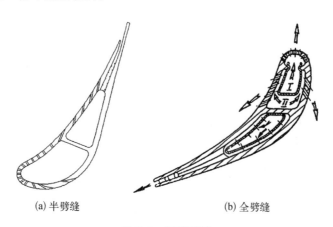

(a) 半劈缝　　　　　　　　　　　　(b) 全劈缝

图3.1　尾缘劈缝

　　对于高压涡轮导叶,不管其尾缘是半劈缝还是全劈缝,其排入主流的冷气都进入动叶槽道参与做功;而对于高压涡轮动叶,若其尾缘为半劈缝,则排入主流的冷气参与做功,而若为全劈缝,则排入主流的冷气不参与做功。因此,在气动设计中应对此进行考虑。

3.1.5 涡轮效率及定义

涡轮效率是涡轮性能中的一个重要参数,涡轮气动设计师在性能设计中首先要考虑的是所设计的涡轮如何能够满足总体所提出的效率指标要求。

完成气冷涡轮部件设计后,若进行无冷气涡轮性能试验来初步考核性能,则需要认真分析有、无冷气时数值模拟分析评估所得的涡轮等熵效率的具体差异,以此为参考依据对比分析无冷气试验效率对应有冷气时的涡轮性能水平,不能直接采用无冷气的试验效率来等同于有冷气的气冷涡轮效率,两者差异很大,不可忽视。如果试验设备与试验件满足开展带冷气的涡轮性能试验,应保证各排叶片的冷气比例(相对流量和温比)与发动机实际状态一致(相似)。

三种常见的效率定义见式(3.1)~式(3.3)。

初始效率:

$$\eta_{\mathrm{T}}^{*} = \frac{N_{\mathrm{T}}}{W_{41}\Delta h_{\mathrm{is}}^{*}} \tag{3.1}$$

热效率:

$$\eta_{\mathrm{TH}}^{*} = \frac{N_{\mathrm{T}}}{W_{41}\Delta h_{\mathrm{is}}^{*} + \sum W_{\mathrm{c}}\Delta h_{\mathrm{is,c}}^{*}} \tag{3.2}$$

计及泵功的热效率:

$$\eta_{\mathrm{THP}}^{*} = \frac{N_{\mathrm{T}} + N_{\mathrm{P}}}{W_{41}\Delta h_{\mathrm{is}}^{*} + \sum W_{\mathrm{c}}\Delta h_{\mathrm{is,c}}^{*}} \tag{3.3}$$

式(3.1)~式(3.3)中的符号说明见表3.1。

表 3.1 效率定义公式符号说明

符 号	说 明
η_{T}^{*}	涡轮初始效率
η_{TH}^{*}	涡轮热效率
η_{THP}^{*}	计及泵功的涡轮热效率
N_{T}	涡轮轴功率
N_{P}	泵功率
W_{41}	41 截面流量
$\Delta h_{\mathrm{is}}^{*}$	41 截面气流的等熵焓降(以进出口总压比计,进口总压取 40 截面,出口总压取 42 截面,40、41、42 截面说明见后)

符 号	说 明
W_c	41 截面后各冷气流量
$\Delta h^*_{is,\,c}$	41 截面后各冷气的等熵焓降
40 截面	一级导向器进口截面
41 截面	一级导向器喉部截面
42 截面	转子出口截面(包括转子后尾缘冷气及轴向封严气)

3.1.6 燃烧室出口 OTDF、RTDF 需求

航空发动机在工作状态下,由于气流流动存在着很大的湍流度,经过主燃烧室喷油点火后进入涡轮的燃气温度在周向及径向也存在着不均匀度,而该不均匀度对涡轮的性能设计、气冷叶片的冷却结构设计及涡轮的冷气用量都会产生影响。

燃烧室出口燃气周向温度不均匀系数 OTDF、径向温度不均匀系数 RTDF 分别由式(3.4)和式(3.5)表示:

$$\text{OTDF} = \frac{T^*_{4,\,\max} - \bar{T}^*_4}{\bar{T}^*_4 - \bar{T}^*_3} \tag{3.4}$$

$$\text{RTDF} = \frac{\bar{T}^*_{4,\,\max} - \bar{T}^*_4}{\bar{T}^*_4 - \bar{T}^*_3} \tag{3.5}$$

式中, $T^*_{4,\,\max}$ 为燃烧室出口全环温度场中的最高总温; $\bar{T}^*_{4,\,\max}$ 为燃烧室出口沿径向若干个环中每个环的平均总温中的最高温度; $\bar{T}^*_4$ 为燃烧室出口平均总温; $\bar{T}^*_3$ 为燃烧室进口平均总温。

由于高压涡轮前的温度很高,涡轮叶片、机匣等一直处于高温环境下工作,这对其可靠性及寿命,尤其是涡轮叶片寿命会带来不利影响。

涡轮冷却叶片设计时,使用的是涡轮性能专业进行气动设计时所提供的温度场,该温度场只考虑了燃烧室出口的 RTDF 而未考虑 OTDF,即只考虑了周向平均之后的温度场的影响。由 OTDF 和 RTDF 的计算公式及不均匀系数的取值范围可以看出,周向平均之后的径向温度场中的最高温度要明显低于燃烧室出口全环内的最高温度,按此温度所设计的涡轮冷却叶片在工作中就存在因温度过高而引起烧蚀的风险。因此,在设计时需要考虑 OTDF 值,将其考虑在叶片的设计中,以便提高涡轮叶片的可靠性。

涡轮气动设计时计算输入的进口温度是由总体性能提供的整机通流计算的结果,该结果是一维计算结果,给出的温度是燃烧室出口的平均温度。以往的设计经

验表明,在涡轮 S2 流面参数计算时,进口温度沿径向使用平均参数与使用曲线分布参数对涡轮流场有较明显的影响。燃烧室出口的实际温度场沿流道高度呈曲线分布,中间区域温度高、两端区域温度相对较低。因此,进行涡轮气动设计时,在总体提供的平均温度前提下,需要通过燃烧室出口径向温度不均匀系数对该温度值进行拟合(根据冷却及强度设计对 RTDF 分布规律的具体要求)作为设计输入,或直接由燃烧专业提供燃烧室出口的径向温度分布值。

3.1.7 涡轮转速、转向

总体进行热力计算时一般不涉及转子的转速与转向,转速与转向通常由压气机和涡轮两个部件的设计人员协调确定。

由于压气机是扩压流动,气体易分离、不稳定,其设计难度较大,转子转速一般由压气机先给出。只要强度允许,压气机都希望有较高的转速以获得高的切线速度,从而提高做功能力;涡轮主要受高温环境约束,从而使得转速受到限制,只要强度允许,一般都能满足压气机的需要,若强度不允许,只能进行折中考虑,适当降低转速。

无论是顺时针旋转还是逆时针旋转,对于压气机和涡轮的性能设计都不会产生影响。转子转向一般考虑产品的继承性及试验设备的能力等。近代先进的航空发动机设计中,有的采用高、低压转子反向旋转,据资料介绍,高、低压转子反向旋转有诸多优点:一是机动飞行时刻减小发动机转子的陀螺力矩;二是若采用轴间轴承,可降低轴承保持架转速,延长保持架寿命;三是可以减小低压涡轮第一级导向叶片的弯度,从而减少叶片损失,有利于提高涡轮效率。若高压涡轮出口预旋足够大,甚至可以省去低压一级导叶,则可简化结构,减轻重量。当然,高、低压转子相互反转也会带来一些问题,特别是反转带来的高、低压相对转速较高,造成轴间轴承的滚子转速极高,其后果应在轴承设计时充分考虑;反转给高、低压轴之间的封严也带来了困难,在如此高的相对转速下,接触式封严难以使用,而非接触式封严的漏气量大。因此,在高、低压转子采用相互反向旋转时,必须探索新的封严措施。

对于小发动机以及近代先进部件组成的发动机,由于支点之间跨度小,其轴承分别安装在前、后承力机匣上,不设轴间轴承,高、低压转子反转设计容易实现;对于设置轴间轴承的大型发动机,若没有充分的试验支持,则属于高风险设计,要慎重采用。

转速、转向虽与总体性能关系不大,但与总体结构、支点布局、承力系统等有关,一般在总体方案中加以考虑,当有部件技术支持时,需与部件协调。

3.1.8 结构尺寸约束

对于军用发动机,末级涡轮出口外径受发动机最大直径的限制,不允许任意放大。涡轮的轴向长度尺寸取决于涡轮级数的选定。

对于涡轮气动设计师,都希望尽可能提高涡轮出口流道直径,以便充分利用切线速度做功,同时减小环面高度,有利于叶片强度设计。而对于军用涡喷及涡扇发动机,都要控制发动机最大迎风面积,通常最大直径位置就在低压涡轮出口与加力扩散器连接处,对于涡扇发动机,此处往往是外涵流道具有最小流通能力的截面,增大涡轮出口外径,势必使外涵道直径向外增大,这对减小最大迎风面积是不利的,所以涡轮出口外径要受到限制。

涡轮出口外径通常是涡轮部件的最大径向尺寸,受到发动机最大迎风面积的限制。涡轮机匣、涡轮外环等结构设计中,应充分考虑结构强度设计问题,因此其结构尺寸应予以保证。在后机匣设计中,还要考虑辅助安装节的尺寸问题,该尺寸应满足总体结构对涡轮最大外径限制的要求。在充分考虑了前述结构设计问题的前提下,涡轮气动流路才得以确定。

3.2 气动方案论证

3.2.1 方案论证方法及流程

气动方案论证是开展涡轮气动设计前的重要工作,根据总体专业提出的初始气动参数要求,通过方案论证,确定涡轮的构型、尺寸,完成初始子午流道的搭建,给出涡轮主要的性能指标。涡轮气动方案论证包括一维设计参数论证、强度相关参数论证、初始子午流道设计。图 3.2 给出了详细的流程图。

3.2.2 主要参数选取

1. 一维设计参数论证

涡轮一维设计参数论证主要是对涡轮平均半径处的气动参数进行分析及确定,主要的设计参数包括载荷系数、流量系数、轴向速比、反力度和径高比。

涡轮级载荷系数定义为涡轮等熵膨胀功与动叶出口叶中截面切线速度平方之比,载荷系数表征着涡轮的级负荷水平。流量系数定义为涡轮动叶进口轴向速度与动叶出口叶中截面切线速度之比,流量系数表征了涡轮的通流能力,流量系数越大,涡轮子午流道环线面积越小。轴向速比是涡轮转子出口轴向速度与进口轴向速度的比值,表征气流经过转子叶片在轴向的膨胀程度。反力度是气体在转子内的焓降占整个涡轮级的比例,表征气体在转子内的膨胀程度,表示反力度的方式有运动反力度、能量反力度,不同的公式计算的反力度大小略有不同,但表征的意义相同。径高比是涡轮转子叶中截面直径与转子叶片高度的比值,径高比与轮毂比的定义类似,表征涡轮子午流道高度占涡轮半径高度的比例。

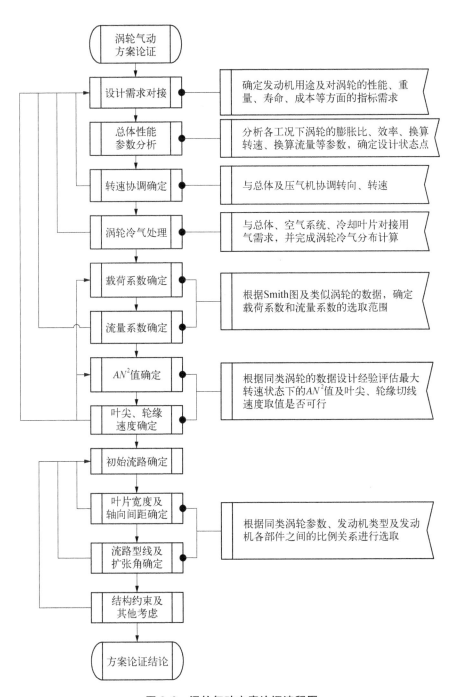

图 3.2 涡轮气动方案论证流程图

1）涡轮冷却、封严气处理

对于气冷涡轮，由于方案论证阶段没有详细的冷气参数，气动方案论证按照总体性能对冷气处理方法进行考虑，即冷气在涡轮内做的功通过冷气做功系数进行考虑。总体性能计算中，对于通过导叶排入主流的气体，全部计入后面转子叶片内做功；对于动叶内的冷气，不计入当前级涡轮做功，但计入下一级涡轮做功。

在方案论证前需要根据总体性能参数及空气系统初步冷气分配方案绘制涡轮的流量分配图，并明确各部分气体的气动参数。

冷气与主流掺混后的温度计算按照气体变比热的焓方程进行计算，在进行方案设计前需要对各高、低压涡轮转子进口截面的总温进行计算，并与总体给出的参数进行对比，如不一致则需要与总体沟通明确差异。在上述主流与冷气流动关系及假设的基础上，气冷涡轮可以等效为非冷却涡轮进行处理。

2）载荷系数、流量系数选取

本质上，载荷系数、流量系数、轴向速比、反力度、进出口中径比是确定涡轮级速度三角形的 5 个无量纲参数，各参数的选取都决定着速度三角形的形状及特征，并直接决定着涡轮的气动性能。

载荷系数及流量系数的选取参考 Smith 图[1]确定，Smith 图给出了涡轮效率随载荷系数及流量系数变化的特性关系，同时在该图上还可以表征气流经过叶片的转折角情况，Smith 图将涡轮效率与气动设计参数建立起关系，是涡轮一维方案论证参数选取的主要依据。Smith 图是基于一定的试验数据积累形成的特性图，对于反力度偏离较大、冷气掺混、间隙泄漏及激波损失明显的涡轮，采用 Smith 图预测其性能时，精度会降低，但是可以进行相对比较。

载荷系数表征了单级涡轮的做功能力，对于给定的单位等熵焓降，载荷系数越高表示涡轮在转速及半径高度方面的需求越低，低转速代表了低的结构强度负荷，低半径代表了小的结构尺寸，所以提高载荷系数是涡轮气动设计中追求的方向之一，但载荷系数大代表着涡轮内部气流参数（叶栅进出口温度、压力、气流角、马赫数等）变化剧烈，容易产生气流分离、激波、二次流、泄漏等流动损失，气动设计难度增加，对保证高效率带来挑战。

在方案论证中需根据总体性能对涡轮的效率要求，结合设计经验及设计能力，并与同类涡轮的载荷系数及效率水平进行对比，综合论证确定载荷系数的选取水平。过小的载荷系数不利于结构、强度设计，也对部件的重量控制不利，过大的载荷系数存在气动设计效率不达标的技术风险，如果有严格的重量及强度要求，如果载荷系数过高则需要尽早与总体性能进行协调，明确存在气动效率不达标的技术风险，及早评估对整机性能的影响，并采取相应的技术措施。

载荷系数确定后，需要对涡轮转速及半径高度进行论证。高压涡轮是发动机强度负荷最高的部件，在方案论证中建议由高压涡轮确定核心机的最大物理转速，在此情况下再确定高压涡轮半径高度。其中,高压涡轮转速的确定还需要综合考虑轮缘切线速度及叶片参数的确定,选取方法将在后面进行说明。

载荷系数及平均半径处的切线速度确定后,需对流量系数进行选取,并以此确定涡轮的流道高度。流量系数的大小决定了涡轮的叶中截面速度三角形的特征。流量系数增加,气流经过涡轮的转折角减小,涡轮叶栅进出口的速度增大,载荷系数较大的涡轮叶栅内容易产生超声流动,涡轮的损失增加。较小的流量系数则存在叶栅内气流转折角大,对子午流道环线面积要求高,涡轮质量大,同时叶片摩擦损失也相应增加。

在进行流量系数的选取时,还需考虑涡轮强度及叶栅出口马赫数的限制,尤其是跨声速高压涡轮。由于高压涡轮是结构强度设计中的薄弱环节,小的载荷系数有利于降低叶栅内马赫数水平,也有利于高效率设计,但是增加了强度的负荷,大的载荷系数有利于降低叶片高度、减轻涡轮盘的负荷,但是叶栅内的马赫数增大,气动设计难度增加,在设计中需要综合论证。

2. 强度相关参数论证

1) AN^2 值确定

在方案设计中需要对涡轮强度相关的参数进行论证确定,主要包括涡轮 AN^2 值、叶片尖根面积比、叶尖切线速度、轮毂切线速度等。强度相关参数的选择要综合评估全包线各状态下的参数水平。上述各项参数主要表征的是涡轮的静强度水平,在给定材料比重的情况下,AN^2 值及叶片的尖根面积比代表了涡轮转子叶片叶根截面处的平均应力水平。

叶片根部应力与涡轮的 AN^2 值成正比,与叶片的尖根面积比(A_t/A_h)成反比,由于不同涡轮叶片受结构、冷却设计及加工制造的限制,叶片的尖根面积有一个合理的范围,控制叶片的应力水平需要根据不同类型的涡轮叶片确定其尖根面积比及 AN^2 的选取范围。

对于高压涡轮,由于其转速高、温度高,叶片采用单晶气冷结构,叶片结构复杂、质量大,在设计中对其强度指标要特别关注。在初步方案设计中,需要综合考虑涡轮的流量系数、叶栅马赫数、轴向速比、高、低压涡轮匹配等,共同确定子午流道的通流面积、转速及叶片的尖根面积比。

2) 叶尖、轮缘速度值确定

在确定涡轮 AN^2 值的同时,还需要根据初步计算获得内外径来计算涡轮转子叶片的叶尖速度及轮缘速度,转子的叶尖速度及轮缘速度过高会导致涡轮盘的强度问题突出。通常也需要与类似的涡轮进行对比,控制在合理范围之内。

在进行涡轮强度相关参数的论证选取时,除了要关注工作包线内最大转速的状态点,还需要分析设计状态点的转速及相关参数是否合理匹配。

对于常规的低压涡轮,由于物理转速相对较低,强度问题相对不太突出,但是对于膨胀比大、转速高的涡轮就需要特别关注,如齿轮风扇(geared turbo fan, GTF)发动机低压涡轮。由于 GTF 发动机低压涡轮与风扇通过行星齿轮连接,低压涡轮具有叶片转速高、末级叶片展弦比大的特征,此时的强度问题就特别突出,需要严格控制叶片的 AN^2 值、叶片的尖根面积比及叶片的展弦比、叶顶稠度、叶尖截面厚度等参数。

由于 GTF 发动机低压涡轮的膨胀比高,并且作为大涵道比发动机,为了保持发动机具有较高的推进效率,通常对排气速度有一定限制,低压涡轮的出口具有较大的环形面积,此时低压涡轮的 AN^2 值较大。为了降低叶片的根部应力水平,通常需要选取较小的叶片尖根面积比,但是由于末级叶片要保持气流轴向排气,低压涡轮叶根气流转折角相对较小,不利于增大叶根截面面积,此时选取太小的叶尖截面厚度容易出现带叶冠无法设计的情况,所以在设计中需要对各设计参数进行折中平衡,以得到最佳的设计方案。此外,对于级数多、膨胀比高、功率大的动力涡轮末级叶片也存在同样的问题,在设计中需要着重考虑。

3) 涡轮排气角度、速度等参数确定

涡轮初始设计中,需要根据发动机的特点确定涡轮的排气方向及速度。为了降低涡轮排气的损失,要求涡轮的排气角度接近轴向。对于有特殊要求的,如考虑到发动机的隐身需求,要求低压涡轮出口具有一定的预旋,以便在后面进行设计能够遮挡低压涡轮转子的支板。对于气动负荷较高的低压涡轮,在很难保证低压涡轮轴向排气时需要综合考虑,可在低压涡轮后设计导流叶片或者将后支板设计为带导流作用的形式来减小出口的预旋。

为了降低排气损失需要控制涡轮的排气速度,其中对于中小涵道比的发动机,由于低压涡轮转速相对较高,并且对外径尺寸限制有较高的要求,通常控制其排气马赫数在 0.4~0.5;对于大涵道比发动机,由于其飞行速度低,为了提高发动机的推进效率,通常控制涡轮排气马赫数在 0.3~0.4;对于燃机动力涡轮,为了降低余速损失,可以选取更小的排气速度,但需要具有一定的动压头保证能够通过排气蜗壳排出。

在进行方案论证时,需要对主要工况下涡轮的雷诺数水平进行评估,如果雷诺数水平较低,需要考虑雷诺数效应对涡轮性能的影响,此时应在对各级涡轮的载荷分配、流量系数选取、子午流道初始设计及初始叶型参数选取中进行适应性调整,通常在大涵道比发动机多级低压涡轮设计中会出现这种情况。由于大涵道比发动机的主要工作状态为高空巡航状态,为了降低耗油率,低压涡轮通常选取高空巡航状态为设计状态,此时由于飞行高度高,涡轮的出口雷诺数低,末级涡轮叶栅雷诺数降低到 10 万以内,会受到雷诺数效应的影响,导致效率降低。

为了降低雷诺数效应对涡轮性能的影响,可采用以下措施:对于末级或者后两级雷诺数较低的涡轮,适当降低其载荷系数,并增大流量系数,减少气流在叶栅内的转折角;增加叶栅的出口速度,提高叶栅的雷诺数水平,同时降低气流在叶背处出现的较大逆压梯度;在子午流道设计时适当控制子午流道的扩张角,并增加叶栅的宽度,提高其雷诺数水平。

3. 初始子午流道设计

子午流道设计包括流路的整体布局、转静叶宽度的确定、转静子间距的选取、叶片排之间的流道余高设计、子午流道扩张角的选取设置等。子午流道的设计贯穿于涡轮整个气动设计过程,其中在方案论证中主要是根据涡轮的平均半径高度、子午流道的流通面积、结构长度限制进行流路的布局。

1) 叶片宽度及间距选取

在确定了叶片高度后,可根据设计经验及相同类型涡轮的数据,确定各排叶片的宽度及转静子间距,其中叶片的轴向宽度根据不同类型涡轮按照展弦比或者叶片的展宽比进行确定。对于高压涡轮,叶片数相对较少,转子叶片通常为不带冠结构,其展弦比或展宽比一般不超过 3,低压涡轮的级数相对较多,考虑到涡轮轴向长度的限制,通常可以适当增加其展弦比或展宽比,通常控制在 7 以内。考虑到涡轮的整体协调性,在一般情况下导叶参照转子叶片的轴向宽度确定,除非有特殊要求,如导叶需具备结构支撑或通油通气的功能,或需承担流道大幅度过渡等,此时需要根据实际情况进行参数选取。

在选定涡轮叶片宽度后,需要排布各排叶片,合理选择转静子轴向间距。对于常规涡轮,转静子间的轴向间距按照其前一排叶片的轴向宽度百分比进行确定,通常轴向间距不小于其前一排叶片轴向宽度的 25%。涡轮转静子间轴向宽度的选取还需要综合考虑流路的光滑过渡、结构限制、非定常流动效应等情况。

2) 流路型线及扩张角选取

子午流道设计必须要保持流路光滑过渡,在子午流道的设计中可以先采用低阶的样条曲线进行初始设计,随着设计的逐步深入再进行详细的型线设计。保持子午流道光滑过渡的主要目的是保证气流在子午流道内部不发生子午面的流动分离,为避免流动分离,在保持光滑过渡的同时还需要控制子午流道的扩张角。气体经过涡轮膨胀做功,气体的体积流量逐步增加,这就要求子午流道具有一定的扩张以适应气体体积膨胀,保持涡轮各排叶片出口都有一个相对合理的马赫数水平。因此,对应给定进出口流通面积的涡轮,子午流道扩张角的大小直接决定着涡轮的轴向长度,扩张角大则涡轮的轴向长度短,反之亦然。

对于大的叶栅子午流道扩张角设计,气体通过叶栅容易出现减速流动,容易产生分离流动,叶栅内的二次流动更加复杂,不利于流动控制,导致损失增加。小的叶栅子午流道扩张角设计能够有效地控制气体轴向的加速性,但是会增加涡轮的轴向长度,或者过长的子午流道也会增加气流的摩擦损失,也不是好的设计方案。因此,在设计中需要对子午流道的扩张角进行合理选取,通常在子午流道设计中,建议子午流道的上下端壁的扩张角控制在 25° 以内,对于进出口马赫数相差较大、叶栅内加速性明显的涡轮,可以适当增加扩张角,但是需要结合详细的流场结构进行综合确定。

子午流道扩张角的选取还要考虑叶栅内的流动,对于气流转折角大的涡轮,气体通过叶栅会产生较大的二次流,此时可以适当降低该侧的端壁扩张角,从而控制二次流范围和强度。对于气流转折角相对较小的叶栅,例如,采用对转构型的低压一级导向叶片,由于其二次流相对较小就可以适当增加其端壁扩张角。对于高、低压涡轮半径相差较大,需要通过过渡段进行过渡的设计,主要关注子午流道沿流线的扩张度变化,详细的设计过程见 3.3 节。

3) 结构约束及非定常流动的考虑

涡轮结构设计对转静子轴向间距的限制主要有以下几个方面:涡轮转静子冷热态轴向变形、导叶受到的气动力轴向变形及整机状态下转子俯仰变形等,在设计中需要了解发动机的工作特点,并与结构强度专业对接,明确需求。如果不能给出具体的限制,可以先按照设计经验确定初值,在完成一轮结构强度的评估后再修正。转静子轴向间距的选择还需考虑冷却设计及盘腔封严的设计,增加轴向间距往往需要增加静叶的缘板长度。高温环境下较长的缘板结构会给冷却及加工制造带来一定难度,由此带来的大封严腔结构给封严设计带来了一定的难度。

涡轮转静子轴向间距的选取还需要综合考虑叶栅内的非定常流动特性及位势效应的影响。对于叶栅内尾迹流动、激波结构复杂的流动,适当增加距下游叶栅的距离,对降低非定常流动损失具有一定好处,具体如何选取将在下面的详细三维设计中进行说明。对于转子叶片后存在厚度较大的支板的结构,轴向间距的选取还要考虑支板因位势效应导致的气动激振力对上游叶片的影响,通常选取轴向间距不小于支板厚度的两倍。

3.3 涡轮气动通流设计

3.3.1 通流设计的概念

涡轮气动通流设计一般指采用 S2 流面计算程序求解完全径向平衡方程在内的基本方程组,分析和优化涡轮关键参数分布与性能的设计过程。这一方法的基本原理是吴仲华院士于 1952 年提出的叶轮机械准三维流动理论[2],即通过对流动控制方程进行合理简化,将复杂三维流动简化为相互交叉的 S1 和 S2 两个二维典型流面的流动,将回转面定义为 S1 流面,子午面定义为 S2 流面,通过对两个流面的迭代计算求解出完整流场,实现流动方程的降维,极大地降低了求解难度。

在实际工程应用中,较少采用 S1 流面和 S2 流面相互迭代求解的方式,更多的是首先进行 S2 流面计算,然后以此为基础进行求解 S1 流面参数。S2 流面计算可以分为反问题计算和正问题计算两类。S2 反问题计算是指在完成平均截面气动设计并初步给定子午流道和各叶排沿径向初始损失的基础上,经过多次 S2 流面计算迭代和调整,给出各叶排进出口截面的气动热力参数和损失分布、各级涡轮性能等参数的过程。S2 反问题计算不需要详细的叶片几何数据且求解快速,是涡轮初步设计阶段评估和优化子午流道、速度三角形及其径向分布等的重要途径。S2 正问题计算则是在叶型设计完成后,在获得子午流道和叶型几何数据的基础上进行的 S2 流面详细计算。与 S2 反问题相比,S2 正问题计算能考虑叶片倾斜、弯掠等对流场带来的影响,对涡轮气动参数的评估可更为准确,是涡轮设计阶段快速检验涡轮性能、功分配、流通能力等指标的有效途径。

涡轮气动通流设计结果的精度很大程度上依赖于对涡轮内部典型流动损失的评估,包括叶型损失、二次流损失、泄漏损失、尾迹损失等,这就需要在 S2 流面计算中引入损失模型。常见的损失模型包括 Ainley & Mathieson 模型[3]、Stewart 模型[4]、Smith 模型[1]、Craig & Cox 模型[5]、Dunham & Came 模型[6]、Denton 模型[7]、Kacker & Okapuu 模型[8] 等,这些模型都是在大量数据的基础上总结提炼得到的,不仅能有效评估涡轮通道内的流动损失,还能有效缓解涡轮气动评估和设计工作对经验的依赖。但现有的模型大多形成于 20 世纪,其适用范围都有限,尤其是用于评估当前先进航空燃气涡轮时,其精度和可靠度都难以保证,因此有必要完善、扩充数据库,并建立适用性更强和精度更高的损失模型,以改善涡轮气动通流设计结果。

涡轮主流道内的流动具有先天的复杂性,存在主流、端壁和叶片表面边界层、冷却叶片排气、间隙与盘腔泄漏、叶片尾迹流动、燃烧室热斑传输及多种流动的掺混,是复杂的非定常全三维流动状态,受各种条件限制,直接数值求解(direct numerical simulation, DNS)全三维 N-S 方程目前仍主要用于基础科学研究领域,无法直接用于工程设计,而基于雷诺平均 N-S 方程(Reynolds averaged Navier-Stokes, RANS)的三维数值计算也无法满足方案初始论证设计阶段的快速反复迭代需求,此时借助 S2 流面计算程序,便可充分发挥通流计算求解速度快、迭代调整便捷、计算精度高的优势。

3.3.2　子午流道设计

子午流道设计的过程可认为是 S2 反问题计算过程。依据涡轮总体性能参数,初步给定子午流道型线及各排叶片的初始径向损失分布,通过 S2 流面多轮次迭代计算调整,以功率、效率及基本气动设计准则为约束条件,获得涡轮级各径向截面速度三角形、气动热力学参数及详细性能参数。子午流道通流设计结果为叶型设计提供了依据,也是后续涡轮气动方案详细设计的基础。在进行气动方案设计前期,只需进行平均半径气动计算;在详细设计阶段,则需要确定流动形式、内外径尺寸及叶片排轴向位置。

1. 设计依据

涡轮热态流道设计以发动机总体参数、发动机总体结构方案、发动机总体结构

方案布置及部件之间的协调参数为依据,设计过程中主要考虑以下因素:

（1）发动机及上下游部件对涡轮的气动性能与结构尺寸要求,如效率、出口气流角、出口马赫数、流道高度限制、长度限制等;

（2）涡轮级数;

（3）基本的质量与强度考虑;

（4）气动方案设计结果。

2. 流道形式

涡轮流道中的气流为膨胀加速流动,密度逐渐下降,体积流量逐渐增加,大多数情况下,为了合理控制轴向速度变化,涡轮流道总体呈扩张形式,典型的流道形式主要有等内径、等外径、等中径三种,以及相对较为复杂的内、外径均逐渐增大的流道和复合形式流道。不同的流道形式适用于不同类型的航空发动机和燃气轮机涡轮,下面逐一进行介绍。

1）等内径流道

等内径流道的平均直径逐级增大,见图 3.3,其绝热焓降从前至后逐级增加。在同样的环形面积下,等内径流道的叶片较短,叶片径向扭曲不剧烈,切线速度高,适用于负荷较高的涡轮,同时能够为涡轮盘的结构设计提供相对较为充裕的内部空间。

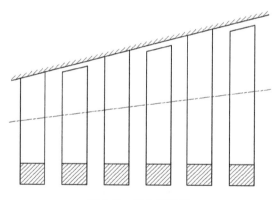

图 3.3　等内径流道

等内径流道的缺点是:为了将轴向速度分量保持在合理范围,流道外壁扩张角容易过大,容易造成端区流动分离,且涡轮径向尺寸相对较大,需要综合权衡总体对涡轮结构尺寸限制与涡轮气动之间的需求。

2）等外径流道

等外径流道的形式见图 3.4,其平均直径沿流程逐渐降低,绝热焓降逐级降低。与等内径流道相比,在相同环形面积下,涡轮的后面级叶片较长,叶型径向扭曲剧烈,不利于结构强度设计;流道呈内扩形式,切线速度沿径向逐渐减小,容易导致叶片根部载荷系数过大,对效率不利。等外径流道的优点是: 涡轮的径向尺寸小,流动性能好,此种流道形式多用于燃气轮机设计。

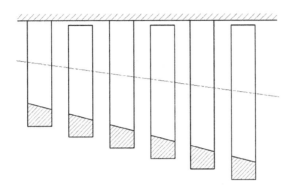

图 3.4 等外径流道

3) 等中径流道

等中径流道示意图见图 3.5,此类流道的优缺点介于等外径流道和等内径流道之间。

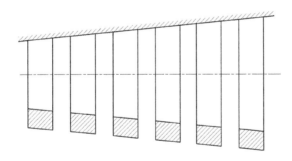

图 3.5 等中径流道

4) 内、外径均逐渐增大的流道

对于现代航空发动机涡轮,其子午流道的设计早已摆脱了单一规律的半径变化形式,尤其是中、大涵道比发动机低压涡轮,其膨胀比大,气体在涡轮级内膨胀剧烈,导致进、出口环形面积相差较大,等外径和等中径的流道设计形式导致流道内径极小,无法进行结构设计,而等内径流道又不利于端壁二次流损失控制,因此从结构强度、气动性能以及低雷诺数效应的角度考虑,需要适度增大内流道半径,并将后面级叶片高度控制在合理范围内,确保涡轮同时满足结构和气动性能的设计要求,其流道往往设计成复杂的曲线形式。图 3.6 为一个典型的多级低压涡轮子午流道,简单来说,其内、外径沿流向均逐渐增大,且前面级流道扩张迅速,后面级又趋于平缓,末级动叶叶片的上下端壁呈水平方向。

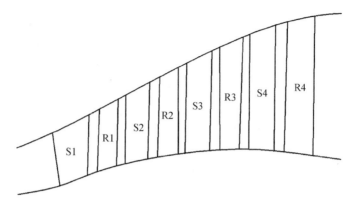

图 3.6   典型多级低压涡轮子午流道

5）复合形式流道

复合形式流道是指在同一涡轮流道中的不同位置采用不同的内外径变化规律的流道形式，可以是以上四种流道形式的组合，也可以根据特定涡轮流动特点进行个性化设计，多用于现代航空发动机高压涡轮子午流道设计，典型形式见图 3.7。复合形式流道是在考虑全三维流动影响的情况下，为了降低高压涡轮流动损失而采取的流道设计。以图 3.7 所示的高压涡轮子午流道为例，将导叶喉部后的子午流道适度收缩，或者设计成倒 S 形，这样能保证导叶出口气流的膨胀加速流动过程比较平滑，有效降低二次流损失。

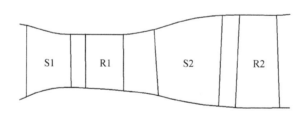

图 3.7   复合形式流道

3. 流道设计关注的要素

涡轮子午流道设计主要包括确定流道径向尺寸、流道高度及各级轴向宽度和流道总长度。为确定相关尺寸，需要重点关注以下参数。

1）涡轮出口马赫数

对于大多数涡轮，其出口马赫数通常由下游部件提出基本需求。当总体性能参数给定时，涡轮出口马赫数与涡轮出口的环形面积相关联，马赫数越高，环形面积越小。马赫数过大，会导致涡轮下游部件气动损失增大，并且降低涡轮的功率储备，对于涡扇发动机，通常将设计工况下的涡轮出口马赫数控制在 0.45~0.55；至于涡轴、涡桨发动机，涡轮出口马赫数则应更小，一般小于 0.4。

2）涡轮直径、叶片高度

涡轮的最大外径通常由总体结构提出要求,环形面积相同时,外径越大,叶片越短。涡轮径向尺寸的选取要兼顾气动性能和结构强度设计需求。

3）AN^2

AN^2 是指环形面积与转速的平方的乘积,它是衡量涡轮性能和强度的重要参数。通常来说,AN^2 值高意味着较低的流量系数,有利于高效率涡轮的设计,但过高的 AN^2 值会导致叶片根部的平均拉伸应力过大。为保证叶片具有一定的强度储备系数,需要将 AN^2 限制在一定范围内。

4）叶片轴向宽度

叶片轴向宽度在一定程度上可反映叶片弦长,通常来说,导向叶片的轴向宽度沿径向逐渐变宽,动叶则相反。定义叶高与轴向宽度之比为展弦比,高展弦比叶片有利于提高涡轮效率,但考虑到强度振动的要求,一般建议动叶的展弦比不大于 5.5。

5）叶片排的轴向间隙

确定转静子轴向间隙时,要考虑叶片排之间的气流扰动和激振,以及冷热态变化引起的转静子相对位置的变化和涡轮轴向长度的变化。

根据工程经验,带冠动叶与上一排导叶的轴向间隙不小于导叶轴向宽度的20%,动叶与下游导叶的轴向间隙不小于导叶轴向宽度的 25%;对于不带冠的叶片,在以上数值的基础上适度增大。

6）流道扩张角

流道扩张角主要用于控制轴向速比,从而调节速度三角形,但是扩张角过大也会带来额外的流动损失。根据经验,流道外壁扩张角建议控制在 25° 以内,内壁扩张角控制在 20° 以内,流道的总扩张角控制在 35° 以内,同时为了保证流道变化均匀,相邻叶片排之间的局部扩张角最大不超过 12°。

7）阶差设计

为了使气流顺利地从前一排叶片流入下一排,在进行子午流道设计时需设置阶差,如图 3.8 所示。通常来说,下阶差 δ_1 大于上阶差 δ_2。阶差的设计能够减小端壁附近的气流流入下一排叶片时受到的阻碍,气动上的阶差设计还可以补偿因加工制造带来的子午流道变化,实际工程经验表明,合理的阶差设计能够提高涡轮效率,并不会带来损失。

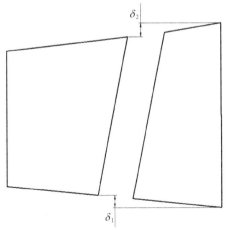

8）流道光滑性检查

流道光滑性检查是容易理解并且十分

图 3.8　子午流道的阶差

重要的,如果流道出现台阶、突扩等几何不连续的情况,会带来不必要的气动损失。

完成以上步骤后,流道的基本形式就可以确定,剩下的工作就是通过流场仿真对流道进行详细设计与完善。需要强调的是,上述给定的相关参数选取范围适用于大多数常规涡轮的方案论证和一般设计工作,但并非最优解,也并非不可突破,根据不同涡轮的工作特点,随着设计手段、新材料、加工工艺等技术的不断进步,很多参数的选取范围都可以予以扩展、突破。

3.3.3 通流设计准则

通流设计与计算结果是涡轮详细设计的基础,该阶段需要重点关注的关键设计参数主要有涡轮级的功率、反力度、载荷系数、气流角和马赫数。对于多级涡轮,还要考虑不同级的功率分配。

1. 功率及分配

涡轮气动设计时,功率是必须满足的性能指标之一。涡轮的功率主要用于带动压气机做功,涡轮和压气机功率关系见式(3.6):

$$P_t = P_c \eta_m \tag{3.6}$$

式中,P_t 为涡轮功率;P_c 为压气机功率;η_m 为传动机械效率。

对于多级涡轮,还应考虑功率分配问题。子午流道是影响多级涡轮各级功率分配的重要因素,在确定转速与子午流道后,要注意各级的载荷系数不宜过高。通常来说,涡轮第一级进口温度和压力相对较高,工质做功能力强,功率分配可略多一些,这样也可以降低第二级涡轮的进口压力和温度,降低第二级的冷却设计压力。

如果末级涡轮为轴向排气,那么末级的功率分配应相对较少,但是一般末级动叶叶片高度较大,功率分配过小就会造成其气动设计困难,并且当涡轮在低状态下工作时,为了防止末级涡轮进入压气机工作状态,末级功率分配也不宜太低。可以说,对于多级涡轮,尤其是大涵道比发动机的低压涡轮,如何选取合适的末级功率比例是研究功率分配的重要工作。

2. 反力度

反力度定义为动叶等熵膨胀功与整级等熵膨胀功之比,表示气体在动叶和导叶通道内的膨胀程度。通常来说,反力度均不小于零,以免气流分离。

涡轮的反力度沿叶高逐渐增加,通常根部反力度不小于0.2,主流区反力度应在0.35~0.5。一般情况下,涡轮级平均反力度越高,效率越高,但是尖部反力度过大会增加动叶叶尖的间隙泄漏损失。随着反力度的增加,涡轮导叶出口马赫数降低,动叶出口相对马赫数升高。

另外,过大的反力度还会增加涡轮部件的轴向力,因此增加反力度时需要考虑推力轴承的承载能力。

3. 载荷系数

涡轮级的载荷系数表示级内气体膨胀做功部分与圆周速度做功部分的比例。载荷系数越大,气体在叶栅通道中的膨胀加速越剧烈,效率越低。对于大膨胀比的高负荷高压涡轮,虽然圆周速度高,但其根部载荷系数也可能很大;对于大涵道比发动机低压涡轮,由于其圆周速度小,其根部载荷系数同样很大。

4. 气流角

为确保叶栅通道为收敛通道,叶栅的出口气流角应小于其进口气流角。出口气流角的大小与涡轮负荷有关,高负荷跨声速涡轮的出口气流角通常在 $10°\sim20°$。

对于亚声速涡轮,叶片的出口气流角通常大于 $20°$,在一定转速下功率大,则气流角小;反力度增加时,导叶出口气流角增大,动叶出口相对气流角减小;考虑叶片强度与结构设计需求,出口气流角沿叶高方向的扭曲不宜过大。

5. 马赫数

对于亚声速涡轮,导叶出口马赫数和动叶出口相对马赫数沿叶高方向均应控制在 0.8 以下。对于高压声速涡轮,一般会控制在 $0.8\sim1.0$,允许在较小的局部叶高区域出现超声流动,但应尽量控制在 1.1 以下。跨声速涡轮是指沿导叶或者动叶叶高方向马赫数均达到 $1.0\sim1.25$ 的涡轮,根据涡轮焓降及马赫数对涡轮效率的影响,再结合具体工作情况,可将导叶和动叶二者之一或者全部设计成跨声速叶型。考虑到流动堵塞及涡轮效率因素,动叶进口相对马赫数 $Ma_{1\mathrm{rel}}$ 需控制在合理范围内,不宜过高。实际上,涡轮叶片出口马赫数与流道形式、气动损失、转速、负荷水平和反力度等关系密切,是多种因素综合权衡的结果。

3.3.4　通流设计中的损失

1. 常用损失系数定义

1）总压恢复系数

总压恢复系数定义为叶栅出口总压与进口总压之比,计算公式如下:

$$\sigma = \frac{P_{t\text{-out}}}{P_{t\text{-in}}} \tag{3.7}$$

式中,导叶取绝对总压,动叶取相对总压。

2）总压损失系数

总压损失系数定义为叶栅进出口总压差与出口总静压差之比,公式如下:

$$Y = \frac{P_{t\text{-in}} - P_{t\text{-out}}}{P_{t\text{-out}} - P_{s\text{-out}}} \tag{3.8}$$

式中,导叶取绝对总压,动叶取相对总压。

3) 速度损失系数

速度损失系数定义为叶栅出口实际速度与等熵速度之比。

导叶:

$$\psi_N = \frac{c_1}{c_{1ad}} \tag{3.9}$$

式中,下角标 1 表示导叶出口;ad 表示等熵。

动叶:

$$\psi_R = \frac{w_2}{w_{2ad}} \tag{3.10}$$

式中,下角标 2 表示动叶出口。

4) 能量损失系数

能量损失系数定义为叶栅损失的焓降与等熵焓降之比。

导叶:

$$\zeta_N = \frac{\Delta h_{1\zeta}}{h_{1ad}} \tag{3.11}$$

动叶:

$$\zeta_R = \frac{\Delta h_{2\zeta}}{h_{2ad}} \tag{3.12}$$

5) 叶栅效率

叶栅效率定义为叶栅有效焓降与等熵焓降之比。

导叶:

$$\eta_N = \frac{h_{1ad} - \Delta h_{1\zeta}}{h_{1ad}} \tag{3.13}$$

动叶:

$$\eta_R = \frac{h_{2ad} - \Delta h_{2\zeta}}{h_{2ad}} \tag{3.14}$$

2. 各损失系数之间的关系

1) 能量损失系数与速度损失系数

导叶:

$$\zeta_N = 1 - \psi_N^2 \tag{3.15}$$

动叶:

$$\zeta_R = 1 - \psi_R^2 \tag{3.16}$$

2）总压恢复系数与速度损失系数

导叶：

$$\sigma(Ma_1) = \left[1 + \frac{k-1}{2}Ma_1^2 \left(1 - \frac{1}{\psi_N^2} \right) \right]^{\frac{k}{k-1}} \tag{3.17}$$

动叶：

$$\sigma(Ma_{2rel}) = \left[1 + \frac{k-1}{2}Ma_{2rel}^2 \left(1 - \frac{1}{\psi_R^2} \right) \right]^{\frac{k}{k-1}} \tag{3.18}$$

3）总压恢复系数与能量损失系数

导叶：

$$\sigma(Ma_1) = \left[\frac{1 - \zeta_N \left(1 + \frac{k-1}{2}Ma_1^2 \right)}{1 - \zeta_N} \right]^{\frac{k}{k-1}} \tag{3.19}$$

动叶：

$$\sigma(Ma_{2rel}) = \left[\frac{1 - \zeta_R \left(1 + \frac{k-1}{2}Ma_{2rel}^2 \right)}{1 - \zeta_R} \right]^{\frac{k}{k-1}} \tag{3.20}$$

4）叶栅效率与损失系数

导叶：

$$\eta_N = 1 - \zeta_N = \psi_N^2 \tag{3.21}$$

动叶：

$$\eta_R = 1 - \zeta_R = \psi_R^2 \tag{3.22}$$

3. 损失模型

涡轮内部为复杂的强三维、强剪切的非定常黏性流动,黏性耗散、剪切掺混及超跨声速流动产生的激波等因素会导致流动过程中产生各种气动损失,将涡轮内部的损失进行模化并定量评估对准确衡量涡轮性能具有重要意义。典型的气动损失主要有叶型损失、二次流损失、叶尖间隙泄漏损失、冷气流掺混损失等。其中,叶型损失又包括摩擦损失、边界层分离损失、尾缘损失、激波损失及激波与边界层干涉损失。二次流损失主要包括叶栅二次流产生的通道涡、刮削涡等旋涡损失。叶尖间隙泄漏损失主要是指动叶叶尖的漏气造成的尖部做功能力下降和尖部附近流动堵塞。冷气流掺混损失主要包括叶身、壁面冷却排气,以及轴向间隙泄漏气与主流掺混造成的气动损失。

在通流设计与计算过程中,由于计算方法的限制,无法对以上损失开展接近真实模型下的流场模拟。为了确保通流计算结果具有良好的工程精度,人们通过对大量试验数据进行总结,并结合理论分析,建立了衡量不同条件下不同类型的气动损失的数学模型并得到了广泛的发展和应用。

3.4　叶型设计

涡轮叶片的叶身是实现燃气中能量转换的载体,是决定涡轮性能的首要因素。在叶身设计中,其几何形状首先应满足气动要求,此外由于叶身是在高压、高温、高速运转状态下工作,需满足强度、寿命、冷却、制造等要求。因此,叶身成形设计是根据具体情况,分清主次,统筹兼顾的设计过程。

目前,叶身成形是由几个截面的叶型沿叶高按某种规律积叠而成的,其中单个截面叶型成形有正问题法和反问题法。正问题法是根据各项要求,初步确定叶型,经计算或试验对叶栅性能进行鉴定、修改。反问题法是按气动要求经叶栅绕流计算设计叶型。

目前,反问题法的理论尚不够完善,以及叶型的附加条件多,不易设计出实用的叶型,所以很少采用。由于多年来对叶栅性能进行了大量的试验研究,积累了大量的数据和经验公式,为正问题的叶型设计提供了一些设计准则,较大地方便了叶型设计,目前大都采用正问题法进行叶型设计,即用计算机进行辅助设计,能较迅速地设计出实用叶型。

3.4.1　叶型设计的依据及要求

叶型设计的依据主要是气动参数和有关的结构方案。

(1) 气动参数方面:需具备含有各级叶片进出口轴向和径向尺寸、上下流道扩张角、沿叶高叶片轴向尺寸等内容的热态流道图和发动机各状态(至少有设计点)下的涡轮各级气动参数。

(2) 结构方面:叶片是否为气冷叶片,叶片内腔是否通过承力拉杆,是否有叶片与机匣、涡轮盘的连接固定形式,有无叶冠等结构方案。

3.4.2　平面叶栅的造型

1. 造型截面的选定

由于涡轮为扩张型流道,通常在热态流道图上取叶片前缘处,上下流道面 5~8 mm 处、小尺度叶片为 3~5 mm 处,定为顶、根两平面叶栅造型截面的径向位置。在顶、根两截面间分若干等份,作为其余各造型截面的径向位置。等份数量按叶片长短,以及沿叶高气动参数变化大小而定。在顶、根两截面处,再外延选定 1~2 个截面作为生产制造的辅助叶型截面。此外,也可将叶片前缘(或尾缘、中间)与上下流道面的交点处作为顶、根两个造型截面的径向位置,但在叶身最终成形后,仍需按上述截面确定的原则,插值定出各截面叶型,供生产制造。

2. 涡轮叶栅几何参数和气动参数

1) 叶片数的选择

叶片数应从气动、结构、强度、冷却、经济性等方面综合统一考虑而确定。在气动方面,由于叶片数 N 决定了各截面叶栅栅距 $t = 2\pi R_i/N$,式中 R_i 为各截面的径向值。而叶栅稠度 b/t 也有最佳范围,两者在造型过程中常有矛盾,即若取定合适的稠度,其换算出的叶型弦长 b 不一定合适,若取定合适的弦长 b,其栅距 t 不一定合适。为此常需反复调整叶片数,使稠度与弦长皆较合适。

这里介绍一种确定叶片数初始值的方法。取叶片中径尺寸 R,选叶栅稠度 $(b/t) = 1.3\sim1.4$,按具体情况初选叶型弦长 b,或通过热态流道图上的叶型轴向宽度 S,经叶型安装角 γ(参见图 3.9)换算出弦长 b 的近似值(其中安装角可通过中径上进、出气流角的速度矢量之和求得)。换算出栅距 t 后对 N 取其圆整值,作为初定的叶片数。

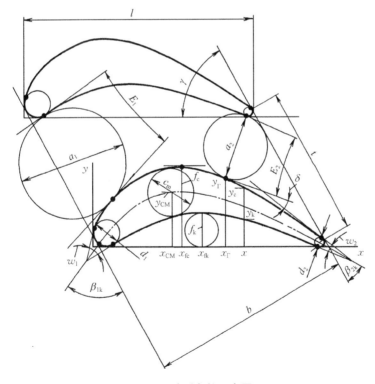

图 3.9　叶型参数示意图

此外,叶片数尚需与结构、强度、质量等方面的要求进行协调一致。例如,还需综合考虑叶片内腔中承力拉杆的数量、气冷叶片进气口的数量、工作叶片与轮盘连接的榫头、榫槽强度、叶冠强度、质量等。

2）叶栅稠度的选择

叶栅稠度是影响性能的重要参数之一，目前确定最佳稠度值的经验公式很多，其差别不大，在造型过程中为兼顾结构、强度等方面的要求，对该值可进行适当调整。目前，导向叶片的稠度值通常在 1.1~1.4。

3）叶型进口构造角、攻角及出口构造角的选择

一般来说，导向叶片的进、出气流角用 α_1、α_2 表示，工作叶片的进、出气流角用 β_1、β_2 表示。

进口（前缘）构造角 β_q 是叶型中弧线在前缘小圆圆心点的切线与额线间的夹角，该角与进气角 β_1 的差值称为攻角 i，$i = \beta_q - \beta_1$。大量叶栅试验表明，亚声速叶栅的攻角 i 在 $-10° ~ +5°$，跨声速叶栅攻角在 0°左右损失不大。

出口（后缘）构造角 β_h 是叶型中弧线在尾缘小圆圆心点的切线与额线间的夹角，出口构造角通常在出气角 $\beta_2 \pm 3°$ 范围内选取。

4）前、后缘小圆半径的选取

按性能要求，前、后缘小圆半径越小越好，但考虑到制造和强度要求，其不宜过小。在无特殊要求时，通常后缘小圆半径 R_h 为 0.3~0.8 mm，前缘小圆半径 R_q 在 0.5~0.8 mm，对于气冷叶片，可按需增大作为造型的初始值。

5）叶栅槽道喉部宽度的确定

在两叶型之间的空间气流流动的过道称为槽道，从进口至出口呈收敛型。在叶型盆面的尾缘至另一相邻叶型背面的最小距离称为槽道喉部宽度 a。在一定的进口气动状态下，该宽度是确定出口气流角和流量的重要参数。

目前，常用 $a = t\sin\beta_2' = t\sin(\beta_2 - \Delta\beta)$ 确定喉部宽度或初始值，式中，t 为栅距；β_2' 为修正出气角；β_2 为出口气流角；$\Delta\beta$ 为修正角，修正角 $\Delta\beta$ 为 β_2 和出口马赫数 $Ma_2(\lambda_2)$ 的函数。

6）尾缘弯折角

喉部宽度叶背端点（切点）处的切线和尾缘小圆与叶背曲线的切点处的切线间的夹角称为尾缘弯折角 δ，其大小反映了叶背曲线斜切口处曲率的变化，对叶栅性能和出气角有一定的影响。目前根据出口马赫数确定弯折角的大小。

7）叶型最大厚度

叶型最大厚度 C_{max} 是叶型内切诸圆中的最大值（直径），通常在距前缘 20%~30%弦长处，该值与弦长的比值（相对厚度）$C = C_{max}/b$ 对性能有一定影响，在满足结构、强度、冷却、制造等要求下，此值宜尽量小。

8）叶型面积

叶型面积是由弦长、最大厚度等参数综合确定的。导向叶片的叶型面积沿叶高的变化一般无特殊要求，在满足结构、冷却等要求下宜尽量小，以便减轻质量。

　　由于强度需要,工作叶片的叶型面积通常应选择合适的根/尖面积比。中间叶型面积为根、顶叶型面积平均值的70%~85%(短叶片取小值,长叶片取大值)。顶部叶型的面积应该根据叶冠的载荷而定,根部叶型的面积可根据叶身的离心拉伸应力小于材料的许用应力值的50%左右而定出初始值。

　　9)型线选择原则

　　叶型型线是气流流道的壁面,为减少流动损失,型线应光滑无拐点,一阶、二阶导数应连续。符合此条件的曲线很多,如二次曲线(圆、椭圆、抛物线等)、双扭线、螺旋线等。这些曲线的方程大都较为简单、变量较少,很容易确定,但在造型过程中,有时存在一定缺陷,例如,若叶型局部不适合,改变参数后,曲线全部改变,将使其他部位不适合,增加了造型难度,甚至会牺牲某些性能。

　　3. 二维基准叶片造型

　　涡轮叶片中的流动是十分复杂的三维黏性流动,并且具有非定常性,所以二维叶型的损失小并不一定代表三维叶片的损失小。但当前直接进行三维叶片造型还很困难,因此二维基准截面造型在工程设计中必不可少。本节的基准截面叶型成形采用了三次有理B样条曲线造型,有理B样条曲线不仅具有Bezier曲线的保凸性、B样条曲线的局部特性,还能比较准确地描述二次曲线。另外,三次有理B样条曲线还能同时保证二阶导数的连续性。涡轮背弧曲率变化较大,因此采用两段曲线进行拟合;内弧采用一段曲线进行拟合。内弧、背弧的三次有理B样条曲线的边界需要进行控制,在内弧起始点、终止点分别是内弧在前、后小圆的切点;背弧的第一段曲线起始点为背弧与前圆的切点,背弧的第二段曲线终止点为背弧与后圆的切点。第一段曲线终止点和第二段曲线起始点相同,通常在栅道的喉部,并且其一阶导数一致。图3.10示出了涡轮导、动叶基准截面叶型和三条曲线的控制多边

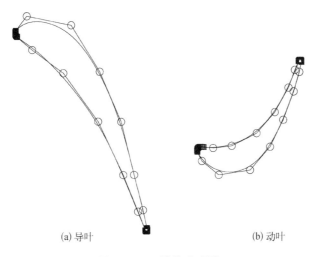

(a) 导叶　　　　　　　　　　(b) 动叶

图 3.10　二维基准叶型

形顶点,通过这些顶点和权因子的变化可以很好地调整内、背弧型线曲率,从而减小损失(尤其是摩擦损失)。对于亚声速与跨声速的反力式涡轮,其曲率应从进口边缘向出口边缘单调减小。

通常的设计以增加几何进气角、减小前缘的厚度、增加截面面积的方法来消除局部的扩压段。前两种方法会引起攻角损失的增加和变工况性能的恶化,使用后一种方法,叶片质量将增加。在实际设计中发现这种根部局部扩压段在一定程度上是可以接受的,因为设计者可以通过子午型线的变化在三维空间上保持流道的收敛。

设计者希望每个截面都为最佳的栅距,但实际是不可能的,应力求在 10% ~ 90%展向的叶型在合理的栅距内。前缘小圆半径的选取要考虑变工况性能,后缘小圆半径的选取要考虑尾迹损失、冷却和强度的要求,根据经验,在后圆两切点的压力相等时,尾迹损失最小。叶栅的几何安装角的选取也十分重要,因为在栅距选定后,其基本决定了叶型的其他参数。

4. 二维基准叶片的径向积叠

沿叶高叶身成形,除应考虑气动、强度、结构等因素外还应兼顾制造工艺的可行性。本节将简单介绍常用的直线成形和弯扭叶片成形。

1) 直线成形

直线成形是指叶身的盆面和背面两曲面皆以顶、根两截面叶型为基础,按特定的直母线形成。具体做法是:在顶、根两截面的叶盆和叶背型线上各取若干点,将顶、根若干点相应连成直线,并在各直线上按其余截面的叶高与顶、根截面叶高成比例地截取若干点,将各截面截取的若干点连成光滑曲线,形成各截面上的型线。

2) 弯扭叶片成形

本节所述的弯扭叶片成形是在叶身已成形的基础上,再根据气动要求进行沿叶高的非线性调整,如图 3.11 所示。大致步骤是将已成形的叶身建立统一坐标,

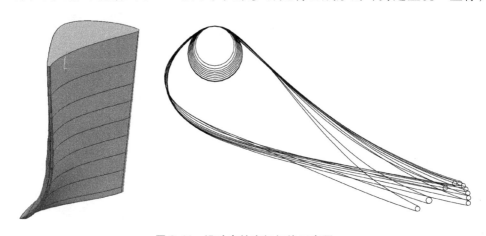

图 3.11　沿叶高的弯扭规律示意图

例如,以各截面尾缘小圆圆心为原点形成 Z 轴,按气动要求沿叶高对各截面的原点进行非线性调整(如进行抛物线型调整)后,再进行气动计算迭代,最终确定调整量的最佳值。各截面叶型分别按其调整量进行整体平移,叶身最终成形。

3.5　叶栅绕流分析

叶栅绕流分析(又称叶栅 S1 流面分析)是涡轮气动设计的重要环节,因分析的流动具有绕流流动的特征,故称为叶栅绕流分析。叶栅绕流分析的目的是获取叶栅流场的流动状态,从而确认流动品质是否达到预期设计流动或以参数的形式实现对叶栅流动的描述。在此基础上评估流动损失,建立叶栅设计几何特征与流动特性的对应关系,为涡轮叶栅设计提供重要参考。

叶栅绕流分析是基于两类流面理论建立起的分析方法,其在 20 世纪 60 年代中后期得到工程应用。叶栅绕流分析采取的基本原理是通过数值方法求解叶栅流动控制方程,获取流动参数。由于当时计算机硬件能力的限制,早期多采用流函数和位函数的方法将偏微分方程组简化为单个微分方程,从而大大提升求解速度并降低数据存储量。随着计算机硬件能力的提升,开始采用流线曲率法取代流、位函数方法,这种方法是在流面上沿流线的准正交线迭代求解周向动量方程和连续方程。流线曲率法只要求解一个一维常微分方程并伴随连续方程进行迭代,因此可体现流动物理模型并具有快速、简洁、方便的特点,在工程设计中得到了广泛应用。

网格生成是计算流体力学求解流场的重要组成部分。求解欧拉方程或 N‑S 方程,网格质量的好坏对计算结果的影响不逊于前面提及的差分格式。高质量的网格是保证计算过程收敛、减小数值误差、提高流场分辨率所必需的,一般对网格的要求是贴体性、光滑性、正交性,其中正交性与所采取的网格拓扑策略及叶栅本身的几何特征相关。

边界条件的正确施加是叶栅绕流分析结果正确有效的基础,对于涡轮叶栅,一般来流条件为亚声速,需给定 3 个约束条件作为进口条件,一般给定进口总温、进口总压和进口气流角。对于出口边界,当轴向分速度小于声速时,需给定 1 个约束条件,即出口静压(背压);当轴向分速度大于声速时,不用施加约束条件。需要说明的是,对于出口速度为超声速的涡轮叶栅,需要对叶栅出口段进行适当外延以消除叶栅通道内激波在出口边界的反射或者可以采用无反射边界条件进行绕流分析。

叶栅绕流分析可以给出叶型表面的压力/等熵速度分布,S1 流面内的气动参数分布(如边界层厚度、激波等),以及叶栅的总压损失系数、叶栅效率等,可为叶型设计和优化提供重要反馈。

3.6 涡轮三维流场分析

3.6.1 涡轮三维流动特点

涡轮是航空发动机的核心工作部件,其设计性能的好坏直接影响发动机的优劣。为了满足现代航空发动机的发展需要,目前先进涡轮往往追求更高的进口温度、叶片负荷和气动效率等目标,这就使得涡轮内部流动更加复杂,也给其设计带来了巨大的挑战。

涡轮内部流动非常复杂,有很强的三维特征,主要包括以下几个方面:导叶、转子的交替排列,决定了流动的固有非定常性;叶片表面边界层内的流动形态,包括层流、湍流及转捩状态,这在低压涡轮中尤其明显;由于黏性和三维分离作用,叶片通道中可能出现各种涡系,如马蹄涡、通道涡、尾涡、角涡、刮削涡等,流动呈现有旋性和强三维性;先进的跨声速涡轮中既有超声速区,也有亚声速区,呈现混合型流动状态;冷却式涡轮的气膜冷气及其与主流的掺混;转子叶尖间隙泄漏流动;此外,由于涡轮中流动空间相对有限,上述各种流动现象相互影响,加剧了流动的复杂性。

3.6.2 三维损失介绍

涡轮内部三维损失主要包括两部分:定常损失和非定常损失。

1. 定常损失

涡轮内部的定常损失通常可以分成三大类,即叶型损失、端壁损失和泄漏损失。其中,叶型损失包括叶片表面边界层损失、叶片尾缘下游的掺混损失及激波损失等;端壁损失包括端壁边界层损失、端区二次流损失及角区分离损失等。值得注意的是,上述各种损失之间都存在着相互关联,很难完全区分。

2. 非定常损失

非定常作用将直接影响到损失的产生、扩散和输运,并在叶片上产生非定常负荷,上游尾迹的湍流引起的转捩点的变化,也会对下游叶片边界层产生影响。非定常流动不但影响涡轮效率,还会对其气动弹性、气动力激振、涡轮换热等问题造成影响。非定常损失的来源主要包括尾迹的输运、尾迹与边界层相互作用、激波的非定常作用、位势场的非定常作用、通道涡的非定常作用等。

(1) 尾迹的输运:叶片尾迹中的流体具有高湍流脉动,其主要特点为相对主流的速度亏损。涡轮中的尾迹通常可以作用到尾缘下游几倍弦长的距离,因此上游叶片尾迹周期性通过下游叶片通道,造成了非定常损失。

(2) 尾迹与边界层相互作用:上游叶片的周期性尾迹会对下游叶片边界层内流体的流动状态造成影响,具有尾迹诱导转捩的可能性。上游尾迹通过叶片表面特定位置时,将诱导边界层发生旁路转捩,形成湍流斑及其后的寂静区,此即尾迹诱导转捩的过程。利用这一原理,调整上游尾迹通过频率,使得在前一个尾迹诱导产生的寂静区消失之前,下一个尾迹已经输运到该分离区,从而可以抑制叶片边界层内的流动分离,研究者将这种现象命名为寂静效应(calmed effect)。国内外许多学者已经证实,寂静效应能够有效提高、低压涡轮的性能。

(3)激波的非定常作用:高负荷跨声速涡轮中会出现尾缘激波,其中外伸激波将作用到下游叶片表面,使边界层附近的压力梯度急剧增大,可能引起当地的边界层分离,进而增大边界层损失。随着转静叶片的相对运动,该激波将周期性地作用在下游叶片上,使得叶片表面产生强烈的非定常作用力,对涡轮叶片的振动和疲劳特性造成影响。

(4)位势场的非定常作用:位势场的影响可以同时向下游和上游相邻叶片排传递,但是它的作用距离小于尾迹,通常在一个弦长之内衰减。位势场在其作用范围内引起的非定常效应很明显,它会引起叶片排上、下游周向流场的非均匀分布。

(5)通道涡的非定常作用:涡轮叶排中的通道涡也随着主流向下游发展,会对下游叶排通道的流动造成影响,这就是通道涡的非定常作用。研究表明,通道涡的非定常作用会影响二次流分布,从而影响下游叶排内的损失。

3.6.3 三维气动设计(定常、非定常)

由于涡轮内流场较复杂,流动的三维特性突出且对涡轮性能要求日益提高,无论是对准三维设计体系完成的涡轮气动设计或对三维叶片设计,都必须进行全三维流场计算分析,从中分析涡轮流动设计的好坏并决定采用的修改措施,即三维气动设计。三维气动设计主要包括三维定常气动设计和三维非定常气动设计。

1. 三维定常气动设计

涡轮的三维定常气动设计体系可分成两个部分,其一为叶片三维设计,其二为涡轮匹配设计过程(包括损失估算与分析)。在三维叶片设计中,子午流道形状变化很大,采用弯扭叶片后,叶片侧型面(在S3面内的叶片型面)倾角沿叶高变化且在不同轴向位置的S3面上又有很大不同,在这种情况下简单地用平面叶栅从叶片到叶片间的绕流计算很难正确判断型线的优劣并进行型线优化。因此,一般叶片成形中除应用S1流面计算外,还必须对单个叶片通道流动应用无黏与有黏的计算机程序计算并分析叶片的气动性能。

对于性能匹配计算,准三维设计体系所采用的方法是可行的。但在一些情况下,如叶片数比较少、径高比比较小或在跨声速涡轮中,采用准三维方法很难算准,一般计算误差可达3%~4%,极少数情况下甚至高达9%~10%。这时,仅用S2流面计算就很难准确得出涡轮流量、功率及效率等总性能参数,而必须采用考虑损失、变比热容及冷气掺混的全三维欧拉方程求解多级涡轮流场来确定最佳的流道与最佳的参数匹配,也可直接采用雷诺平均N-S方程进行涡轮三维多级黏性流计算。全三维有黏计算机程序也应考虑变比热容和冷气掺混的影响,且必须通过必要的试验标定。因此,无论是在叶片成形方面还是在涡轮性能匹配方面,三维定常气动设计分析在涡轮设计中起着越来越重要的作用。

2. 三维非定常气动设计

1) 涡轮非定常气动设计

非定常流型设计在定常设计的基础上,解决了定常设计中所固有的局限性,主要包括非定常流型设计和缘线匹配设计两方面。

(1) 非定常流型设计是利用非定常流动获得效益的基元叶型设计技术的总称。目前,典型的非定常流型技术包括时序(clocking)效应利用技术和寂静(calming)效应利用技术,这是两个利用基元非定常流动特性获得效率收益的例子,然而非定常流型设计的效益不全在此,如能减少受力滞回的叶栅设计技术、能达到减振目的的叶片非均匀周向布局技术。而单从气动设计角度看,非定常流型的目标应该是利用非定常流动规避或缓解分离,使叶型负荷能力进一步提高,并在一定程度上保证效率等其他性能。

(2) 缘线匹配设计是以先前定常设计体系忽略了非定常流动相位展向匹配这一缺陷为突破口,以协调叶轮机相邻叶片前、尾缘线空间相对位置为手段,寻求气动、气弹性能、气动噪声及热传导性能全方位、多目标优化,是一个值得深入挖潜的领域。单从气动设计看,利用缘线匹配进行非定常边界层和二次流的有效组织将是近期内能够产生效益的重要方面。而且,前面提到的非定常流型的两个技术:时序效应和寂静效应利用技术也将在缘线匹配框架下更为完善。因此,非定常气动设计的这两个方面(非定常流型设计和缘线匹配设计)并非独立存在,是有一定交叉的。

另外,单就非定常气动设计采用时间精确流场模拟这一点,经过非定常计算而确定的设计将比定常气动设计更可靠,这也可作为非定常气动设计的一个方面。

尽管非定常气动设计思路已经比较明晰,但实现非定常气动设计面临以下两大问题。

一是计算量问题。工程实用的多排叶轮机为满足各种需求,常常考虑不同叶片数比、转速比(两轴以上情况),而且设计中必须考虑各种运行工况,这些都为非定常气动设计的关键步骤——非定常流动时间精确解设置了障碍,其计算量非常大。因此,为了使非定常气动设计工程实用化,能够考虑任意叶片数比、转速比的快速非定常流场计算尤为关键。目前,叶轮机非定常流动模拟有两类方法:时域方法和频域方法。时域方法比较成熟且精确,但计算量较大,其工程应用除了必须借助并行计算外,还需要发展相应的推演近似方法,以从有限典型工况或叶片约化结果判读设计结果。近些年出现了比较有效的频域方法,其代表是何力开发的谐波方法,该方法抓住了气动设计人员所关注的非定常流动是由基频流动主控的这一特点,大胆地将非定常流动分解为时均流动+基频及多倍频简谐脉动流动,从而将非定常流场求解问题划归为定常流场求解问题,能大大减少计算量。对于非线性不强的非定常流动,谐波方法的误差很小,一旦非线性过强,如强激波存在的地方,其误差将变大。然而,对常遇到的工程问题,误差程度是可以接受的。在某些情况下,谐波方法还存在收敛困难的问题。

实现非定常气动设计所面临的第二大问题是关于非定常流动机理的认识仍未足够丰富,尚需在非定常流型和缘线匹配框架下认识并利用复杂非定常流动机理。

2) 气动/强度、振动耦合设计

叶片所受的非定常脉动力是涡轮叶片产生高周疲劳和低周疲劳断裂(破损)的主要原因,例如,尾缘激波会导致下游叶排叶身受到高频大幅脉动应力,这会造成涡轮尾缘高周疲劳断裂乃至下游叶片前缘高周疲劳破损。压气机中也存在同样问题,例如,某离心压气机叶轮尾缘疲劳裂纹就是由激波叶排干扰形成的。因此,将非定常气动设计与强度、振动耦合势在必行,是涡轮非定常气动设计的一个重要方面。

非定常气动设计与强度、振动耦合的方式有两类:一类是弱耦合,即流场计算和强度、振动计算分别进行,其间信息交流是在每一次分别运行流场计算和强度、振动计算后通过文件的输入、输出进行的;另一类属强耦合,非定常流场计算中,实时考虑由于振动产生的叶片变形,而嵌入其中的强度计算也将实时考虑叶片所受的非定常气动力的大小。缘线匹配在考虑气动/强度、振动耦合过程中将扮演重要角色——提供了一个可供设计者分析、优化的设计自由度。

气动/强度、振动耦合设计所面临的问题首先仍然是计算量巨大带来的困难,尤其在强耦合方法中,其计算量比纯粹非定常流动计算有量级上的增长;其次,气动/强度、振动耦合设计还面临一个理论困难,即叶片间振动相位问题。

3) 涡轮热环境管理

涡轮热环境对涡轮寿命及运行可靠性极其关键。美国关于热端部件的技术封锁所包含的一个重要方面就是涡轮热环境管理技术。涡轮热环境管理主要包括热斑管理、叶身冷气配置管理、叶片内冷通道布局等。首先,关于热斑,其与随后运动叶排构成热斑/叶排非定常相互作用,热斑数目、随后运动叶排的叶片负荷、数目、展弦比等因素都严重影响热斑的随流输运发展规律,继而决定了涡轮叶片热负荷的时均分布以及相应的冷却布局。相关的统计分析表明,若涡轮叶表时均温度提高 50℃,则涡轮叶片寿命降低 50%。而热斑/叶片布局研究也表明,通过调整热斑数目、叶片数目等因素间的关系,叶表时均温度值和分布会发生很大变化。因此,关于热斑的考虑应该是涡轮热环境管理中极重要的方面,是涡轮非定常设计的一个重要环节。叶身冷气配置、叶片内冷却通道布局是涡轮热环境管理的另外两个关键方面。在真实涡轮流动环境中,没有一处能脱离非定常流动,因此在获得了以热斑为特征的非定常主流后,不得不再以非定常视角去审视叶身冷气分布及内冷却通道非定常流动、传热网络等。这些应该是涡轮热环境管理的主要工作,独立深入开展涡轮热环境管理研究与应用将是我国航空发动机热端部件技术障碍的突破口。

计算量依然是涡轮热环境管理的一个巨大困难,这是一个由计算网格尺度差别巨大、低速与高速流动并存、对流、传导换热与流动强烈耦合等因素更加复杂化而产生的困难。现阶段,吸取非定常计算发展的最新成果、采用加源项模型缓解计算网格尺度差别巨大产生的相关问题、采用非定常流路网络简化内冷通道建模等,将是解决这一困难的现实出路;另外,正由于前述因素复杂的交互作用,相关物理机制仍未十分明朗,无疑对实现涡轮热环境管理带来了巨大挑战。在解决计算量问题后,通过大量参数化研究,再结合缘线匹配这一自由度的支持,热环境管理机制问题也将最终得以解决。

4) 涡轮噪声管理

出于环保考虑,航空发动机噪声控制任务也日益重要。涡轮叶片转/静干扰噪声是涡轮部件的主要噪声。根据声学理论,转静叶片空间夹角是影响这一噪声的关键因素,而这正与缘线匹配所关注的内容完全一致。因此,在考虑涡轮降噪的问题上,缘线匹配同样发挥作用。以缘线匹配为自由度,采用计算声学(主要部分是高阶精度的非定常计算流体力学)手段,是实现涡轮噪声管理的重要途径。

正如噪声管理内容所述,非定常流动计算仍是根本,其计算量更为巨大。一个通常的比较是:如果关注气动性能的典型非定常流动计算需要一定时间,那么气动/气弹耦合则需要 10 倍以上的时间,而声学计算所需时间则在 100 倍以上。除此以外,准确掌控噪声所需的非定常计算中必须采用四阶以上精度的格式,而且必须格外小心地对边界条件处理,这些都使得噪声管理难度加大。但无论怎样,它也应该是涡轮非定常设计的一个重要部分。

3.6.4　三维气动优化设计介绍

涡轮是航空发动机的主要部件之一,涡轮叶片的气动性能直接影响到发动机的总体性能。作为发动机设计中的一个重要环节,叶片气动优化设计的主要目的是进一步提高涡轮的工作效率。传统的涡轮叶片气动优化设计的过程是:设计人员首先根据初始叶片进行流场计算,对计算结果进行分析;然后按照经验修改叶型设计参数,不断重复这个过程,直至得到满意的叶型,因此设计周期长,工作量大。若能实现叶片气动性能的自动优化,将大大减轻设计人员的工作强度,缩短设计周期。

叶型设计在涡轮气动设计过程中有着非常重要的作用,其优劣直接影响到涡轮的气动性能。叶片外形细节的稍微变化,就能引起气动性能的显著差异。随着现代涡轮负荷显著增加,涡轮往往具有大焓降、大膨胀比、高通道扩张角等特点,涡轮叶片表面通常需要设计成变截面曲面,形状比较复杂。如何组织叶片的表面载荷分布、控制激波的强度、降低通道的二次流损失、消除叶片表面分离流动,已成为一个重要的研究课题。

图 3.12~图 3.14 展示了某低压涡轮导向器的三维气动优化设计结果。涡轮三维气动优化包括流道的三维优化和叶型的三维优化。流道的变化会导致径向流

动发生变化,能显著改变叶片表面的载荷分布。叶片的三维造型变化,首先改变了叶片叶栅的载荷分布;其次改变了气流在三维空间的流动形态,调整了流动的空间三维,改变了二次流动。

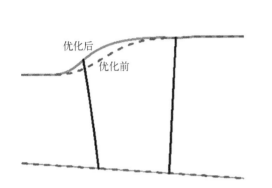

图 3.12　涡轮流道优化前后对比　　　　图 3.13　涡轮三维叶片优化前后的叶型对比

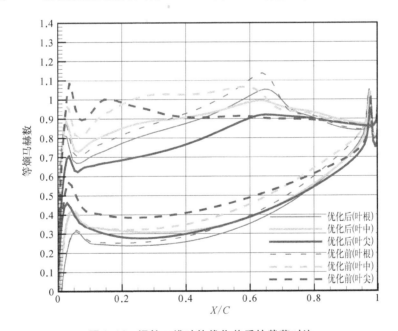

图 3.14　涡轮三维叶片优化前后的载荷对比

3.7　涡轮特性分析

涡轮特性,是指一个设计完成的涡轮部件,其性能参数随膨胀比和涡轮相对换算转速变化的特征,这些性能参数主要包括换算流量、换算功率、涡轮效率、出口气流角、出口马赫数(或出口速度系数)、载荷系数等。其中,换算流量、换算功率和涡轮效率是涡轮特性的核心参数,在工程研制中不可或缺,是航空发动机和燃气轮机在变工况总体性能匹配分析中最常用的涡轮特性参数。对于其他涡轮特性参数,出口气流角和出口马赫数特性有助于了解和分析涡轮部件对下游部件性能的影响,如高压涡轮出口流场对低压涡轮性能的影响、低压涡轮出口流场对喷管或加力燃烧室的影响、动力涡轮出口流场对排气蜗壳的影响。此外,涡轮计算特性所获得的出口气流角和马赫数特性也可以对涡轮性能试验的策划和测试提供指导。载荷系数特性有助于了解和掌握该涡轮在变工况时的负荷水平,同时对同类型涡轮变工况的性能对比也有一定的意义。

涡轮特性可以通过包含损失模型的一维计算程序计算、全三维多工况数值仿真、部件性能试验获得。无论是哪种方法,所获得的涡轮特性都需要认真评估和分析,经过修正后才能在工程上应用。

3.7.1 涡轮计算特性

1. 一维计算特性

涡轮的一维计算特性建立在成熟的损失模型的基础上,通过求解一维叶栅流动和涡轮级参数,可获得换算流量特性、效率特性、换算功率特性、出口马赫数特性、出口气流角特性、载荷系数特性等。一维特性计算的核心在于成熟可靠的损失模型,优势是方法简便、计算快速,目前的计算机水平完成一次计算所需的时间一般在 1 s 量级;缺点是损失模型可能不具有通用性,不同类型的涡轮差异较大,在偏离设计工况较大时,损失模型的准确性也不够稳定可靠,获得一个全面可靠的损失模型很难,这需要大量的理论试验和工程经验积累与总结,对于工程研制来说,这是真正意义上的核心技术。

在进行涡轮的一维特性计算时,涡轮的几何尺寸和设计工况气动参数是已知的。一般地,给定 λ_1(对应换算流量,可相互推导)和 λ_{u1}(对应换算转速,可相互推导),以及叶栅通道面积,就可以进行静叶栅的流动计算,获得静叶栅的速度三角形和进、出口速度系数。用同样的方法计算动叶栅的流动计算,获得动叶栅的速度三角形和进、出口速度系数,计算过程中需判定是否存在阻塞流动。根据叶栅损失模型和其他级内损失模型(一般只考虑径向间隙损失)计算获得涡轮级效率,进而获得换算功率和膨胀比。对于多级涡轮,各级均可参考第一级的计算方法,最终获得涡轮的总特性。因此,涡轮的膨胀比、效率、出口气流角、出口马赫数、换算功率、载荷系数等都可以表示为两个独立相似参数换算流量和换算转速的函数。

为了提高一维特性计算的准确性和可靠性,常常将一些流道参数、叶型参数(弦长、有效出气角等)、叶尖几何参数(篦齿等)、冷气参数作为输入,对特定状态的损失模型作进一步修正。为了满足气冷涡轮特性计算的需要,可以加入冷气损失模型。一般地,冷气损失模型需要的输入参数有冷气出流位置、相对冷气流量、冷气温度、冷气压力等。

2. 三维数值仿真计算特性

涡轮的三维数值仿真计算特性是建立在可靠的三维数值仿真方法的基础上,通过湍流模型求解雷诺平均 N-S 方程得到涡轮的数值仿真结果,再对仿真结果进行数据处理得到涡轮的总性能参数,最后根据不同的状态点绘制涡轮特性曲线。通过数据处理可以得到换算流量特性、效率特性、功率特性、出口马赫数特性、出口气流角特性等。该方法对人工经验的依赖性相对较小,所得的结果是纯数值解,对涡轮的不同状态点能够全面模拟尾迹、激波场、二次流、攻角、雷诺数等的影响,所以在工程研究中具有重要的参考意义。由于在数值仿真时常常会对几何模型进行一定的简化处理,不同的数值方法求解也会带来一定的差异,一般会根据成熟算例对数值仿真软件进行标定,根据需要对数值计算的结果进行修正处理后再使用。

涡轮特性的表征方式同一维计算特性。

3.7.2　涡轮试验特性

在工程实际研究中,由于涡轮计算特性有其局限性,一般作为初步设计辅助使用,真正用于验证考核和最终总体匹配的是通过涡轮部件性能试验方式获得的涡轮试验特性。

要获得可靠的试验特性,关键要做好合理可行的试验方案策划,包括试验台能力建设、试验件设计加工和装配、试验测试方案、试验执行与管理、试验结果分析等。试验中,一般通过孔板流量计测量流量,在进口测量总压和总温,在出口测量总压、气流方向、静压和总温。根据需要,沿流路可以测量壁面静压,常用水力测功器吸收功率和控制转速,用水力测功器或扭矩测量仪测量功率。

常用的试验特性是换算流量特性、效率特性和换算功率特性,表征方式同一维计算特性,考虑到试验成本,根据需要,一般会选取某些特定状态的出口气流角和马赫数。

3.7.3　典型涡轮特性及特点分析

1. 跨声速涡轮

跨声速涡轮的叶栅出口马赫数较高,导叶或动叶的叶栅喉部达到声速,流动产生堵塞。当第一级导叶喉部达到堵塞流动时,其喉部换算流量为一个确定的数值,不随涡轮转速和膨胀比发生变化,其他叶片排是否达到堵塞流动均无影响,涡轮换算流量特性见图 3.15(a)。当第一级导叶喉部未达到堵塞流动,而第一级动叶喉部达到堵塞流动时,在同一换算转速下涡轮的换算流量为一确定的数值,不随涡轮膨胀比发生变化,涡轮换算流量特性见图 3.15(b),在膨胀比相同时,低转速状态换算流量大于高转速状态。

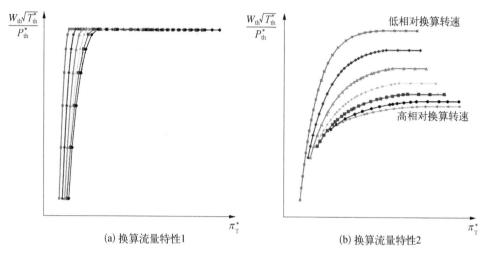

(a) 换算流量特性1   (b) 换算流量特性2

图 3.15　典型跨声速涡轮换算流量特性曲线

效率特性和换算功率特性与常规涡轮特性分布趋势相近,设计点附近的效率较高,换算功率随着膨胀比的增加而增加,换算转速的影响较小。

2. 亚声速涡轮

相对于跨声速涡轮,亚声速涡轮的叶栅出口马赫数较低,在常用的特性包线范围内,各排叶片均是亚声速流动。常见的亚声速涡轮特性见图 3.16 和图 3.17。一般地,换算流量随着膨胀比的增加而增加,随着换算转速的增加而降低;设计点附

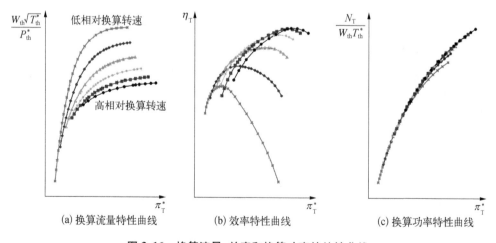

(a) 换算流量特性曲线   (b) 效率特性曲线   (c) 换算功率特性曲线

图 3.16　换算流量、效率和换算功率的特性曲线

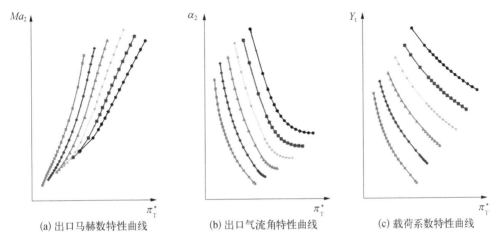

图 3.17　出口马赫数、出口气流角和载荷系数的特性曲线

近效率较高,高转速状态比低转速状态的效率更高,这是因为高转速状态下的涡轮级载荷系数更低;换算功率随着膨胀比的增加而增加,换算转速的影响较小。

3.7.4　涡轮特性修正

虽然理论上两个涡轮可以达到完全相似的工况,但在工程实际应用中,由于环境条件变化、工况控制变化等多种因素的影响,做到所有条件都满足相似要求是不可能的,不可避免地会出现对某些相似准则的破坏。从工程角度来讲,综合考虑成本和实现的难易程度,应尽可能满足相似准则的要求,并对所获得的涡轮特性进行修正后再使用。

修正特性的原因主要有以下几个方面。

(1)几何相似。在涡轮性能试验中,需要对试验件结构设计简化情况进行评估,以及对试验件加工和装配的质量进行评估。例如,采用发动机原件进行试验时要考虑工作状态(高温热态)和试验状态(中低温)中试验件尺寸的变化,相当于缩小比例,需要用模型比修正。考虑到试验条件不满足,采用缩小模型时,某些典型几何参数不能满足相似比例。例如,叶型尾缘厚度可能无法完全保证相似,因为会受到加工工艺的影响,缩小叶型时,尾缘厚度过小导致无法实现加工,或者会带来强度方面的不利影响等,而尾缘损失是影响涡轮效率的重要原因之一,需要对试验效率特性进行修正。例如,转子叶片的叶尖径向间隙,试验件试验状态的叶尖径向间隙与发动机实际工作状态的差异需要评估,其对涡轮效率的影响是显著的;试验件与气流接触的壁面是否满足粗糙度的要求,不同的壁面粗糙度对涡轮性能的影响不可忽略;叶栅排气面积的偏差,试验件和发动机件在叶片和流道交接位置的倒圆形式不同则会影响流通面积,在实际的加工和装配后如果采用了一些排气面积超差的叶片组件则会影响排气面积,排气面积偏大或偏小均对涡轮流通能力有显著影响,对叶栅损失也有一定的影响,进而影响涡轮效率。

(2)进口场相似。例如,在进行低压涡轮特性计算或试验时,对高压涡轮出口复杂流场(通道涡、泄漏涡、径向串流等强二次流、激波场、径向不均匀度、湍流度等)会作一定的简化。在试验中一般采用导流叶片来模拟气流方向,但无法准确模拟复杂的压力场和温度场,因此需要对直接获得的计算特性或试验特性进行修正。

(3)工质相似(比热比)。关于比热比,常常在试验时采用空气作为工质,或者将小幅度加温后的小油气比燃气作为工质,但与发动机实际状态仍然差异较大,这时需要对换算转速、换算流量特性进行修正。

(4)第一级导叶堵塞。由于计算偏差和试验测试不稳定造成的换算流量特性曲线跳动,应该对相对换算流量的跳动予以修正,综合考虑修正为同一数值。

(5)雷诺数。若无法在试验时模拟发动机实际工作状态的雷诺数,则需专门开展低雷诺数的试验来研究低雷诺数效应的通用性,然后在同类型的涡轮特性分析中应用该修正系数对涡轮效率和换算流量进行修正。

3.8 冷却涡轮三维精细化设计

3.8.1 引言

涡轮设计过程涉及气动、冷却、结构强度等领域,由于各自的复杂性,各个领域都走向了高度专业化发展的道路。不同领域之间的沟通,通过若干个具有代表性的截面流场参数或者平均化的参数传递,以及设计过程中的迭代来体现各个领域之间的物理联系。这种方法有利于各个领域的专业化发展,并且便于分割设计界面。但同时也应看到,涡轮内部的气热固物理联系是高度耦合、难以分割的。典型截面的流场参数难以完全反映高负荷涡轮在整个流场的参数变化规律,周向平均参数忽略了周向流场梯度带来的影响。高负荷涡轮通道中的强三维流动,使得根据典型截面 S1 流面压力作为整个叶片每个气膜孔的出口背压进行的冷却设计、根据二维流动假设设计的气膜覆盖,以及根据计算站周向平均参数进行的空气系统流路设计可能会出现冷气流量、冷气分配、气膜覆盖效果与设计值产生偏差,这反过来也会对涡轮气动设计产生影响。而气膜流动中对主流流动影响最大的气膜孔出口速度、角度等信息也没有准确地在涡轮气动设计中得到完整的体现,这也将无法对冷却性能进行准确地评估,进而无法得到精确的冷却设计。因此,未来涡轮设计技术的发展必将走向多学科耦合设计。

在目前的气动设计中,主要的精力集中在叶片、流道的精细化设计上,因此对涡轮进行了一定的简化,不考虑叶片与流道倒圆,采用源项法模拟冷气,简化叶尖容腔结构,忽略盘腔流动影响。随着涡轮前温度不断提高,涡轮气动负荷不断增大,这些细节结构对设计的精确性和鲁棒性的影响日益凸显。因此,在未来高性能涡轮设计中,不能忽视对细节结构的精细化设计和研究。

涡轮部件的上游是燃烧室,下游是喷管或加力燃烧室+喷管,各部件的设计封闭在各自专业内,通过总体参数保证协调匹配,然而,各部件的设计结果并非与总体设计要求完全一致,这便会带来匹配上的差异。另外,各部件接口处的边界对各部件的设计也有影响,例如,涡轮与燃烧室搭接处的流动对局部流场、温度场的影响,燃烧室出口温度的不均匀性、旋流、粉尘颗粒、积灰积碳等对涡轮性能、可靠性的影响,涡轮出口流场对下游部件流动稳定性和工作可靠性的影响等问题,这些问题无法在涡轮部件独立设计中显现,但会对涡轮部件的性能和可靠性设计造成较大的影响,有可能在涡轮部件单独进行试验时具有较高的性能和可靠性,而在发动机上装机使用时出现各种故障问题。因此,多部件匹配分析也是精细化设计中的重要环节。

综上所述,随着涡轮设计方法和分析工具的发展,人们必将越来越关注涡轮精细化设计的研究,包括涡轮主流道与冷气出流的相互影响、涡轮端区细节结构对主流流动和涡轮工作可靠性的影响、涡轮盘腔引气和封严流动对涡轮性能的影响、涡轮非定常流动的影响、涡轮与上下游部件之间的相互影响、涡轮在特殊工作环境下的性能及可靠性等,这些研究是目前涡轮精细化设计关注的重点,下面将对上述问题逐一说明。

3.8.2　冷气与主流耦合的精细化设计

1. 必要性

涡轮前温度是表征燃气涡轮发动机性能水平的重要参数之一。燃气涡轮发动机性能的发展一直伴随着涡轮前温度的提高,目前燃气涡轮发动机涡轮前温度已远远高于常规金属材料的熔化温度。为保证涡轮部件的可靠工作,需从压气机引一股大流量的冷气,对涡轮叶片、缘板等进行冷却。这股大流量冷气的引出和注入,会对涡轮部件甚至整机产生很大的影响。总冷气量的大小和引气压力影响发动机的循环热效率和涡轮前温度;冷气在涡轮导叶喉部前后的分配影响涡轮喉部流量、涡轮输出功率、涡轮前温度;冷气在涡轮转静子之间的分配影响涡轮级的匹配和叶片的可靠冷却;冷气在各个叶片、叶片各腔、各个气膜孔的分配影响叶片的可靠冷却;冷气射流进入主流影响叶片表面的流动、激波结构和叶栅损失;冷气的三维流动影响叶片的三维流动损失和气膜的有效覆盖。冷气射流直接影响涡轮部件设计的方方面面,因此在涡轮设计过程中,需格外重视冷气对涡轮主流流动的影响,并进行精细化设计,以便在降低冷气与主流流动掺混损失的同时,提高叶片的冷却效果,获得更好的可靠性。

2. 应用案例

通过对某高温涡轮转子叶片进行叶片内部与主流流动耦合分析,并统计各排气膜孔的出口马赫数和从供气系统进口到气膜孔出口截面的熵增,发现压力面最后一排气膜孔的冷气流量很少,但是熵增很高,明显与同一区域的气膜孔存在很大的差异,如图 3.18(a)中 12 号孔(方框中的一排气膜孔)。通过对该区域气膜孔的流动进行观察,发现来自上游的一部分流体冲击到气膜孔的迎风面,然后折转进入气膜孔,发生燃气倒灌,见图 3.18(d)。正是由于燃气倒灌,该排气膜孔出口截面的熵增急剧增加。图 3.18(e)为内腔壁面的静压分布,从图中可见各腔静压基本呈现从根到尖,压力逐渐升高的趋势,而最后一排气膜孔所对应的腔室则在折转区域出现明显的压力梯度。这是由于该腔内部的冷气为从径向向下流动,本身流动阻力较大,且在叶片顶部位置,有对应的叶尖除尘孔和尾劈缝的冲击孔,这两个孔的背压较低,导致内腔通道折转位置的压力急剧降低,从而使靠近叶根处的气膜孔背压高于内腔压力,发生燃气倒灌。发现该问题后,对该叶片内腔进行改进,并去除叶尖的除尘孔,改进后的叶片表面温度分布见图 3.18(f),从图中可见压力面最后一排气膜孔后都出现了明显的低温条带,表明对该处内腔的优化改进取得了较

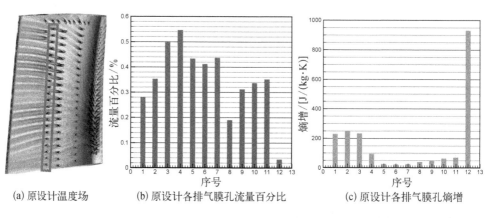

(a) 原设计温度场　　　(b) 原设计各排气膜孔流量百分比　　　(c) 原设计各排气膜孔熵增

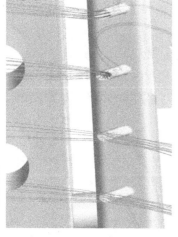

(d) 原设计燃气倒灌流线图　　　(e) 原设计内腔壁面静压分布　　　(f) 改进后的叶片表面温度场

图 3.18　精细化三维分析

好效果,从而确保了叶片的可靠工作。

3. 精细化设计关注重点

上述的应用案例给出了一个通过冷气与主流耦合分析发现叶片设计的潜在风险,并提出有效改进措施和耦合分析验证,确保了叶片的可靠工作。此外,通过冷气与主流耦合分析,可以获得大量关于冷气用量、内腔流动损失分布、冷气分配、内腔流动与主流三维流动匹配、二次流动对冷气分配的影响,以及冷气对主流流动的影响等结果。大量的细节信息可以为叶片的精细化设计提供准确的数据支撑,因此,通过冷气与主流耦合分析,可重点关注以下问题,并做出精细化设计。

1) 总冷气流量

冷气流量比率的变化导致涡轮性能参数发生变化,应检查主流流量、功率、反力度、效率、转子出口马赫数是否发生大幅变化;对于流量偏大的区域,进一步检查内腔的节流元件尺寸是否合理,是否需要调整;对于流量偏小的区域,检查是否存在冷却不足的地方。

2) 各腔、各排气膜孔冷气流量分配

对于流量偏大的气膜孔排位置,应进一步检查内腔的节流元件尺寸是否合理,是否需要调整;对于流量偏小的气膜孔排位置,应检查是否存在冷却不足的地方;冷气流量是否过多地分配到非主要的气膜孔。

3) 冷气在内腔的分配

内腔设计中应检查:内腔压力径向分布是否均匀,对于同一排气膜孔,各孔间的流量分配是否均匀;流向各个腔压力分配是否合理,是否在内外流存在过大的压差,导致气膜孔流速过高;是否存在异常的区域;沿流向排布的冲击孔流量分配是否均匀;冲击孔排布、尺寸是否合理。

4) 冷气沿程流阻分布、是否存在限流截面

冷气沿程变化影响冷却效果,应检查:内腔流动是否存在限流截面,是否合理;内腔的流动损失及流动特性;内腔的节流元件尺寸是否合理;内腔流动是否存在过大的流阻或者流动损失;出现高损失区域的原因;是否存在燃气倒灌。

5) 冷气射流信息及对主流流动的影响

冷气射流不佳影响主流流动,应检查:气膜孔出口马赫数是否过高;是否导致不期望的掺混损失和激波损失、额外的三维流动损失。

6) 冷气的三维流动与通道二次流的相互作用

在叶片端壁应考虑:如何利用三维流动获得良好的气膜覆盖效果;气膜孔排布方式和通道三维流动是否导致了冷却不足的地方,如何改进。

7) 冷气的气膜覆盖效果

对于气膜冷却,应检查:气膜覆盖方式是否是预期的;气膜冷气的射流参数是否合理。

3.8.3 径向间隙流动机理和精细化设计

1. 必要性

径向间隙存在于转静子之间,根据涡轮结构形式的差异,涡轮通道中有多种不同类型的径向间隙,如不带冠叶片的径向间隙、带冠叶片的径向间隙、多级涡轮静叶根部与轮毂之间的间隙等。不同类型的径向间隙,其流动特点、面临的问题也有所差异,在设计中,其关注重点自然也就有所差异。但无论是何种结构形式的径向间隙,都会在流向、横向压力梯度的作用下产生泄漏流动,这些泄漏流动或形成高速射流,与主流发生强烈剪切而形成泄漏涡;或发生燃气泄漏,导致做功流体的浪费;或产生燃气回流,引起局部的过热和烧蚀。因此,为提高涡轮性能、可靠性等,都需要花费大量精力进行精细化设计。本节对涡轮通道中几种典型的径向间隙及其流动特点、机理、主要影响因素、设计关注重点等进行简要叙述。

2. 不带冠转子叶尖

不带冠转子叶尖的泄漏流动主要是指在压力面和吸力面压差的作用下,一部分主流高温流体通过叶尖间隙,形成高速射流,进入吸力面侧,并与主流发生强剪切流动,从而形成泄漏涡。此外,叶尖泄漏产生的高能射流在喉部也会有部分流体参与上端壁通道涡的流动,从而大大增加上端壁通道涡的损失。泄漏流动对叶尖区域涡系的加强作用,使得转子叶尖泄漏流动损失急剧增大,形成转子叶片通道的主要损失源,其损失值通常可占整个转子叶栅通道的30%~40%。图3.19给出了叶尖泄漏流动与叶尖泄漏涡和上端壁通道涡之间的相互作用。

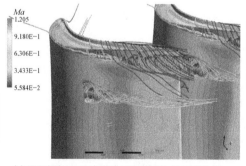 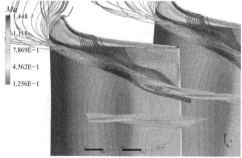

(a) 泄漏涡核心区域流动与泄漏流体的相互作用　　(b) 通道涡核心区域流动与泄漏流体的相互作用

图 3.19　叶尖泄漏流动

1) 应用案例

在转子叶尖,通常可通过对叶尖区域的肋板、凹腔、射流孔等进行精细化设计,以影响叶尖泄漏流动,削弱叶尖泄漏涡或端壁通道涡,从而减小叶栅出口损失,提高涡轮性能。图3.20为叶尖凹腔深度 d 从0 mm到2.5 mm变化,引起叶尖泄漏损失的变化。从图中可见,随着凹腔深度的增加,叶尖泄漏涡的尺度和损失峰值降低,而对应的通道涡的径向位置有所提升,损失有所增加。图 3.21 为不同凹腔深度的转子出口流场,由此可见,凹腔深度对叶尖泄漏流动有一定的影响。

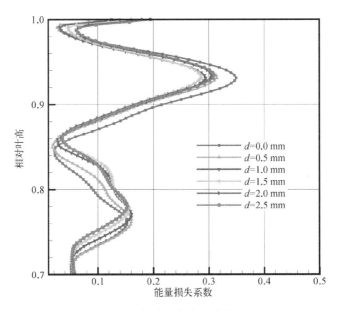

图 3.20　损失沿径向分布情况

2) 关注重点

从上面的应用案例可以看出,叶尖凹腔深度的改变会对叶尖泄漏流动及叶尖的涡系产生影响,从而对涡轮性能产生影响。此外,还需重点关注叶尖的换热问题,以及叶尖除尘孔的位置、角度和近叶尖区域气膜孔的排布等,以获得更好的叶尖流动和换热条件,从而降低叶尖泄漏损失,避免叶尖的过热烧蚀。

从流动控制的角度出发,还可以通过在叶尖区域增加射流孔、导流通道、小翼等结构形式,实现对泄漏流的有效引导、阻滞等。

3. 带冠叶尖

叶冠间隙流动的主要特征表现为高温高压工作流体在顺压梯度下穿越叶冠篦齿,在工作叶片后再次汇入主流道气体中;在整个叶冠流动通道内,气流折转较大的区域均会形成回流旋涡,这种旋涡具有一定的压缩性,在整个流动过程中,气流的方向折转均来自固体壁面,由于这种旋涡几乎没有扩展性,能量的损耗能得到较小的控制且较为稳定。图 3.22 为叶冠三维流动流线和叶冠二维流谱。

1) 应用案例

图 3.23 为典型的一个单级涡轮带冠工作叶片的多方案工程示例,采用简单的双篦齿叶冠结构,多种方案的变化主要来自篦齿的高度、篦齿的数量、每个篦齿的轴向位置等参数调整。

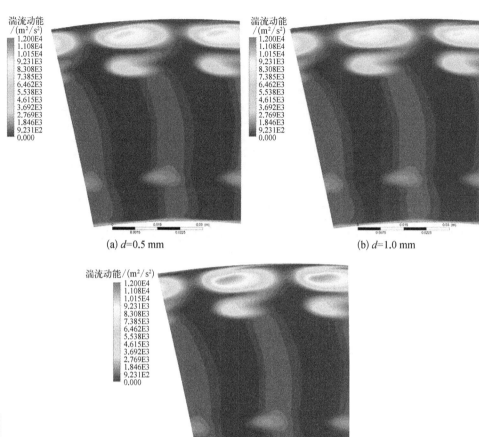

(a) $d=0.5$ mm

(b) $d=1.0$ mm

(c) $d=2.5$ mm

图 3.21 转子出口流场

(a) 叶冠三维流动流线

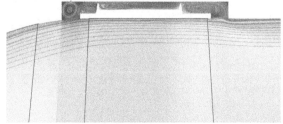

(b) 叶冠二维流谱

图 3.22 叶冠流动基本构成图

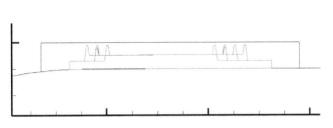

图 3.23　单级涡轮带冠工作叶片的多方案工程示例

2）关注重点

从前述案例来看,叶冠流动处于导叶之后,对导叶出口静压的影响较小,涡轮流量变化不大;同时,虽然叶冠流动在主流道之外,但对涡轮的效率影响较大,尤其需要关注的是涡轮叶冠流动带来的主流损失变化。

3.8.4　多级静子容腔

多级低压涡轮一般没有复杂的冷却,盘腔引气主要用于封严,本节首先以三级低压涡轮盘腔流路为例介绍多级低压盘腔的流动特征。

低压涡轮封严气来源于压气机中间级引气,具体引气位置根据轴向力和封严需求确定。如图 3.24 所示,三级低压涡轮盘腔被涡轮盘分为四个腔,四个腔的封

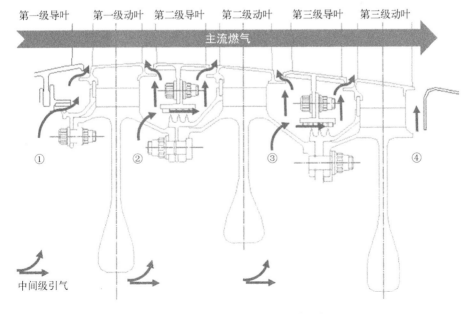

图 3.24　三级低压涡轮盘腔流路示意图

严形式不尽相同,可以分为三类:盘前封严、级间封严和盘后封严。第一级涡轮盘前为①号腔,采用悬臂篦齿封严,封严气通过篦齿对转静子轴向间隙进行封严;②号腔和③号腔为级间腔,相邻两级涡轮盘悬臂和篦齿由螺栓连接,封严气由前一级涡轮盘悬臂上的通气孔进入,分两股,一股封严前一级轴向间隙,另一股经过篦齿封严后一级轴向间隙;④号腔为末级盘后腔,该股气流由前面节流元件限定封严流量和压力,对涡轮性能影响较小,因此往往不采用复杂封严结构。由图 3.24 可以看出,其中的篦齿组件还兼具涡轮前挡板的功能。

　　低压涡轮盘腔流动中,级间腔的流动模式较为特殊。级间腔跨越导向器,在导向器下形成连通的环腔。涡轮导向器主要用于气体膨胀加速,产生的高速气流冲击转子叶片做功,因此涡轮导向器前后往往具有较大的压差。级间腔通过篦齿封严产生压差,从而保证封严气分成两股,分别对导向器前后轴向间隙进行有效封严。但是这种流动模式对篦齿间隙有严格的要求,如果篦齿间隙过大,必然会增加导向器前后腔的连通性,导致导向器前的主流气体由轴向间隙倒灌,并与冷气掺混,通过盘腔流向导向器后,如图 3.25 所示。

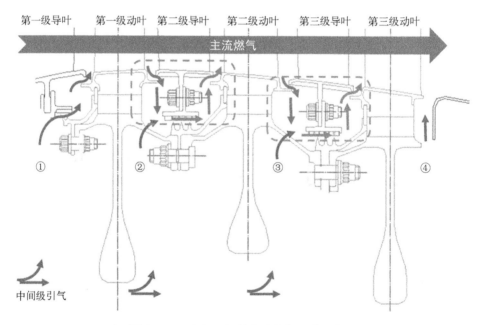

图 3.25　三级低压涡轮盘腔燃气倒灌示意图

　　对上述问题的精细化分析需要开展主流与盘腔流动耦合计算,可以通过节点法,利用经验模型对上述流动过程进行计算评估,然而这种方法只能获得盘腔内部流动参数,包括各股气流的流向、流量,以及各腔的温度、压力。采用全三维数值仿真方法开展主流与盘腔流动耦合计算,可以评估封严泄漏气流对涡轮性能的影响,有利于气动性能的精细化设计,同时还可以获得更多流动细节,包括流动的不均匀性,以及壁面气体温度、压力分布等,这些细节评估结果可为进一步的换热和强度分析提供更为准确的边界,从而有效提高涡轮可靠性设计水平。

采用全三维雷诺平均方法对主流与盘腔耦合流动进行定常计算分析,图 3.26 列举了部分流场和流动细节,可以看到,盘腔流动较为复杂,流场具有较强的不均匀性。其中,图 3.26(c)表明,燃气倒灌沿周向是不均匀的,这与导向器出口周向压力梯度有关,主流压力高的区域会向盘腔倒灌,在主流压力低的地方,冷气会进入主流道;局部倒灌进入盘腔的主流气会根据压力梯度选择再次进入主流道冲击转子,或是进一步入侵盘腔,这取决于冷气压力和篦齿间隙。

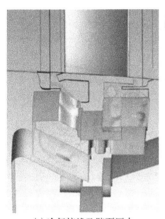

(a) 冷气流线及壁面压力　　　　　　　(b) 主流与冷气掺混流线

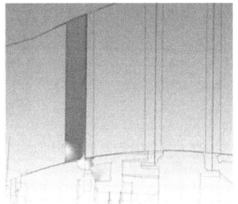

(c) 轴向间隙温度周向分布　　　　　　(d) 子午局部切面温度分布

图 3.26　主流与盘腔耦合流动

采用这种方法进一步考察试验件不同间隙状态下,篦齿间隙分别为 0.2 mm 和 0.4 mm 时的涡轮性能与流动。计算结果表明,两种篦齿间隙下的涡轮效率仅相差

0.1%,涡轮流量几乎不受影响,但是封严泄漏情况差异较大,子午局部切面总温分布图(图 3.27)非常直观地给出了两种篦齿间隙下的气流掺混情况。当篦齿间隙为 0.2 mm 时,燃气入侵盘腔的范围较小,入侵流量也较小;而当篦齿间隙为 0.4 mm 时,出现严重的燃气倒灌,燃气由导向器根部前的轴向间隙进入,在篦齿前与冷气掺混,经过篦齿流向导向器后的轴向间隙。篦齿前后气流温度在两种篦齿间隙下相差约 50K,这仅仅是在试验件状态下的温度差异,在整机环境下会更加严重。

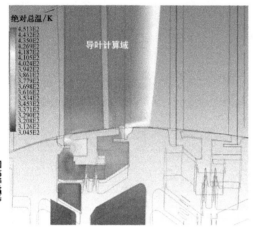 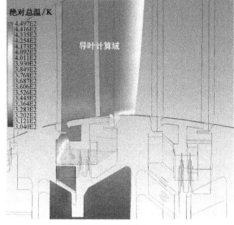

(a) 篦齿间隙为0.2 mm   (b) 篦齿间隙为0.4 mm

图 3.27 子午局部切面总温分布

通过上述分析可以看出级间盘腔篦齿间隙对封严泄漏流动是至关重要的,这同时也表明,该设计对篦齿间隙的敏感性较高,可靠性存在一定问题,但是目前已知的多级低压涡轮级间盘腔基本采用这种封严方式,因此需要对逆流裕度进行细致的设计,以降低这种敏感性。在双级高压涡轮设计中可以看到由导向器向篦齿前喷射冷气的方式,这种方式可以提高冷气压力,从而减弱燃气倒灌的趋势,更为有效地保护涡轮盘、篦齿等转动部件,提高涡轮部件的可靠性。

3.8.5 可调静子间隙流动

可调导叶一般用于变几何涡轮部件中。图 3.28 为可调静子及其间隙流谱。通常,导叶的气流折转角度及气体膨胀程度均较大,所以压力侧与吸力侧的压差较高。从图 3.28 中可看出,气流通过可调静子间隙从压力侧向吸力侧流动,除了局部的小回流流动,大部分流体均通过间隙泄漏到达吸力侧,在吸力面侧形成泄漏涡,这种流动类似无冠工作叶片顶部间隙流动。

1. 应用案例

图 3.29 为某工程实例中的可调静子顶部间隙流动及损失云图。从图中可看

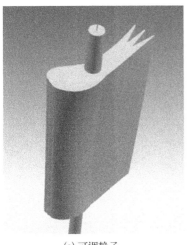

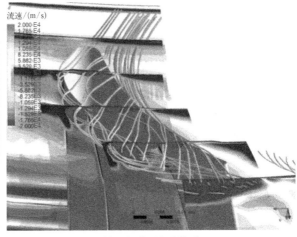

(a) 可调静子　　　　　　　　　　　(b) 可调静子间隙流谱

图 3.28　可调静子及其间隙流谱

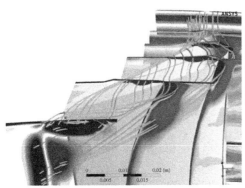

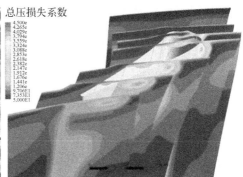

(a) 可调静子顶部三维流线　　　　　　　(b) 可调静子顶部间隙总压损失

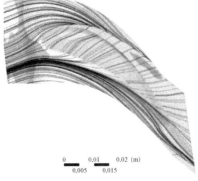

(c) 可调静子顶部机匣极限流线　　　　　　(d) 可调静子叶片顶部极限流线

图 3.29　可调静子顶部间隙流动及损失云图

出,三维间隙流动体现了上述的典型间隙流动特征,间隙流动的主要流动损失截面紧贴吸力侧表面,从静叶顶部极限流线可看出在叶片顶部壁面存在部分小回流区域,这是非光滑固体面流动的典型特征,即会形成典型的反向涡,从机匣壁面的极限流动来看,壁面流动是顺畅的,且快速越过叶片顶部,在叶片吸力侧形成泄漏壁角涡。

2. 关注重点

可调静子具有类似无冠工作叶片间隙流动的特征,需对间隙的几何特征开展较为详细的研究,尝试降低间隙泄漏损失。

3.8.6　轴向间隙流动机理和精细化设计

1. 必要性

为保障涡轮转子的可靠运转,避免转静子间的摩碰,在转静子涡轮盘之间都存在一定的间隙,如图3.30所示。导叶和动叶根部之间存在轴向间隙,可能导致涡轮通道高温燃气通过该间隙入侵涡轮盘腔,从而造成涡轮盘温度过高,从而影响涡轮盘的工作安全和使用寿命。因此,通常在涡轮盘腔中引入压气机出口的冷气作为封严气体,阻止燃气入侵涡轮盘腔,同时也对涡轮盘进行冷却。虽然引入封严冷气可以防止主流燃气入侵烧蚀盘腔,但是由于进入主流通道的封严冷气流速较低,气流预旋角度较小(相比导叶根部出口预旋角度),封严冷气会在封严缝出口与主流燃气进行强烈地掺混,导致损失增加,涡轮效率降低。随着涡轮转速、涡轮前温度及效率要求的提高,转静子间封严冷气的低流速和低预旋角度导致的涡轮性能下降日益明显。因此,需要对涡轮转静子间的盘腔封严结构进行精细化分析和设计,以满足涡轮性能提高的要求。

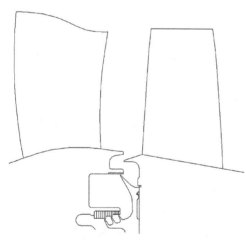

图 3.30　转静子轴向间隙示意图

2. 分析案例

封严冷气喷射进入主流燃气是一个非常复杂的流动过程。图3.31给出了某单级高压涡轮动叶根部盘腔封严气体与主流燃气相互作用的三维流线。图3.32给出了封严槽气流流动的模型,封严冷气(浅色线)通过封严篦齿流入封严槽,由于封严冷气相对于动叶有很大的负攻角,在进入主流道之后,受到主流流动的影响,封严冷气迅速折转成近似轴向。叶片前缘的主流压力较高,因此封严冷气在叶片通道中间压力较低的区域聚集,然后向下游流动。而此时,在动叶前缘附近的封严缝区域就存在一个没有被封严冷气覆盖的区域。由于该区域的静压比封严冷气静压高,而比主流静压低,一部分主流流体(深色线)填充到该区域,再与冷气掺混,然后折转180°,与封严冷气一起进入主流中。图 3.33 和图 3.34 分别给出了有无封严时动叶的涡系结构图。封严冷气与入侵燃气在封严槽中掺混形成旋涡,该旋涡会和前缘马蹄涡压力面分支卷吸在一起向下游发展,并沿更靠近叶片吸力面的方向发展,吞噬马蹄涡吸力面分支,形成强度更强的通道涡。封严冷气导致的转子通道涡强度增加,转子损失增加,涡轮性能下降。

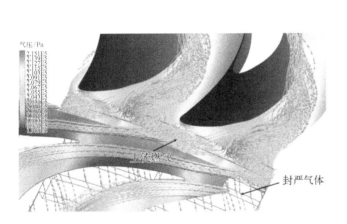

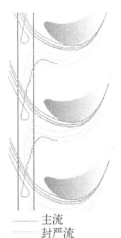

图 3.31　封严气体与主流燃气相互作用的三维流线　图 3.32　封严槽气流流动模型

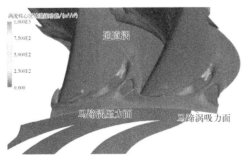

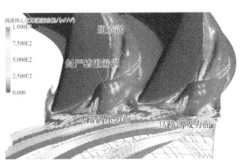

图 3.33　无封严动叶涡系结构　　图 3.34　有封严动叶复杂涡系结构

3. 精细化设计关注重点

上述揭示了盘腔封严冷气与主流燃气相互作用的流动机理及涡轮损失增加的原因,在盘腔封严精细化设计中,需重点关注封严冷气流量、不同盘腔封严结构形式对涡轮性能的影响,以及封严冷气与主流燃气非定常相互作用导致的燃气入侵对动叶缘板温度场的影响。

要改善动叶根部封严冷气与主流燃气的流动,从动叶根部气流速度三角形的变化分析,需提高封严冷气的预旋角度和气流速度,使封严冷气的速度三角形尽可能接近动叶根部主流的速度三角形。从流动控制的角度出发,可采用增加封严引气、封严冷气预旋结构等方式。

3.8.7　涡轮盘腔引气流动精细化设计

1. 必要性

在冷却涡轮中,冷气需经由转、静子形成的复杂流路引入涡轮叶片。这一复杂流路由篦齿、引气孔、引气槽等节流元件、旋转的接受孔、异型腔室等组成,并且用于封严、冷却、轴向力平衡、油封等不同用途的冷气流路可能存在相互交叉掺混、分流等复杂的流动。冷气在这一复杂流路中流动,不可避免地会产生流动损失,从而降低了冷却引气压力,提升了冷气温度,对叶片冷却产生不利影响。特别是在流路中的节流位置,节流尺寸设计不合理可能导致冷气流动损失的急剧增加,使冷却可靠性降低。此外,冷气在旋转盘腔中的流动,也会对旋转盘腔产生一定的阻滞作用,从而损耗一定的涡轮功率,引起涡轮性能、发动机性能的恶化。因此,对盘腔的冷气流动,也需进行精细化的分析和设计。

2. 分析案例

图 3.35 为某涡轮盘腔流路与主流耦合分析的结果,图中给出了两组不同的涡轮前挡板接受孔直径。对于该盘腔结构,接受孔为整个流路的节流位置,因此接受孔尺寸对整个动叶引气流路的流动损失产生了很大的影响。由图可知,接受孔直径从 6.5 mm 增加到 7.5 mm,供气压力提高了 10%,熵增降低 37%,由此大大提高了涡轮动叶供气的可靠性。从图中的流动模式看,当接受孔直径增大后,接受孔孔边分离区域减小,射流速度降低。冷气轴向动量减小,因此更容易在叶片底部集气腔沿径向流动,进入动叶内部,从而降低了在叶片底部集气腔的掺混损失。

3. 精细化设计关注重点

从上述的算例可以看出,涡轮盘腔引气流路中,关键节流元件尺寸将直接对盘腔流道中的流动模式产生影响,从而引起盘腔流动损失的变化,影响叶片的可靠供气。此外,对于盘腔流动细节,还需重点关注以下几个方面:

(1) 流路中是否存在高损失区域;

(2) 产生高损失区域的原因和关键参数;

(3) 各流路流量分配是否与设计要求一致;

(4) 盘腔流动对涡轮功率的消耗是否过大;

(5) 供气压力是否满足冷却需求。

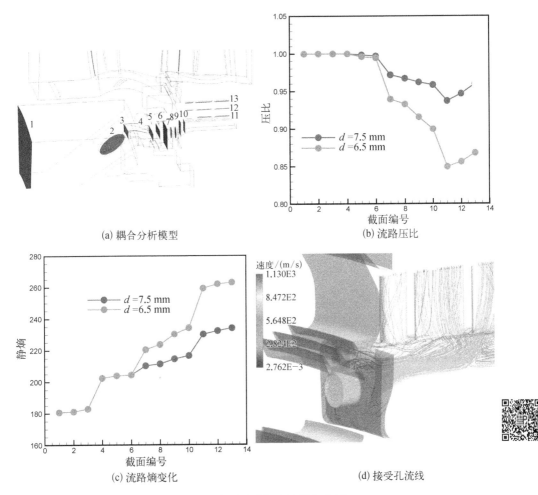

(a) 耦合分析模型　　　　　　(b) 流路压比

(c) 流路熵变化　　　　　　　(d) 接受孔流线

图 3.35　盘腔流路与主流耦合分析

3.8.8　涡轮级间过渡段、进排气段的精细化设计

1. 必要性

民用大涵道比涡扇发动机设计中,出于降低耗油率、减少噪声和降低排放的需求,其涵道比不断加大,因此造成高、低压涡轮径向尺寸差距加大,需在高、低压涡轮之间增加过渡段引导气流,同时发动机设计要求结构紧凑,需要过渡段尽可能短,于是扩张角不断增大,过渡段的设计难度不断增大。

2003 年,欧洲联盟专门针对过渡段制定了紧凑过渡段气动(Aggressive Intermediate Duct Aerodynamics, AIDA)计划,其目标是将过渡段长度减小 20% 或在过渡段长度不变的情况下径向跨度增加 20%,从而使发动机重量减轻 1%～2%,耗油率降低 1%。这表明,为了降低流动损失,提高燃油效率,高、低压涡轮之间的超紧凑过渡流道设计已成为研发高性能大涵道比涡扇发动机的一个关键性问题,在国外已经引起高度的重视。

排气段不像过渡段那样通道有较大的扩张,但它有两个重要作用,一是作为重要的结构件,插入支柱、油管、气管等零组件;二是减小涡轮出口气流的预旋。目前的涡轮设计为了减小尺寸和减轻重量往往追求高载荷,这会导致涡轮出口气流具有较大的预旋,降低排气段的压力恢复系数,影响发动机的推力和耗油率,并影响到加力燃烧室的性能,因此必须尽量减小涡轮出口气流的预旋。

2. 分析案例

过渡段的几何参数描述见图 3.36。

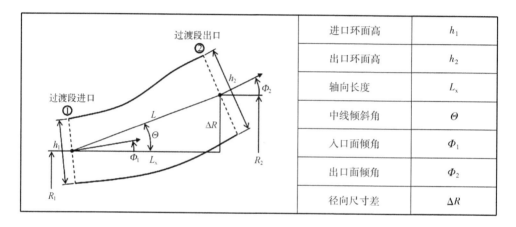

进口环面高	h_1
出口环面高	h_2
轴向长度	L_x
中线倾斜角	Θ
入口面倾角	Φ_1
出口面倾角	Φ_2
径向尺寸差	ΔR

图 3.36　过渡段几何描述

在过渡段的方案设计中,需要选择最关键的三个参数:中线倾斜角(又称中位角)Θ、长高比 L/h_1 和进出口面积比 A_2/A_1。

通常,中线倾斜角(又称中位角)Θ 超过 20° 的过渡段称为超紧凑过渡段。图 3.37 是一个设计优化算例。过渡段主要是通过流道的抬升改变气流位置,因此主要关注点在内外流道的设计。该算例通过三个技术途径:① 控制加速转减速截面面积;② 控制转减速后流道曲率大小;③ 控制曲率变化规律,有效地控制了气流分离。

初始设计排气段模型见图 3.38。通过初始方案的 CFD 分析发现,尖截面附近存在明显的分离区。通过简要分析发现,前缘驻点位置不正确,偏离了进口气流攻角,导致了 B 面的马赫数峰值位置提前,进一步使得马赫数峰值需要经过 B 面较大的曲率变化区域才能到出口,因此分离从逆压梯度起步区即产生。采用了两条改进措施:① 调整进口结构角以延缓 B 面峰值位置;② 减小 B 面逆压梯度区的曲率大小。改进前后的效果见图 3.39。

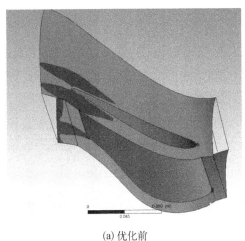
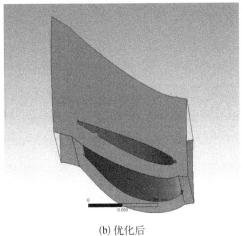

(a) 优化前　　　　　　　　　　　　　　　　(b) 优化后

图 3.37　过渡段分离区设计优化算例

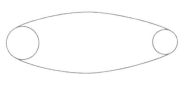

(a) 叶型视图　　　　　　　　(b) 子午视图　　　　　　　(c) 三维视图

图 3.38　初始设计排气段模型

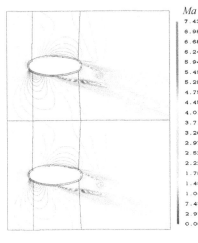
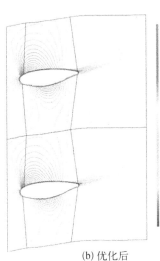

(a) 优化前　　　　　　　　　　　　　　　　(b) 优化后

图 3.39　排气支板分离区案例

3. 精细化设计关注重点

总体来说,对过渡段和排气段的精细化设计需要关注以下几点。

1) 匹配性

过渡段和排气段的气动设计与高、低压涡轮的设计息息相关。过渡段介于高、低压涡轮之间,受高压涡轮的影响,同时又影响到低压涡轮的性能;排气段位于末级涡轮之后,受涡轮性能的影响,而且出口流场又直接影响到加力燃烧室和整机的性能。因此,在设计中要通盘考虑,与高、低压涡轮和加力燃烧室的设计相配合。

2) 显著三维流动特征

超紧凑过渡段和排气段的内部流动更加复杂。首先,转速更高的高压转子出口叶片尾迹、叶尖泄漏流等因素主导了过渡段入口段流动的主要特征是非定常、高湍流度和强二次流。之后,轴向上的大曲率变化和流动方向上的强逆压梯度更容易导致端壁边界层分离,从而增加流道内的流动损失。另外,流道中因发动机结构设计需要而存在的支板也会对流动产生影响并带来损失。

3) 多学科

过渡段和排气段支板叶片较厚,通常,机械系统、空气系统、总体结构等尽可能利用该组件作为重要的结构件,插入支柱、油管、气管等零组件。因此,开展精细化设计时,需协调好设计边界与限制条件。

3.8.9　涡轮部件与燃烧室一体化分析和设计

1. 必要性

高压涡轮与燃烧系统存在非常紧密的联系,尤其是高压涡轮的气动和冷却设计直接受燃烧室出口流场与非设计点工况特性的影响。通过高压涡轮带上游燃烧室的联合仿真分析,可以更加清楚地掌握高压涡轮真实的设计边界条件,如燃烧室出口温度场分布、燃烧室出口热斑与高压涡轮的时序效应、高压涡轮进口湍流度和旋流度、叶片冷却设计逆流裕度等;同时,可以开展耦合条件和全工况下燃烧室出口特性对涡轮设计的影响分析,以及不同燃烧室设计思路下涡轮气动、冷却设计的调整。除了对涡轮设计的上游边界有了更加清晰的认识,也能对燃烧室出口边界有更加清楚的把握,如考虑下游涡轮冷却流和盘腔流下燃烧室空气流流路分配情况、考虑盘腔引气流路下的燃烧室二股流动特性。燃烧室出口温度场的周向非均匀分布,对高压涡轮转子叶片甚至低压涡轮转子叶片的高周疲劳寿命可能有较大影响。

2. 应用案例

通过对带燃烧室温度场的涡轮级进行非定常计算分析,可以分解得到转子叶片叶身各阶次的激振力(图 3.40),从而判读出激振力强度最大的非结构因素是 8。

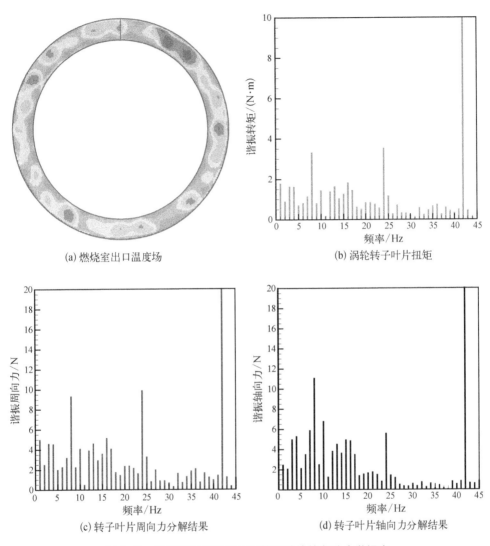

(a) 燃烧室出口温度场　　　　　　(b) 涡轮转子叶片扭矩

(c) 转子叶片周向力分解结果　　　　(d) 转子叶片轴向力分解结果

图 3.40　燃烧室出口温度场对转子叶片的各阶次激振力

通过燃烧室导向器主流和二股流的耦合仿真分析,揭示了高压涡轮导向器上缘板高温区形成的原因。燃烧室和导向器搭接处冷气的出流情况将直接影响上下缘板的温度分布,上缘板冷气流线主要集中在近叶背面的上流道面,对缘板面的覆盖效果较差。通过对燃烧室和导向器搭接流道的优化设计,可改善上缘板的冷却覆盖效果,如图 3.41 所示。

3. 精细化设计关注重点

上述应用案例给出了燃烧室和导向器耦合分析的案例,并在发动机研发中得到了实际应用。除此之外,燃烧室导向器的耦合分析可以用于导向器冷气分配关

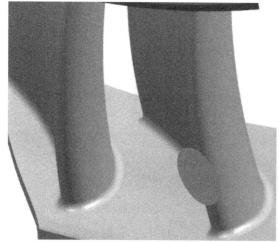

(a) 上缘板高温区域示意　　　　　　　　(b) 缘板处绝热壁温分布

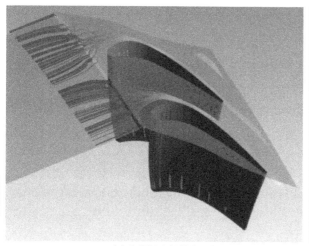
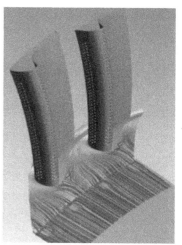

(c) 上缘板冷气流线　　　　　　　　　(d) 下缘板冷气流线

图 3.41　燃烧室导向器主流和二股流耦合分析

系、热斑迁移规律、燃气和燃油复燃、二股流的除尘设计和分析。通过燃烧室和导向器的耦合分析可知,应重点关注以下问题。

1) 导向器冷气流量分配

燃烧室和导向器在二股流与主流中存在强烈的流动耦合作用,导向器内冷上下腔进气流场形式影响流量分配关系,导向器内冷流量的变化也可能影响燃烧室空气流量分配,进而改变燃烧室流动和燃烧特征。导向器和燃烧室搭接处的冷却和封严设计,以及燃烧室燃油喷嘴与导向器窗口的排布规律优化,均需要开展燃烧室导向器的耦合分析。

2）涡轮内部燃气及燃油复燃

涡轮内部流道面存在较多台阶差,高温升燃烧室燃气成分存在较多的离解成分,涡轮冷却和封严在低速和回流区存在复燃风险。通过燃烧室和导向器的耦合仿真与试验分析,可以确定导向器出口燃气的成分和比例,从而判定导向器和转子叶片及相关静子件的烧蚀风险。

3）燃烧室出口流场特点

通过燃烧室导向器耦合试验可以确定高压涡轮导向器进口的实际流场边界,一般来说,燃烧室出口的湍流度可能达到 15%～20%,对高压涡轮性能有一定的影响。同时,燃烧室出口气流的旋流特征也会影响导向器的前缘和缘板冷却。

4）燃烧室和导向器的除尘设计

燃烧室和导向器的二股流通道空间充足,合理设置有关流路,不仅可以达到除尘作用,还能降低涡轮导向器和转子叶片冷却通道堵塞的风险,也能提高涡轮部件的可靠性。

3.8.10　涡轮部件与下游部件一体化分析和设计

1. 必要性

在涡喷/涡扇发动机中,涡轮部件的工作状态与下游部件息息相关。涡轮导向器喉道面积和尾喷口直径等参数的匹配关系影响到发动机的工作稳定性、可靠性和性能。尾喷口直径如果偏小,则造成涡轮部件工作状态偏低,发动机起动缓慢。通过调节喷管喉道面积来改变燃气在涡轮和喷管中的膨胀比分配,以改变压气机和涡轮的共同工作点,实现对发动机工作状态的控制,从而改变发动机的推力、耗油率,改善发动机的起动性能。对于可调喷管,可以直接通过调整喷口大小来控制发动机的工作状态。但是,对于固定喷口发动机,喷口的面积选择就非常重要。

同时,喷管的流道设计也非常重要。保证流道的光滑过渡,还应保持排气段的流道在三维空间通道缓慢扩张,不至于因通道的过度扩张而造成流动分离。涡轮和喷管由不同部门设计,但涡轮出口气体参数及其分布为喷管进口边界条件。因此,需要开展涡轮部件与下游部件的一体化分析和设计。

随着计算机技术和 CFD 的飞跃发展,CFD 的计算精度越来越高。CFD 技术为航空发动机提供了强有力的设计、分析工具,已经可以求解叶轮机械内部的三维黏性流动,使航空发动机的研制由主要依靠试验数据库的“传统设计方法”,开始向以 CFD 为基础的“预测设计方法”转变。CFD 技术不仅可以实现发动机单个部件的模拟,还能实现多个部件之间的匹配分析。在物理试验之前,可以采用数值试验的方法,模拟涡轮部件与涡轮后排气装置的匹配关系,从而达到缩短试验周期、降低试验费用的目的。

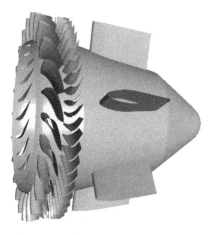

图 3.42 涡轮部件与排气装置示意图

2. 分析案例

图 3.42 为某涡喷发动机的涡轮部件与排气装置示意图,它由单级涡轮、排气支板、喷管组成。这里对设计状态下的涡轮、排气支板、喷管及大气环境进行了全三维匹配分析。计算结果表明,涡轮膨胀比为设计状态的 93.5%,涡轮功率仅为设计值的 95.2%。可以看出,匹配计算的涡轮功率小于涡轮设计要求,涡轮无法带动压气机到达设计工作点,需要调节喷管喉道面积来改变燃气在涡轮和喷管中的膨胀比分配。

采用相同的涡轮导叶、动叶网格,在保持支板、喷管、引射和射流区的网格数不变的情况下,仅通过改变喷管尺寸,进行了大量的涡轮部件与排气装置的三维黏性匹配分析。详细的匹配计算结果见表 3.2。

表 3.2 改变喷管尺寸前后的性能参数

喷口出口截面半径	涡轮膨胀比 π_T^*	支板及喷管总压恢复系数 σ^*	喷管流量	喷管推力	喷管出口马赫数	涡轮功率
设计尺寸设计参数	100%	0.970	100%	100%	—	100%
100%	93.50%	0.981	100.4%	109.5%	0.787	95.2%
101.4%	95.8%	0.980	100.4%	107.2%	0.779	97.1%
104.2%	100.1%	0.980	100.5%	103.4%	0.755	100.2%

从表 3.2 中可以看出,随着喷管尺寸的增大,涡轮膨胀比和功率增加,喷管推力和出口马赫数逐渐减小,而通过喷管的流量基本保持不变,这是因为在设计中采用了涡轮导向器限流的设计原则。当喷管出口截面半径为 104.2% 时,计算得到的涡轮膨胀比为 100.1%,功率为 100.2%,满足涡轮设计要求;在该喷管尺寸下,涡轮能够带动压气机到达设计的共同工作点;喷管推力达到设计要求的 103.4%,满足要求;支板和喷管的总压恢复系数为 0.980,高于发动机设计要求的 0.970。因此,当喷管出口截面半径为 104.2% 时,涡轮、喷管达到最佳匹配工作点,推力满足设计指标。

3. 精细化设计关注重点

上述应用案例给出了涡轮部件与排气段的一体化设计及分析过程,表明排气段对涡轮的工作状态有重要的影响,从而影响发动机的匹配工作。因此,通过涡轮与下游部件的一体化设计及分析,可重点关注以下问题,并做出精细化设计。

1）涡轮与下游部件的匹配工作评估

涡轮与下游部件的匹配工作评估主要关注决定涡轮流通能力的喉道面积及与喷管喷口面积的匹配关系,以及正确处理气体在二者之间的膨胀比分配。

2）涡轮与下游部件的一体化优化及设计

涡轮出口气流是非均匀的,具有强烈的三维流动特征。因此,必须采取一体化的优化设计方法,重点解决涡轮与排气段的流道衔接问题,保证光滑过渡,避免气流出现大的流动分离现象。

3.9　涡轮流动数值模拟手段应用中的若干问题

在涡轮设计及流动分析中,数值模拟已成为多数研究人员不可或缺的工具。对于有经验的使用者,数值模拟是一种可靠的工具,其所提供的模拟结果是对涡轮流场与性能进行分析的重要依据。然而,数值模拟的结果中包含诸多不确定性偏差,其看似不错,但可能与物理实际完全不同。当使用者缺乏经验或盲目相信模拟结果时,其基于模拟结果的分析和认知可能存在较大的偏差。

涡轮流动数值模拟应用中存在诸多误差来源,大致可以归结为以下几个方面：① 物理模型的精准度有限导致的误差；② 数值方法带来的计算误差；③ 工作环境不确定性带来的不确定性；④ 研究对象,如几何参数不确定性带来的不确定性；⑤ 使用者存在物理认知局限性,导致结果分析的不确定性。数值模拟使用者应具备充分的关于流动物理机制、数值模拟基本原理等的知识储备,熟知数值模拟中常见的问题,掌握可能存在的各种不确定性偏差来源,客观认识数值模拟结果,从中获取有价值的信息。

3.9.1　物理模型方面

涡轮内部流动复杂,且目前难以通过直接数值模拟手段来评估其真实流动和性能,在数值评估中不可避免地需进行不同层次的简化降维,即引入合理的物理模型,常见的物理模型包括湍流模型(含转捩模型)和掺混面模型等。简化降维过程引入的各种假设未必会抓住全工况范围内流动的主要本质和特征,可能带来较大的不确定性,其结果准确性需进行充分考量。

湍流模型是导致涡轮数值模拟中不确定性的重要因素之一。由于 N-S 方程在雷诺平均过程进行了大量信息的降维处理,由此引起的不确定性皆由经验修正加以考虑,如经验参数等选取得不合适将导致明显的计算结果偏差。当前常用的湍流模型包括 Splart-Allmaras（S-A）模型、$k-\varepsilon$ 模型、$k-\omega$ 模型、剪切应力传输

(shear stress transfer, SST)模型和雷诺应力模型(Reynolds stress model, RSM)等。S-A模型的数值稳定性强,计算速度高,但其对于非平衡流动的模拟精度较低;$k-\varepsilon$模型适用于模拟自由剪切流动,对近壁区低雷诺数的模拟精度较低,在计算大曲率流动或大尺度分离时,其误差较大;$k-\omega$模型适用于近壁区湍流的模拟,但其对自由剪切流动的模拟精度较低;SST模型规避了前述两种模型的缺点,可实现对边界层的高精度模拟,适用于对逆压与分离流动的模拟;RSM不依赖涡黏性假设,模拟精度高,但其鲁棒性差,不易收敛,使用较少。这些湍流模型基本上是根据平板边界层流动、槽道流动等简单流动发展而来的,然而涡轮内部流动十分复杂,如离心力及固壁换热等对湍流生成和耗散特性的影响、冷却与各向异性掺混、转捩和逆转捩等,以及非设计工况时的大尺度分离和激波-边界层干涉等,这些复杂特征在现有湍流模型中难以准确考虑,经常导致计算结果的精确性明显下降。

掺混面模型是叶轮机数值模拟中需要重点关注的另一个因素,其本质是将叶轮机中的非定常问题降维成定常问题来处理,即假定真实流场中周向不均匀引起的掺混都在转静交界面处的掺混面完成,信息通过掺混面向上下游传递时已计及掺混的周向平均效应,所以计算过程不再包含转静子间周向相对位置随时间的变换,可大幅降低计算成本。类似于N-S方程在雷诺平均中引入湍流模型会带来不确定性一样,周向平均引入掺混面模型也会带来计算结果的不确定性,具体体现在:不同涡轮设计,如负荷大小、轴向间距大小等因素导致涡轮内部的非定常性强弱程度不同,周向不均匀性扰动在传播过程中的掺混程度也不尽相同,这种差异并不能简单反映在掺混面模型中,有必要通过掺混长度等经验系数的调整来加以修正。此外,如果上游叶片出口马赫数大,引起强烈的燕尾波等,强烈的激波打到掺混面边界上,有可能产生较强的非物理反射,影响计算的精度和收敛速度。

3.9.2　数值方法方面

数值模拟方法通过数值求解流动控制方程得到流场的模拟结果,该求解过程中存在诸多不确定性误差,包括有限差分导致的截断误差、人工黏性及后处理中因插值带来的误差。此外,网格质量和计算收敛程度同样会影响到求解结果。

3.9.3　研究环境方面

在航空发动机的实际工作中,涡轮部件的工作状态受到发动机工作环境、发动机工作点及上下游部件工作状态等因素的影响,转速、进出口温度和压力、进口流动状态等条件均存在不确定性。同时,单个涡轮叶片的工作状态还受到上下游叶排和相邻叶片的工作状态及出流冷气流动参数等的影响,因此实际涡轮叶片的工作状态不可能保持设计已知状态,存在较大的未知性和不确定性。

当前的涡轮流动数值模拟大多尚未考虑到研究环境中实际存在的未知性和不

确定性,仅给出某一个或有限个已知特定工作条件的求解结果,因此其结果存在较大的局限性,会与实际情况之间存在不确定性偏差。有效的做法是在数值模拟之前便明确涡轮叶片宏观工作状态中存在的不确定性,在模拟过程中充分考虑到这些不确定性带来的影响,同时提高对显著影响涡轮流动的细节边界条件的认知程度,保证其与真实物理条件相一致,提高数值模拟结果的实际参考价值。

3.9.4　研究对象方面

考虑到加工与装配中的偏差和工作中的磨损,以及工作时所受非恒定热负荷和离心力负荷等导致的不确定性变形,涡轮几何存在较大的不确定性,不可能均保持设计状态。较明显的几何偏差必然导致涡轮工作状态的偏移;细节方面,包括间隙大小、尾缘厚度及表面粗糙度等在内的几何参数均会影响到涡轮中的流动状态和气动效率。

当前的数值模拟一般仅对设计状态的确定几何状态予以分析,该几何状态与实际工作状态可能存在差异,或是未考虑多种间隙及表面粗糙度等细节参数。确定性模拟难以考虑到真实存在的几何不确定性,使得数值模拟结果的判读具有风险。在实际应用中,利用敏感性分析等手段明确各几何参数带来的影响并确认各自的影响权重显得十分重要,这样可确保在数值模拟的几何模型中不会遗漏影响较大的几何细节,同时适当简化影响较小的几何参数的描述,以减少工作量;同时,需要充分认识到涡轮几何中客观存在的不确定性,明确几何不确定性带来的影响,避免对计算结果的误判,以更加真实和全面地掌握涡轮的性能与内部流动。

3.9.5　物理认知方面

当前,涡轮数值模拟中存在诸多不确定性因素,模拟结果不可能与真实情况完全一致,甚至某些情况下可能产生严重偏差和方向性错误,对模拟结果的准确性和精确性的把控并基于其进行正确合理的分析尤为重要,这对数值模拟使用者自身提出了苛刻的要求:需要对涡轮内部流动机理、数值模拟的理论和方法、具体使用的数值模拟软件,乃至对航空发动机整机/系统/部件的背景知识和设计流程等有深刻的理解和认识。如果一个工程师或研究人员缺乏上述知识储备,仅将数值模拟软件作为"黑匣子"加以使用,则势必难以对其驾驭,将增大计算结果中的不确定性,导致错误计算结果的产生而不自知,这有可能给设计带来严重的偏差或给流场诊断带来严重的误判。这种物理认知不确定性也是不同使用者在使用相同软件来计算同一问题而得到不同结果的根本原因之一。

客观、合理地认识数值模拟的地位和作用对于工程设计与研究尤为重要,既不因模拟结果存在诸多不确定性偏差而对其进行排斥和抵制,也不因其功能日益强大而将其视为万能工具。一个优秀的工程设计人员和科研人员,可以通过加深对涡轮数值模拟背后的数学物理问题的认识来降低模拟结果的不确定性,使数值模拟真正服务于工程设计和科研并发挥最大的作用。

参考文献

[1] Smith S F. A simple correlation of turbine efficiency[J]. Journal of Royal Aeronautical Society, 1965, 69(655): 467 – 470.

[2] 徐建中. 吴仲华先生与叶轮机械三元流动理论[J]. 推进技术, 2017, 38(10): 2161 – 2163.

[3] Ainley J D, Mathieson G C R. A method of performance estimation for axial-flow turbines[R]. London: Aeronautical Research Council, 1951, ARC – R/M2974.

[4] Stewart W L, Whitney W J, Wong R Y. A study of boundary-layer characteristics of turbomachine blade rows and their relation to over-all blade loss[J]. Journal of Basic Engineering, 1960, 82(3): 588 – 592.

[5] Craig H R M, Cox H J A. Performance estimation of axial flow turbines[J]. Proceedings of the Institution of Mechanical Engineers, 1970, 185(1): 407 – 424.

[6] Dunham J, Came P M. Improvements to the Ainley-Mathieson method of turbine performance prediction[J]. Journal of Engineering for Power, 1970, 92(3): 252 – 256.

[7] Denton J D. Loss mechanisms in turbomachines[J]. Journal of Turbomachinery, 1993, 115(4): 621 – 656.

[8] Kacker S C, Okapuu U. A mean line prediction method for axial flow turbine efficiency[J]. Journal of Engineering for Power, 1982, 104(1): 111 – 119.

第 4 章
涡轮冷却与传热设计

4.1 设 计 依 据

涡轮部件的工作条件为高温、高压和高转速。就高温来说,一般高温合金的允许工作温度不超过 1 400 K,然而第四代军用航空发动机涡轮前燃气温度已达到 1 850~1 950 K,第五代军用航空发动机涡轮前燃气温度将高达 2 200~2 300 K,涡轮进口燃气温度已经远远超过高温材料允许工作温度,因此只能通过复杂的高效冷却设计来确保涡轮部件温度处于许可范围内。为了更有效地实现高温部件冷却,要求在设计中更准确地估算出涡轮部件的温度分布,以目前的涡轮叶片设计为例,温度分析中若出现 100 K 的温度误差,将给叶片寿命预估带来一个数量级的误差,因此,涡轮冷却技术及高精度的传热分析方法是涡轮部件研制中的关键技术之一。

涡轮冷却与传热设计依据主要包括设计准则、适航要求、可靠性和安全性要求,以及设计条件。

4.1.1 设计准则

涡轮冷却和传热设计的主要任务有两个,首先,通过涡轮部件温度预估,为相关零组件的选材提供依据;其次,根据涡轮部件的气动设计参数、结构方案和材料性能,制定冷却方案,采取合适的冷却技术,将涡轮零组件的温度控制至许可范围,并为强度分析提供发动机典型工作状态的稳态温度场和主要过渡态的瞬态温度场。

根据涡轮冷却与传热设计的任务,一般的设计准则如下。

(1)通过合理的冷却流路布局设计,并采用一定的冷却技术,确保在发动机全包线工作范围内,涡轮叶片、涡轮盘、涡轮轴、涡轮机匣等零组件的最高温度和最大温差在允许范围内,即满足强度设计准则、型号规范、适航等规定的低循环疲劳寿命和持久强度对涡轮零组件温度分布的要求。

(2)在发动机全包线工作范围内,通过合理的盘腔流路设计及冷气流量控制,确保涡轮级间燃气的可靠密封,阻止涡轮主流道的燃气侵入涡轮内部腔室。

(3)在民用大涵道比涡扇发动机中,还需设计专门的涡轮机匣冷却方案,满足涡轮主动间隙控制对机匣热变形响应的要求。

（4）涡轮冷却和封严的空气流量应控制在整机空气系统规定的范围内。

4.1.2　适航要求

《航空发动机适航规定》（CCAR-33-R1）中"第33.21条 发动机冷却"的要求如下：发动机的设计与构造必须在飞机预定工作条件下提供必要的冷却。

适航要求中对涡轮冷却系统设计的评估要给出涡轮导向叶片、工作叶片、涡轮盘、涡轮机匣内部的冷却设计及温度场，还需保证设计寿命/检查期内这些关键结构件在预期的环境条件下连续安全地工作和保持完整性。适航验证要求测量冷气的压力、温度，以及金属表面温度，并应用测量的数据验证传热分析模型，然后采用验证的传热分析模型来评估涡轮关键结构件的温度场。

4.1.3　可靠性和安全性要求

1. 可靠性要求

优先选用经过充分验证、技术比较成熟的设计方案，提高产品设计的继承性；简化设计方案，尽量采用模块化、通用化设计方案；采用新技术时，应经有关试验验证与确认；开展可靠性分析（故障模式影响分析、特性分析、故障树分析等）工作。

2. 安全性要求

定性要求包括：通过设计消除已判定的危险或减少相关的风险；尽量减少恶劣环境条件（如温度、压力等）所导致的危险；发动机设计时应尽量减少在发动机的使用和保障中因人为差错所导致的风险；控制高温高压气体和易燃液体的排放。针对涡轮冷却的具体要求如下：涡轮冷却流路排向发动机外的热空气应控制流量和温度，向发动机外排气时不产生危害和影响安全；冷却流路的篦齿等密封元件工作间隙选取合理；控制涡轮导向叶片的温度应力，防止导向叶片过热甚至烧蚀；为了提高涡轮工作叶片的安全性，延长其使用寿命，在涡轮工作叶片设计中留有一定的温度裕度；对其他受热零件进行有效冷却。

4.1.4　设计条件

1. 涡轮进口燃气总温

涡轮进口燃气总温是涡轮冷却与传热设计的重要参数，包括涡轮进口燃气平均总温和进口燃气总温不均匀系数，其中涡轮进口燃气总温不均匀系数包括周向温度不均匀系数（OTDF）和径向温度不均匀系数（RTDF）。

涡轮进口燃气总温的不均匀性直接关系到涡轮导向叶片的选材和冷却设计，用来评价不均匀性的周向温度不均匀系数和径向温度不均匀系数越大，涡轮进口燃气总温的峰值温度越高。

2. 涡轮冷气流量及分配原则

随着发动机性能指标的不断提高,涡轮进口燃气总温越来越高,涡轮冷却的难度越来越大。另外,为了实现发动机性能的提升,发动机总体设计对用于冷却和封严等的空气系统总引气流量提出了限制,可用于涡轮冷却和封严的空气流量并没有随着涡轮进口燃气总温的提高而增加。

涡轮是发动机的主要高温部件,其冷气流量占空气系统总引气量的80%以上。在涡轮冷却设计时,空气系统会根据发动机总体对空气系统引气流量的要求,给出涡轮冷气流量的限制值及分配原则。

3. 涡轮气动参数

在开展涡轮冷却设计时,已完成了涡轮气动方案设计,并提供气动参数作为冷设计和传热分析的条件,主要包括涡轮 S1、S2 流面参数,以及叶片及流道尺寸、叶片数等。

4. 涡轮冷却流路的设计界面

涡轮冷却流路的设计界面主要指涡轮导向叶片、工作叶片、涡轮盘、涡轮机匣、涡轮轴等冷却流路的引排气位置,以及引排气界面的空气温度与压力。

5. 涡轮部件设计

涡轮部件的设计是一个多学科耦合设计的过程,其冷却和传热设计需要与结构、强度设计协同开展,反复迭代,直至满足相关设计要求和设计准则,但需提供涡轮部件总体结构方案、几何模型等来开展初始涡轮冷却流路布局和叶片冷却方案设计。

6. 涡轮选材

不同材料的许用工作温度及传热特性存在差异,涡轮零组件的选材直接影响涡轮冷却方案的选择和传热分析。因此,涡轮的选材是其冷却与传热设计的重要条件。

4.2　冷却流路设计

现代航空发动机的涡轮冷却流路往往十分复杂,一般由涡轮冷却叶片供气流路、涡轮盘轴冷却与封严流路、涡轮机匣冷却与间隙控制流路等组成。

4.2.1　涡轮冷却叶片供气流路

1. 涡轮导向叶片冷却供气流路

涡轮导向叶片由外缘板、叶身和内缘板组成,其冷却供气流路设计应满足外缘板、叶身和内缘板的冷却需求。

单级高压涡轮导向叶片或双级高压涡轮第一级导向叶片冷却供气流路的引气

位置基本都选择燃烧室内外环腔(图 4.1)。为了实现导向叶片外缘板和内缘板的冷却需要,分别从燃烧室外环腔和内环腔引气,涡轮导向叶片缘板的冷却一般采取在内、外缘板的内外侧安装冲击盖板,在盖板上开冲击孔,气流经盖板冲击孔冲击冷却缘板后,从缘板气膜孔排出,在缘板燃气侧表面形成气膜冷却(图 4.1)。根据叶身冷却方案,一般有两种供气流路,一种是叶身冷气全部从燃烧室外环腔引出,从导向叶片上端进入叶片内腔;另一种是分别从燃烧室内、外环腔引气,同时从导向叶片上端和下端进入叶片内腔。

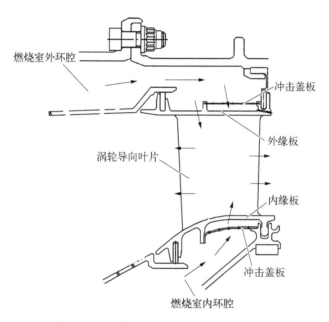

图 4.1　涡轮导向叶片冷却供气流路示意图

双级高压涡轮的第二级导向叶片和低压涡轮导向叶片冷气一般从高压压气机中间级引出,经过专门设置的引气管路系统供入导向叶片外环集气环腔,然后从叶片上端进入叶片内腔。

2. 涡轮工作叶片冷却供气流路

涡轮工作叶片冷却供气流路设计对工作叶片冷却非常重要,其流路设计极其复杂。单级高压涡轮工作叶片或双级高压涡轮第一级工作叶片的冷气来自燃烧室内环腔两股气流经预旋喷嘴预旋降温后的空气。带预旋喷嘴的工作叶片冷却供气流路一般称为预旋供气流路,气流经预旋喷嘴后,可使得进入工作叶片前的冷气沿盘转动方向产生周向速度,进而使冷气与转动的叶片之间的相对总温下降。现代航空发动机高压涡轮的预旋系统可使冷气温度下降 70~100 K,降温效果相当显著。

预旋供气流路设计中,根据预旋喷嘴的径向位置不同,可分为低位预旋供气流路、中位预旋供气流路和高位预旋供气流路。对于高位预旋供气流路,预旋喷嘴与叶片供气孔的径向位置接近,来自预旋喷嘴的冷气直接经供气孔进入叶片,此时供气孔与接受孔合二为一,这类结构又称为直接式预旋供气系统。低位预旋供气流路中的预旋喷嘴径向位置较低,通常带有盘前盖板,又称为盖板式预旋供气系统(图 4.2)。盖板安装在涡轮盘上随盘一起转动,在盖板与盘之间形成转-转系的盖板腔,接受孔位于盖板上,径向位置与预旋喷嘴基本相当,冷气从接受孔进入盖板腔,向上流动,经位于盘上的供气孔进入叶片。

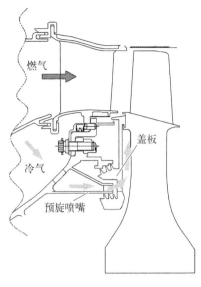

图 4.2　盖板式预旋供气系统示意图

直接式预旋供气系统减少了盖板数量,有助于减轻重量,同时避免了冷气径向向上流动带来的离心温升,从降温的角度来看是有利的,但由于预旋喷嘴处于径向高位,预旋腔出口上下封严间隙的流通面积较大,通过封严的泄漏流量会增大,因此,直接式预旋供气系统对涡轮盘前封严的设计要求高。而盖板式预旋供气系统将预旋喷嘴安排在较低位置,有助于降低通过封严的泄漏量,且涡轮盘前有足够空间,可以多设计 1~2 道封严结构。由于涡轮盘前封严设计相对容易,盖板式预旋供气系统的预旋喷嘴出口压力可以设计得高一些,但盖板带来了附加重量,且盖板腔内气流的向上流动会带来离心温升。

低压涡轮工作叶片或双级高压涡轮第二级工作叶片的冷气一般从压气机中间级的叶片尖部机匣或叶片根部环腔引出。引气位置选在压气机叶尖机匣的引气流路称为外引气流路,引气位置选在压气机叶片根部的引气流路称为内引气流路。采用外引气流路方案时,从压气机叶尖机匣引出的空气需通过专门设置的引气管路引入涡轮机匣内的集气腔,再经涡轮导向叶片内腔进入预旋喷嘴前的供气腔,最后通过预旋喷嘴降温后供入工作叶片。采用内引气流路方案时,将空气从压气机叶片根部的环缝引出,空气在压气机转子盘腔向内流入发动机内部通道,再到达涡轮工作叶片。从压气机叶片根部引出的空气进入压气机旋转盘腔后具有强烈的涡流,如果空气在从压气机盘腔的高半径位置向低半径位置流动的过程中形成自由涡,那么涡流引起的压力损失将会非常大,同时温升也非常明显,这对于叶片冷却供气流路设计来说是不可接受的。为了保证引气流量和引气品质,且减少引气流路的压力损失,常用的解决方法是在压气机引气腔中设计减涡器,如图 4.3 所示。

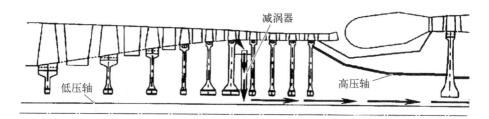

图 4.3 带减涡器的涡轮工作叶片供气流路示意图

4.2.2 涡轮盘轴冷却与封严流路

涡轮盘轴冷却与封严流路在结构上比较简单,其常用的冷却方式为简单的吹风对流冷却,当引气位置和温度选择合理时,一般不需要额外增加冷却设计即可达到轮盘轴的使用温度要求,一般是将冷气引入转子与静子,以及转子和转子形成的腔道内。涡轮盘腔的冷却通常与涡轮级间封严相结合,冷气量的大小一般由封严需求决定,即冷气首先应保证级间封严和滑油封严的有效性。另外,盘腔冷却流路设计还应关注冷气的流动损失,原则是小盘腔低风阻。在轴向尺寸较大的盘腔内应适当布置隔板,以减少轮盘旋转产生的风阻,同时,对于螺栓头、周向凹槽、凸块等,应设置外罩,减少风阻,提高冷气利用率。

典型的涡轮盘前冷却与封严流路如图 4.4 所示。在冷却方式上,一般采用涡轮盘侧面径向吹风冷却、涡轮盘侧表面局部射流吹风冷却、榫头装配间隙吹风冷却、叶片伸根间隙吹风冷却、气膜覆盖阻隔冷却等。在具体的冷却流路设计中,多采用不同

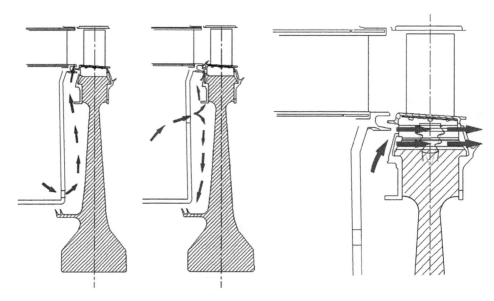

图 4.4 涡轮盘前冷却与封严流路示意图

冷却方式的组合,即根据涡轮气动参数、基本结构及其几何尺寸,以及涡轮转子的工作条件和相关零件材料的主要性能等因素,结合整机空气系统的基本布局来确定。

涡轮部件中转子与静子间封严的目的是控制流路合理的流向并减少或控制转子与静子相邻处通道的流量。

转子与静子间的封严部位主要有以下两方面。

(1) 涡轮级间封严:处于发动机主通道与空气系统内部腔室之间的封严,其作用是保持发动机内部盘腔压力高于发动机主通道的压力,避免高温燃气侵入涡轮盘腔,同时限制空气系统冷气向发动机主通道的泄漏量,从而降低能量损失,提高发动机性能,其结构形式多为篦齿封严。

(2) 涡轮内部流路之间的封严:封严部位发生在流路内部,其作用是通过控制盘腔内转子与静子相邻处通道的流量,以组织冷气,形成合理的流路,满足需求,主要有篦齿封严、指尖封严、刷式封严等结构形式。

4.2.3　涡轮机匣冷却与间隙控制流路

涡轮机匣是涡轮部件的结构连接部分,主要承受机械负荷、气体压力和热负荷,是发动机的重要承力构件之一。根据涡轮机匣的结构特点、设计要求,必须对涡轮机匣进行必要的冷却,其目的在于以下方面。

(1) 满足机匣本身强度、寿命的要求,使机匣在材料允许的温度范围内工作。

(2) 控制机匣与涡轮转子之间的热响应。在发动机工作时,因转子和机匣的热响应速率及所承受的机械载荷的差异,使转子与机匣的径向变形不协调,以及转子与机匣之间的变形出现相对差异。为了控制机匣的变形,维持小的涡轮工作间隙,需要引入冷气来降低涡轮机匣的温度,并且通过控制冷气的流量或温度来调整机匣的热膨胀量。

(3) 在对涡轮叶片进行冷却时,需要从风扇或高压压气机抽取空气,涡轮机匣为冷气提供气流通道,以形成一个有效的冷却系统。

高压涡轮机匣的冷气一般引自燃烧室外环腔的二股气流。低压涡轮机匣的冷气则引自高压压气机中间级,具体引气位置需根据发动机结构方案和几何尺寸确定,在初始设计阶段,需根据传热设计目标,参考工作经验,预先选定位置,然后对冷却引气流量和压力进行初步估算。以此为基础,把初步估算的值作为换热边界条件的初值,通过近似计算方法完成关键零部件的热分析,基于热分析结果,判断引气位置和参数的合理性。在确定引气位置后,通过设置的引气管路引至低压涡轮机匣集气腔中,涡轮机匣通过设置环道、缝隙及孔,组织气流采用对流、冲击的方式对涡轮机匣组件进行冷却(图 4.5 和图 4.6),保证涡轮机匣组件在材料允许的温度范围内工作。其中,涡轮外环一般通过挂钩安装于机匣内部,需与燃气直接接触,因此多采用在机匣上开设小孔的方式来进行冲击强化冷却,具体形式有单排和多排冲击孔。机匣和外环的冷却还应考虑热变形控制,以保证外环与转子叶片之间的间隙匹配。涡轮机匣冷却流路的设计要充分考虑机匣装配组件之间的间隙,通过设置封严装置来尽可能减少冷气向主流道的泄漏。

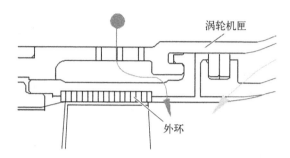

图 4.5   典型的高压涡轮机匣和外环冷却流路

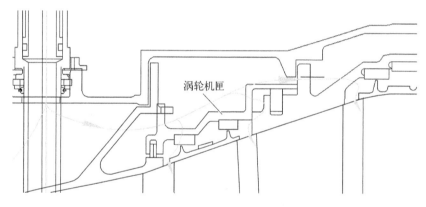

图 4.6   典型的低压涡轮机匣冷却流路

4.3   典型冷却结构的形式与特点

图 4.7 显示了涡轮前进口温度与冷却技术的发展历程。涡轮叶片最初的冷却方式是简单的直冷却通道,冷气穿过叶片内部的气流通道之后直接排放到燃气通道中。这种冷却结构强化内部的换热作用不大,使涡轮进口温度停留在 1 000 ~ 1 150℃。为了增强内部冷却通道的换热效果,研发者在光滑冷却通道内表面上增加了肋、销钉和扰流柱等以增大湍流度、换热面积来强化叶片的冷却效果。随后,气膜冷却开始逐渐在涡轮叶片上使用,冷却效果得到了显著改善。随着航空发动机涡轮进口温度的逐步提升,气膜冷却逐渐与内部对流冷却、冲击冷却、扰流柱和肋壁强化换热相结合,形成了复杂多通道强迫对流/气膜冷却结构,即复合冷却结构。图 4.8 为涡轮导向叶片普遍采用的复合冷却结构示意图,图 4.9 则为涡轮工

作叶片普遍采用的复合冷却结构示意图。现役航空发动机的涡轮叶片广泛采用了复合冷却结构,而且随着高效异型气膜孔与高效内部冷却结构的发展,优化设计的超强复合冷却结构的冷却效果可达到 650~700℃ ,并应用于涡轮进口温度更高的新一代航空发动机涡轮叶片上。

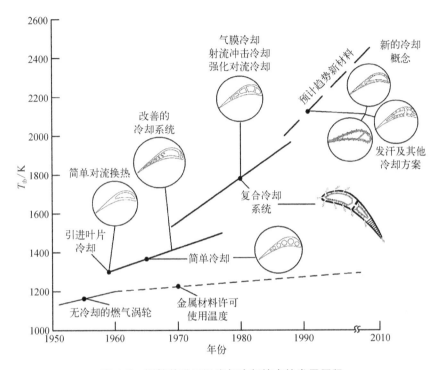

图 4.7　涡轮前进口温度与冷却技术的发展历程

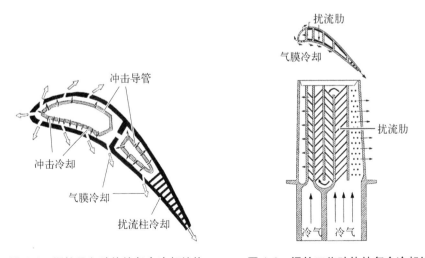

图 4.8　涡轮导向叶片的复合冷却结构　　图 4.9　涡轮工作叶片的复合冷却结构

4.3.1   涡轮叶片气膜冷却结构

1. 气膜冷却的基本概念

气膜冷却是指在涡轮叶片外壁面沿一定角度向主流中喷入冷气,这股冷气在主流的压力和康达效应(Coanda effect,又称附壁效应)的作用下,贴附在壁面附近,形成温度较低的冷气膜(图 4.10),将壁面同高温燃气隔离,并带走部分高温燃气或明亮火焰对壁面的辐射热量,从而起到良好的热防护作用。气膜冷却由于降低了燃气对叶片基体的热量输入,对叶片热应力的降低也有很大作用,可以显著提高叶片的使用寿命,而且在温度越高的热气环境中效果越明显,因此成为涡轮叶片的主要冷却方式之一。图 4.11 为典型的带有气膜冷却结构的涡轮导向叶片与工作叶片[1]。

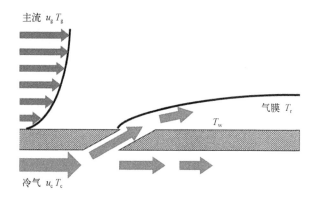

图 4.10   气膜冷却原理示意图

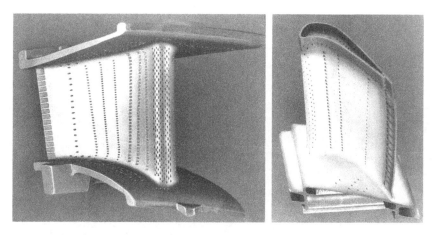

图 4.11   带有气膜冷却结构的涡轮导向叶片与工作叶片

对流换热系数是包括气膜冷却在内的对流换热研究中的一个重要的研究对象。研究表明[2],在气膜冷却条件下,以主流温度 T_g 为流体侧参考驱动温度定义的对流换热系数会随二次流温度及其他参数的变化而变化,不宜作为分析气膜冷却特性的参数;此时,应以绝热壁温 T_{aw} 作为流体侧参考驱动温度来定义对流换热系数 h,T_{aw} 是壁面绝热时主流、二次流掺混后的气膜在壁面处的恢复温度,它等于当地壁面温度,因此 T_{aw} 也称为绝热壁温。气膜冷却对流换热系数 h 的定义式为

$$h = q/(T_{aw} - T_w) \tag{4.1}$$

式中,T_w 为壁面温度。按式(4.1)定义的对流换热系数 h 可以在二次流-主流密度比变化不大的条件下,不受 T_g、T_c、T_w 变化的影响[2]。由于绝热壁温 T_{aw} 在数值上等于壁面绝热时主流、二次流按某种比例混合的混气在壁面处的恢复温度,它一般表示为主流温度和二次流温度的组合:

$$T_{aw} = T_g - \eta(T_g - T_c) \tag{4.2}$$

式中,η 为新引入的一个参数,称为绝热效率,其定义式为

$$\eta = (T_g - T_{aw})/(T_g - T_c) \tag{4.3}$$

由 η 的定义式(4.3)可知,η 值越高,表明壁面附近的流体温度越接近二次流温度,气膜冷却的冷却效果越好,因此也常将 η 称为气膜冷却效率。理论分析指出,气膜冷却效率 η 只取决于影响主流、二次流掺混的各种流动参数和几何结构参数,如二次流与主流密度比、吹风比(或动量比)、主流湍流度、气膜孔的几何形状和几何参数及孔的排列方式等,在这些参数一定的情况下,气膜冷却效率 η 与 T_g 和 T_c 的数值大小关系不大。通过以上分析可知,气膜冷却特性是一个双参数问题:对流换热系数 h 和气膜冷却效率 η 是两个表征气膜冷却特性的缺一不可的关键参数。

影响气膜冷却特性的因素有:① 气膜孔的几何参数,包括气膜孔的喷射角度、孔径、孔长与孔径比、孔的间距、孔出口的形状、冷气通道几何结构及气膜入口形状等;② 叶片的几何参数,包括叶片表面形状、流向表面曲率等;③ 主次流的气动参数,包括主流速度、吹风比、冷气流与主流的动量比、密度比、主流湍流度等。此外,气膜孔在不同位置有着不同的开设要求,在不同位置也有着不同的覆盖及冷却效果。

2. 涡轮叶片各部位气膜冷却结构的形式与特点

针对涡轮叶片的不同部位,气膜冷却结构的形式也各不相同,主要考虑因素有叶型曲率、燃气参数(温度、马赫数)、掺混损失、工艺性等,涡轮工作叶片还需考虑旋转半径。下面根据叶片的不同位置分析气膜冷却结构的形式与特点。

无论是涡轮导向叶片还是工作叶片,其前缘均承受燃气直接冲击,是热负荷最高的区域,也是需布置气膜孔进行冷却的重点区域。为获得较好的冷却效果,前缘区域的气膜孔一般比叶片其他区域密集,孔间距及孔排间距一般为 3~6 倍气膜孔直径,各排孔叉排布置,如图 4.12 所示,孔的排数和间距根据叶片前缘形状、半径等因素综合确定。由于独特的几何特征及热环境,叶片前缘气膜孔的角度与其他区域也有较大差别。首先,气膜孔角度大多数情况下与主流流动方向相同或存在

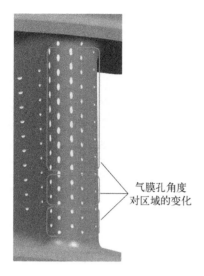

气膜孔角度
对区域的变化

图 4.12　涡轮叶片前缘气膜孔结构

一个较小的夹角,而叶片前缘由于外形和内腔曲率都很大,从内腔到外形可实现的气膜孔角度一般都与主流方向的夹角较大,即前缘气膜孔一般为沿叶高斜打孔。这种方法在满足可实现性的同时一方面增大了气膜孔的出口面积和气膜出流与主流的夹角,另一方面可在有限的前缘区域布置多排气膜孔,极大地增加了气膜覆盖面积,提高了前缘气膜效果。其次,考虑加工及其他可实现性,前缘的气膜孔角度也是随叶高变化的,如图 4.12 所示,靠近上下缘板的前缘气膜孔与壁面的夹角较大,一般为 60° 以上甚至可达 90°,而叶身中部气膜孔与壁面的夹角较小。

另外,前缘一般设计成冲击+气膜冷却形式,即叶片内部采用冲击冷却,因此前缘气膜设计与评估时还应综合考虑内外换热的匹配关系。

由于发动机循环参数的不断提高,涡轮叶片目前大多采用全气膜冷却,即叶身各处均开设气膜孔,使叶片上与燃气接触的表面均被气膜覆盖。叶片中弦区空间较大,叶型线较为平直,在气膜孔角度方面,气膜出流角度一般沿主流流动方向或呈一定夹角,与壁面的夹角一般较小,且同一排气膜孔角度基本一致;在孔排布方面,中弦区的气膜孔布置比前缘稀疏,孔间距与孔排间距均较大,各排之间也采用叉排布置,典型的气膜孔布置如图 4.13 所示。为尽量减小对气动性能的影响,吸力面中弦区的气膜多布置在吸力面上游低速区域。

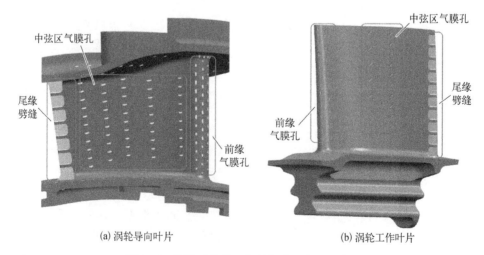

(a) 涡轮导向叶片　　　　　　　　(b) 涡轮工作叶片

图 4.13　涡轮叶片分区及其气膜孔布置示意图

受加工工艺限制,目前国内叶片中弦区气膜孔一般多为圆柱形[图 4.14(a)]。圆柱形气膜孔是气膜冷却的基础孔形,相对于没有气膜冷却的情况,圆柱形气膜孔气膜冷却的应用显著提高了涡轮叶片的冷却效果。但是在大吹风比工况下,圆柱形气膜孔气膜射流的动量过于集中,极易穿透主流,脱离壁面。虽然在小吹风比工况下这个问题有所改善,但由于圆柱形气膜孔射流的展向覆盖范围有限,冷气的有效利用率仍然较低。因此,研究者提出了多种技术方法来改善气膜冷却效果,其中最为有效的措施就是发展异形气膜孔,即非圆柱形气膜孔。

异形气膜孔的研究历史可以追溯到 20 世纪 70 年代初[3],但是直到 20 世纪末,随着在涡轮叶片上加工异形气膜孔的技术逐渐成熟之后,相关研究才逐渐兴起。在众多的异形气膜孔结构中,以水滴形气膜孔[图 4.14(b)]、扇形气膜孔[图

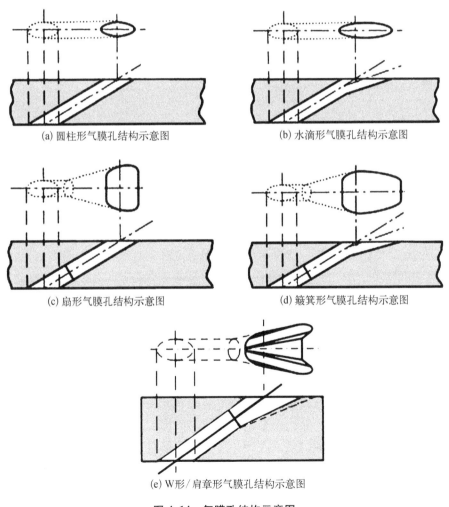

(a) 圆柱形气膜孔结构示意图

(b) 水滴形气膜孔结构示意图

(c) 扇形气膜孔结构示意图

(d) 簸箕形气膜孔结构示意图

(e) W形/肩章形气膜孔结构示意图

图 4.14　气膜孔结构示意图

4.14(c)]、簸箕形气膜孔[图 4.14(d)]及近几年提出的 W 形气膜孔[也称肩章形气膜孔,图 4.14(e)]为代表的扩张型气膜孔最具代表性与实用性,并在涡轮叶片上得到了广泛的应用,相关的研究也最多。扩张型气膜孔通过扩大孔出口面积降低了气膜射流在孔出口处的动量,从而减弱了气膜射流在主流中的穿透以及不利于气膜贴壁的对涡强度,而且带展向扩张结构的扩张型气膜孔还使气膜射流产生了一定的展向速度,可以使气膜在壁面上覆盖得更宽、更均匀,因此冷却效果远远好于圆柱形气膜孔。

水滴形气膜孔是在圆柱形气膜孔的基础上,在出口处沿气膜孔轴向做前倾扩张,从而使得孔出口长度更长。在应用水滴形气膜孔时,需将其孔轴线与主流方向设置一定的夹角,从而利用较长的孔出口来实现较宽的气膜覆盖,因此涡轮叶片前缘区域及涡轮工作叶片压力面是最适合水滴形气膜孔应用的区域。扇形气膜孔是在圆柱形气膜孔的基础上,在出口处垂直于气膜出流方向进行展向扩张,因此孔出口具有更大的展向宽度,可以使气膜覆盖更宽的区域。簸箕形气膜孔是在扇形气膜孔的基础上,沿气膜孔轴向再做前倾扩张,可以进一步通过增大孔出口面积来降低气膜出口速度,改善气膜贴壁性。而且簸箕形气膜孔的前倾扩张结构通过一定的设计,还可以在不增加展向扩张角度的条件下进一步增大气膜孔出口的展向宽度,使气膜展向覆盖范围进一步增大。W 形气膜孔是在簸箕形气膜孔的基础上,在孔出口两侧各增加一个前倾扩张结构,形成形状类似于 W 形的孔出口,期望通过两侧结构的分流作用进一步扩大气膜的展向覆盖范围。W 形气膜孔是近几年新发展的一种异形气膜孔,受到了广泛的关注和研究。无论是哪一种异形气膜孔结构,都具有结构参数众多且相互耦合的特点,在设计时需要协同考虑各参数的配合,从而获得效果最优的孔形结构。

压力面与吸力面的燃气速度在涡轮叶片尾缘部位都达到了相当高的值,而且都处于湍流状态,从而使得尾缘部位的燃气对流换热强度非常大,因此尾缘是涡轮叶片上需要重点进行冷却的部位之一。涡轮叶片尾缘的冷却结构主要有全缝冷却结构[图 4.15(a)]、离散孔冷却结构[图 4.15(b)]和半劈缝冷却结构[图 4.15(c)]三种形式,其中半劈缝冷却结构是将叶片尾缘压力面的一部分壁面切去,只保留吸力面一侧的壁面及若干分隔肋,从而将原来的全缝式内部冷却结构变为若干切向出流缝,冷气从切向缝中喷射出,覆盖在半劈缝壁面上形成冷气膜,从而对保留的尾缘壁面进行冷却。从涡轮叶片气动性能的角度来看,在强度允许的条件下,叶片尾缘应尽量地薄,以减少涡轮叶片的尾迹损失。受加工工艺的约束,全缝冷却结构与离散孔冷却结构要求涡轮叶片尾缘必须有足够的厚度才可以实现;相对于这两种冷却结构,半劈缝冷却结构只有单侧壁面,而且有分隔肋的加强作用,因此可以将尾缘设计得比较薄,从而实现较好的气动性能,而且研究也表明半劈缝冷却结构的冷却效果也相对较好[4],因此目前先进航空发动机涡轮叶片的尾缘多

  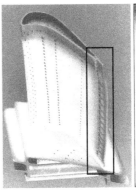 

(a) 尾缘全缝冷却结构　　(b) 尾缘离散孔冷却结构　　(c) 半劈缝冷却结构

图 4.15　涡轮叶片尾缘典型冷却结构示意图

采用半劈缝冷却结构。相对于常规的离散孔气膜冷却,劈缝可以看作特殊的缝型气膜冷却结构,通过调整劈缝隔板的形状可以得到不同的劈缝出流形式。而尾缘孔和中劈缝结构不能形成气膜,只能起到内部对流冷却作用。

　　由于涡轮工作叶片叶尖区域存在燃气泄漏,热负荷较大,为控制叶尖热负荷,常在工作叶片叶尖布置气膜孔进行冷却,气膜孔一般为常规圆孔,布置在叶顶或压力面侧(图 4.16)。另外,叶尖区域的气膜孔除了冷却叶尖外,一定程度上还能起到增加叶尖间隙内压力、减小叶尖间隙泄漏流、降低泄漏损失的作用,目前是国内外的热点研究领域。

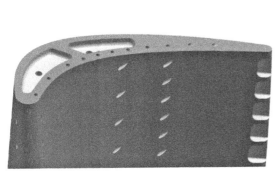 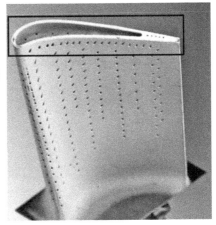

图 4.16　涡轮工作叶片叶尖区域气膜孔示意图

3. 涡轮叶片气膜冷却设计中需注意的问题

由于气膜孔的存在,冷气侧与主流侧连通,冷、热气流耦合在一起而相互影响。

在气膜冷却的设计中,除应确保较高的冷却效果和较少的冷气用量外,还要保证其压力分布不致引起燃气沿气膜孔的倒灌。另外,还要保证冷气流喷入主燃气流时,其掺混损失最小。

影响气膜冷却效果的参数众多,在研究中首先需考虑基本、宏观的影响因素,如孔的气动参数(转速、吹风比的影响)、结构参数(气膜的喷射角度的影响)。对于孔间距、孔形等影响因素,则是需要确定气膜孔的基本位置、角度等设计参数后的进一步改进和细化的工作。对于孔径大小在进行初期方案设计时参考气膜冷却的基本设计规范及经验数据的积累,给定一个相对合理值。为了更好地开展后续研究,用数值模拟方法研究单个或者多个参数对涡轮叶片气膜冷却效果的影响简单易行,并且具有耗资少、周期短、节省人力、能较为容易地模拟所设计的复合真实条件情况等优点,该方法得到的基础性规律是可指导实际发动机设计工作的。

另外,工艺性是入门级设计者最容易忽略的方面,而事实上决定实际叶片气膜孔角度大小的最重要因素就是可实现性。例如,靠近缘板的位置,气膜孔方向要保证打孔时不与缘板干涉,特别是导向叶片一般为多联且前后缘板较长,各个叶片之间,以及叶片与缘板之间相互遮挡的部位较多,可设置气膜孔的区域及孔角度的设置是有限的。

气膜冷却结构设计包含在叶片冷却设计中,主要工作步骤包括以下方面。

(1) 进行设计需求分析。涡轮叶片主要承受热负荷和离心载荷,叶片寿命基本取决于材料氧化、烧蚀、热疲劳裂纹,当叶片材料确定后,可根据航空材料手册,获得材料的初熔温度,以及在不同温度和应力下的持久寿命、氧化速率等数据。因此,可按照涡轮叶片寿命要求、各状态在循环中的占比、工作环境参数、材料数据,计算得到冷却设计的要求。在确定冷却设计要求、获得叶片所需冷却效果后,即可根据冷却结构经验数据库确定叶片的整体冷却形式,并且初步确定叶片各部位是否需要气膜冷却,以及气膜冷却的范围。

(2) 先进行叶片的二维/三维金属温度计算,找出叶片的高温区域,然后根据第一步设计要求的分析,参考其他发动机,初步确定气膜冷却结构的形式和位置,以此将叶片温度控制到合适水平。

(3) 确定详细的结构尺寸和冷气分配比例,如气膜孔的详细位置、方式等。涡轮叶片的气膜冷却情况极其复杂,气膜冷却的设计目标包括气膜出流量、气膜出流对叶片内部冷气侧通道和外部燃气侧换热系数的影响、气膜出流对叶片边界层燃气温度的影响;气膜孔的设计参数主要包括孔直径、角度、孔径/孔间距比、孔排位置关系,由于气膜冷却参数的设计涉及吹风比、动量比、密度比、雷诺数、湍流度等气动因素,还要考虑叶片不同位置,如叶片前缘、鳃区、叶盆、叶背等,因此需要专门的研究(通常是基础与工程相结合),或者参考大量的研究论文(保证参数相同),用于设计指导。

4.3.2　涡轮缘板、外环的气膜冷却结构

1. 涡轮缘板的气膜冷却结构

1）离散孔气膜冷却

随着燃气涡轮进口参数（温度、压力）的不断提高及航空发动机对性能的极致追求，提供更接近真实工况的试验数据变得尤为重要。研究发现，叶栅通道中因通道涡系的存在，使得叶栅通道的气膜冷却变得更为复杂，叶栅通道缘板的离散孔气膜冷却得到了广泛研究。

图 4.17 给出了涡轮叶栅通道中的涡系结构示意图[5]。叶栅上游的低速边界层流体在叶片前缘附近形成马蹄涡，马蹄涡的压力面侧和吸力面侧分支在缘板附近区域会产生强烈的对流作用。在马蹄涡的作用下，冷却射流集中在马蹄涡左右分支的分离线内，从而限制了冷却射流的覆盖范围。此外，冷却射流和主流的强烈相互作用会引起涡轮叶栅的气动损失，且该损失随着冷却射流流量的增大而增大。在关于缘板离散孔气膜冷却的研究中[6]，将分离线下游的叶栅通道缘板划分为四个区域，如图 4.18 所示。针对四个不同区域的流动特性布置不同方向和数量的气膜孔，从而在叶栅缘板取得较好的冷却效果。研究发现：① 在分离线下游的气膜冷却射流不改变缘板附近的二次流结构；② 将气膜孔布置在叶栅较上游的区域可降低由于引入冷却射流带来的气动损失；③ 考虑二次流结构来优化缘板气膜冷却

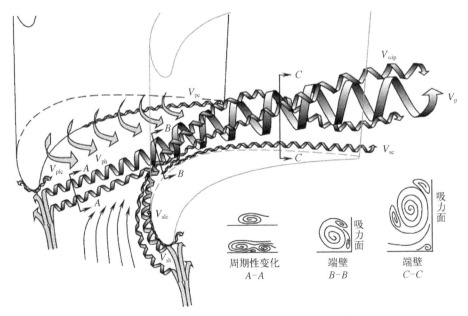

图 4.17　涡轮叶栅通道涡系结构分布[5]

V_{sh}. 马蹄涡吸力面分支；V_{ph}. 马蹄涡压力面分支；V_{p}. 通道涡；V_{wip}. 通道涡引起的壁面涡；
V_{slc}. 吸力面前缘角涡；V_{plc}. 压力面前缘角涡；V_{sc}. 吸力面角涡；V_{pc}. 压力面角涡

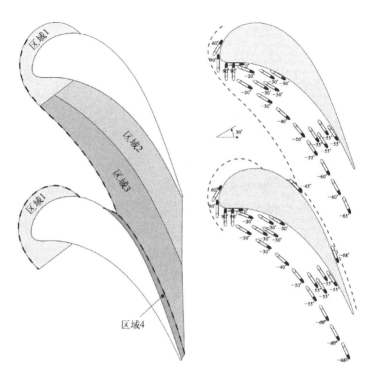

图 4.18   分离线下游的叶栅通道缘板区域划分及气膜布局建议[6]

孔的设计和布局可显著提高缘板的冷却效率。

2）燃烧室-涡轮间槽缝射流气膜冷却

燃气涡轮由许多部件组装而成，所以不可避免地存在一些缝隙。其中，燃烧室出口和涡轮进口之间的槽缝是燃气涡轮中最重要的缝隙，在实际设计和生产中，将压气机高压段的冷气引至该槽缝产生槽缝冷却射流，不但能防止燃烧室出口的高温燃气入侵，而且能对下游缘板进行冷却保护。

研究发现，槽缝冷却射流进入叶栅通道后会受到通道涡的显著影响[7]。如图 4.19 所示，一部分槽缝冷却射流在强烈的马蹄涡及其分支作用下离开缘板表面，一部分槽缝冷却射流则被限制在马蹄涡左右分支的中间区域。在冷却流量较小时，槽缝冷却射流被二次流卷吸输运至下游叶片吸力面侧。当冷却流量增大时，冷却射流有足够的动量，避免被二次流卷吸进入通道涡。槽缝冷却射流会影响叶栅通道的总压分布，进而影响通道二次流分布，增大槽缝冷却射流流量，在下游形成二维湍流边界层，使通道涡增强，从而抑制了马蹄涡吸力面侧分支。此外，槽缝射流可用来控制通道的二次流，冷却射流动量较小时，缘板边界层厚度增大可引起较大的二次流损失；冷却射流动量较大时，缘板附近的边界层动量增大，从而使通道涡减弱。

槽缝冷却射流在叶栅通道横向流动作用下的横向分布不均匀，大量的冷却射流从压力面侧流向吸力面侧，导致下游缘板上的冷却效率分布不均，通道横向压力

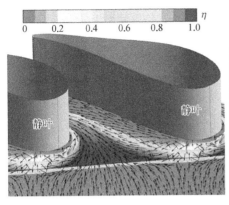
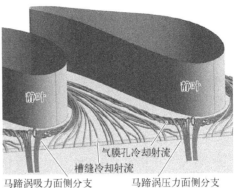

图 4.19 燃烧室–涡轮间槽缝射流在涡轮缘板上的流动轨迹及冷却效率分布

梯度的存在使得吸力面侧获得更多的冷却射流保护。在槽缝冷却射流流量较小时,下游吸力面侧缘板获得较高的冷却效率;而在槽缝冷却射流流量较大时,下游压力面侧缘板获得较高的冷却效率。此外,如图 4.20 所示,上游槽缝结构的合理

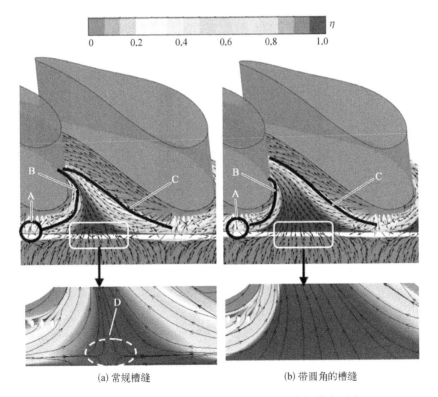

图 4.20 常规槽缝和带圆角槽缝下缘板的冷却效率对比

A. 马蹄涡的马鞍点;B. 马蹄涡吸力面侧分支;C. 马蹄涡压力面侧分支;D. 相邻马蹄涡左右分支交汇点

设计既可以减小冷却射流的消耗,同时还可以利用通道涡系来增大冷却射流的横向扩展[8]。在一定槽缝冷却射流流量下,减小槽缝的宽度可以增大冷却射流的动量,使冷却射流分布更加均匀,提高下游缘板的冷却效率。减小槽缝与下游缘板的夹角可抑制马蹄涡的发展,提高下游缘板的冷却效率。槽缝的倾斜角度对下游气膜冷却特性有显著影响,当槽缝与下游缘板夹角较小时,冷却射流在下游形成更大的覆盖范围,并且冷却射流在出口处与主流的相互作用减弱。

　　燃气涡轮叶栅的前缘附近承受极高的热负荷,在前缘上游马蹄涡和前缘角涡的作用下,冷却射流无法到达叶栅前缘附近缘板,从而形成高热负荷的环状区域。为了降低该区域的热负荷,设计人员在叶栅前缘附近的缘板区域布置一排气膜孔[9],如图 4.21 所示。槽缝射流气膜冷却可以对部分缘板区域进行充分的冷却保护,然而叶栅前缘附近和近压力面侧缘板区域的冷却效率仍然较低。

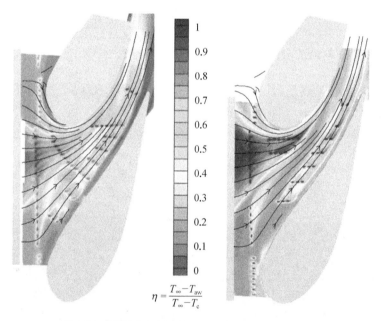

$$\eta = \frac{T_\infty - T_{aw}}{T_\infty - T_c}$$

图 4.21　槽缝冷却射流与前缘离散孔气膜射流共同作用下的缘板冷却效率和流场分布

　　为了进一步提高槽缝冷却射流在下游缘板的冷却效果,许多研究人员通过重新设计槽缝出口几何来增强槽缝冷却射流在下游的覆盖面积。当槽缝下游缘板抬高时,气流加速,因此边界层厚度减小,当地传热增强;当槽缝下游缘板降低时,该处的边界层厚度增大,传热减弱。当下游缘板低于槽缝上游缘板时,槽缝冷却射流在下游缘板形成均匀的气膜,从而取得更高的冷却效率。此外,通过合理设计,间断槽缝出口射流也可在下游缘板冷却中取得良好的效果。

3）叶栅通道中的缝隙射流气膜冷却

在实际情况下,相邻涡轮叶片安装时不可避免地在通道缘板中间存在缝隙,该缝隙用来引入冷却流体,对涡轮缘板进行冷却保护。为了提高缘板的冷却效率,实际燃气涡轮中,常结合通道缝隙射流和气膜孔射流对缘板进行冷却。通道缝隙冷却射流的冷却效果主要集中在下游出口附近,如图4.22所示,随着通道缝隙冷却流量的增大,上游缝隙附近区域的冷却效率逐渐增大。在叶栅通道,压力沿着流动方向逐渐减小,造成通道缝隙的大部分冷却射流从下游的低压区域进入主流区域,因此下游的冷却效率显著高于上游区域[10]。

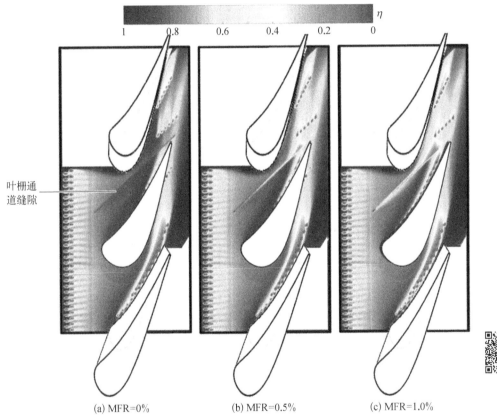

图4.22　不同流量下通道缝隙射流对缘板冷却效率的影响

MFR. 冷却射流与主流质量流量之比

当压力面侧缘板高于吸力面侧时,缝隙冷却射流方向与横向二次流方向一致,因此吸力面侧缘板的冷却效率进一步增大。当吸力面侧缘板高于压力面侧时,缝隙冷却射流方向与横向二次流方向相反而产生强烈掺混,导致缘板整体冷却效率下降。研究发现,适当的缘板错位可显著提高吸力面侧缘板的冷却效率。

4) 涡轮缘板气膜冷却特点及其设计中需注意的问题

由于涡轮导向叶片缘板会受到强二次横向流动的影响,这部分横向流动产生于叶栅通道横向压力梯度、主流进气涡结构。同时,高压涡轮导向叶片缘板与燃烧室衔接处不可避免地存在缝隙,相邻导向叶片之间也可能会有安装间隙。通过上述缝隙的冷气可在缘板形成冷气膜,同时还会与通道内孔气膜冷却相互影响,使其冷却特性区别于一般的二维缝隙。此外,涡轮导叶与工作叶片轮缘封严的冷气也可对下游工作叶片缘板起冷却作用,其机理与导向叶片上游缝隙的气膜冷却类似,但工作叶片的转动和轮缘封严气流存在较大的周向分速,使得工作叶片上游缝隙的气膜冷却的影响因素更多、更复杂。

燃气温度的径向分布使涡轮工作叶片缘板处于低温区,且工作叶片缘板更趋向于面对一个平均温度,而不是当地温度。同时,由于导向叶片的冷气掺混和相对速度的影响,摄入工作叶片缘板上的相对总温要比导向叶片缘板低。综上可知,只有当涡轮进气温度较高时,才有必要针对涡轮工作叶片缘板进行冷却保护,因此涡轮工作叶片缘板冷却的研究相对较少。

涡轮缘板气膜冷却不仅要研究叶片通道内的孔气膜冷却,还需要研究缘板上游缝隙气膜冷却及缝气膜冷却与孔气膜冷却之间的相互作用。强烈的涡系使得缘板气膜孔的布局变得复杂,合理布置气膜孔,做到既满足冷却要求又节省冷气,需要深入掌握缘板上主流和二次流的详细流动情况。实际的涡轮叶栅缘板往往是倾斜的,倾斜缘板通道与平缘板通道的主流参数不同,进而影响传热和气膜冷却特性。近年来,为提高涡轮气动效率,更好地控制缘板区的流动损失,出现了非轴对称的缘板设计,这种型面的气膜冷却特征有别于传统的轴对称缘板,已成为设计者关注的问题并开展了相关的研究。

2. 涡轮外环气膜冷却结构

涡轮外环是重要的涡轮部件,它包裹涡轮转子叶片,共同构成涡轮转子的叶栅燃气通道,如图 4.23 所示。涡轮转子叶栅进口的燃气高温区在叶片高半径位置,靠近涡轮外环,而且随着航空发动机性能的提升,燃气温度越来越高,因此先进航空发动机的涡轮外环将承受极高的热负荷。为确保涡轮外环能够在超限高温环境下长时间可靠工作,必须对其应用气膜冷却等高效冷却技术。

1) 离散孔气膜冷却

涡轮外环上的离散孔气膜冷却结构及冷却效率分布如图 4.24 所示,冷气从离散气膜孔流出,在泄漏流的作用下贴附在外环表面形成一层冷气膜,起到隔绝高温泄漏流冲刷和对外环的冷却保护作用。目前,工程应用中主要考虑外环气膜孔的排布方式、吹风比和气膜孔角度等因素,研究者也进行了一定的相关研究。气膜孔复合角可提高涡轮外环面的冷却效果,叉排气膜孔的冷却效果优于顺排气膜孔,并且在给定的叶栅服役工况下存在最佳吹风比。

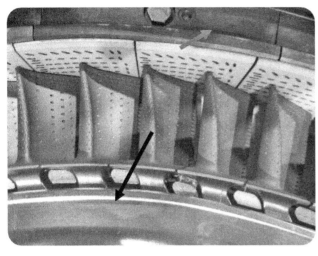

外环块正面气膜冷却孔

外环块背面冲击冷却孔

图 4.23　带有气膜冷却与冲击冷却的涡轮外环块结构

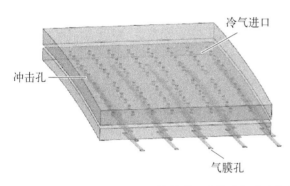

图 4.24　涡轮外环离散孔气膜冷却结构及冷却效率分布

　　气膜孔形状对外环气膜冷却特性影响显著,大量的研究人员针对多种异形孔在外环的冷却特性进行了试验和数值研究。扩张型气膜孔冷却效率优于圆柱形气膜孔,然而在小吹风比下,其冷却特性差别较小。在间接的气膜孔出口形状改变方面,可以通过在孔前方设置凸起结构,减少冷气被卷入主流的损耗,提高气膜冷却效率。

　　动静干涉作用下,叶顶间隙流动及涡轮外环单个孔的气膜冷却特性与定常状态差异较大,气膜孔相对叶片的位置不同导致外环瞬时气膜冷却效率产生差异。逆向射流的气膜覆盖情况相较于正向射流更加均匀。此外,相较于正向射流,逆向射流不形成肾形涡,在动静干涉作用下的气膜冷却效率更高,并且气膜分布更加均匀。具体而言,当外环气膜孔呈逆向排布时,冷气与主流相互作用,促使外环气膜展向分布更加均匀,但也使得冷气沿主流流动方向的叠加效果较正向变差,从而导致在气膜孔阵中后部出现冷却效率最高峰值。这种逆向气膜孔的结构所产生的气膜分布特点只有在大吹风比情况下才能充分展现,即逆向分布气膜孔在大吹风比情况下有更好的效果。

2) 沟槽-孔气膜冷却

在涡轮外环燃气侧表面设计的梯形沟槽结构如图4.25所示,其对离散孔气膜射流在燃气侧的表面分布有一定的积极影响。此种结构下的气膜冷气覆盖范围主要为与气膜孔相邻的两侧沟槽内,由于沟槽的导流和展向阻挡作用,冷气的展向扩展效果较平面弱。在小吹风比下,沟槽能束缚住冷气,使其不被主流或燃气吹向它的下游;在涡轮外环中,沟槽能使冷气沿着周向方向对其进行冷却保护而不被燃气吹向下游方向。当气膜孔偏转角大于等于90°时,冷气展向的扩展性增加,因此气膜冷却效率较高。另外,在梯形沟槽结构的基础上进一步优化,通过设置锯齿形槽,外环气膜冷却效果可以得到进一步提升。

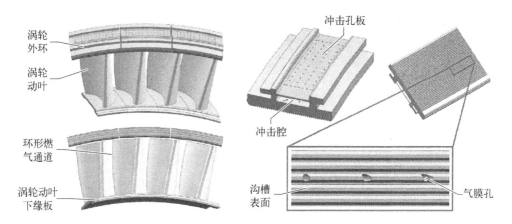

图4.25 带有梯形沟槽结构的涡轮外环气膜冷却结构示意图

3) 环形射流槽气膜冷却

涡轮静叶机匣处存在一个冷却腔室,在正对动叶顶部间隙处设计一个环形射流槽,喷出的冷却射流可进入叶顶间隙区域,从而对外环产生冷却保护作用,具体结构如图4.26所示。冷却射流从叶顶间隙上游的射流槽喷出,在动静干涉的作用下进入叶顶间隙,一方面起到封严的作用,另一方面可实现对外环的冷却作用。该冷却结构需要精准地掌握叶顶间隙泄漏的流动结构和特征,才能保证射流槽喷出的冷却射流有效地进入叶顶间隙并发挥作用,在工程应用中存在一定难度。

4) 涡轮外环气膜冷却特点及其设计中需注意的问题

涡轮外环的工作环境极为恶劣,受叶顶间隙泄漏的强烈影响,叶顶间隙泄漏同时受到动静干涉的影响,因此涡轮外环气膜冷却具有显著的非定常特性。此外,叶顶凹槽深度、叶片相对转动、叶顶冷却孔冷气出流等因素均会对外环气膜冷却特性产生显著影响。因此,涡轮外环的气膜冷却既受到动静干涉作用,又要考虑叶顶凹槽几何结构等条件的影响。

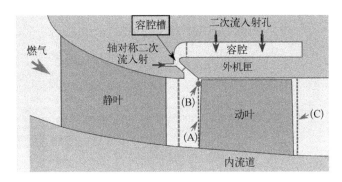

图 4.26 涡轮外环环形射流槽气膜冷却结构示意图

高压涡轮外环块的一部分表面直接受到高温燃气的冲刷和扫掠,外环所处的环境温度也越来越高,单一的气膜冷却结构已经不能满足冷却需求。高压涡轮外环长期处于非常恶劣的工作环境,对其服役环境的了解是进行冷却结构设计的前提和关键,所以需要结合动静干涉、叶顶凹槽几何结构等外部因素,以及离散气膜孔、沟槽和环形射流槽冷却等内部因素来进行合理布局,才能最大限度地提高外环气膜的冷却效果。

4.3.3 涡轮内部冷却结构

不同于气膜冷却特性与涡轮部件型面结构参数、燃气-冷气流动参数等众多因素紧密关联,各涡轮部件内部冷却结构的传热机理与特性仅与自身结构参数与冷气流动参数相关,而与具体部件类型及外部燃气流动的关联性很弱,因此本节关于涡轮内部冷却结构的介绍将不再区分部件,仅根据内部冷却结构特征进行分类介绍。

1. 冲击冷却

冲击冷却是指一股或多股冷气射流冲击热表面,是强化被冷却表面换热的一种常用手段。冲击射流是提高局部传热系数最有效的方法,冷气射流冲击的驻点区壁面上有很高的换热系数,因此可以利用这种冷却方式对热表面重点区域进行冷却。由于以上特点,冲击冷却被广泛应用于热负荷最高的高压涡轮导向叶片(图 4.27)与工作叶片前缘部位冷却,以及涡轮缘板、机匣与外环的内部冷却(图 4.28)。

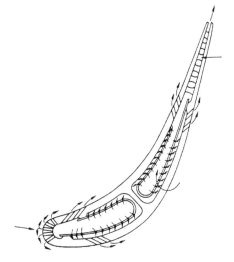

图 4.27 高压涡轮导向叶片的冲击
冷却结构示意图

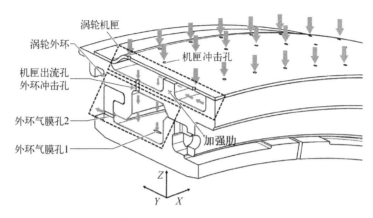

图 4.28　涡轮机匣-外环中的冲击冷却结构示意图

根据射流喷口的形式,可以将冲击冷却的结构形式分为单圆孔冲击[图 4.29(a)]、单排圆孔冲击[图 4.29(b)]、阵列圆孔冲击[图 4.29(c)、(d)]、二维缝隙冲击[图 4.29(e)]、短缝隙冲击[图 4.29(f)]和多排缝隙冲击[图 4.29(g)]。对于阵列圆孔冲击,有两种布局形式,即顺排[图 4.29(c)]和叉排[图 4.29(d)]。

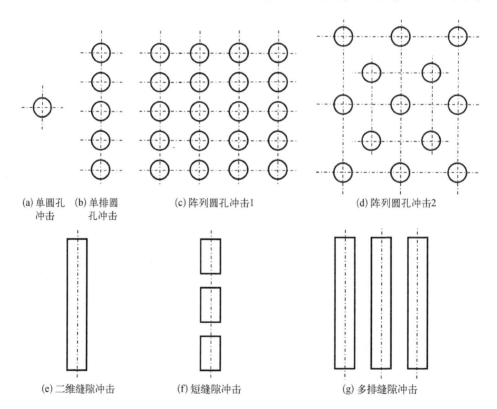

图 4.29　冲击冷却喷口的结构形式

根据冲击射流相对于靶面的角度,可将冲击冷却分为正冲击冷却与斜冲击冷却。根据冲击流动的环境,可将冲击冷却分为大空间冲击冷却和受限空间冲击冷却。根据冲击流动的特点,还可将冲击冷却分为无横流冲击冷却和有横流冲击冷却。

1）单排圆孔冲击冷却和阵列圆孔冲击冷却

在实际应用中,涡轮叶片内部的冷却设计几乎不会采用单圆孔冲击冷却的结构,对于二维缝隙冲击、短缝隙冲击和多排缝隙冲击,也只有在对冲击射流的压力损失有严格要求的情况下才会在局部采用。涡轮叶片中最常采用的冲击冷却形式是单排圆孔冲击冷却和阵列圆孔冲击冷却的结构,如图 4.30 所示,前者常用于涡轮动叶前缘内部的冷却,后者则多用于涡轮导叶中弦区内部的冷却。单排圆孔冲击冷却也可以用于涡轮动叶中弦区的内部冷却,但这种情况下,由于冷气流流向的设计,一般多采用斜孔冲击。

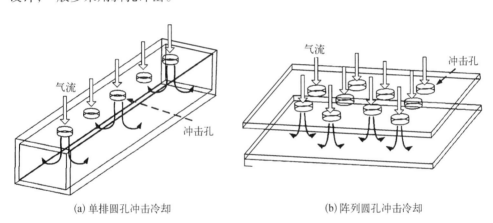

(a) 单排圆孔冲击冷却 　　　　　(b) 阵列圆孔冲击冷却

图 4.30　单排圆孔冲击冷却和阵列圆孔冲击冷却结构示意图

2）正冲击冷却和斜冲击冷却

正冲击冷却可以看作流动的流体垂直流向热壁面时与该壁面进行热交换的一种冷却形式,此时流体对壁面的冲击角度就是 90°。如果冲击角度不是 90°,则一般称为斜冲击冷却。

图 4.31 为大空间条件下正冲击冷却流动结构的示意图。正冲击冷却中,气流冲击靶面后,流动方向会立即转向 90°并沿壁面流动,边界层从冲击区域中心点处开始形成并发展。在冲击中心点附近,由于边

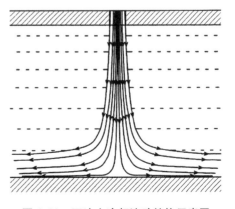

图 4.31　正冲击冷却流动结构示意图

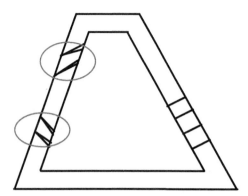

图 4.32 斜冲击冷却结构示意图

界层处于射流横截面覆盖范围,或受到射流的冲击挤压作用而进一步减薄,因此表面换热系数会很高。从流动状态讲,射流不断冲向壁面,会不断增加冲击后沿壁面流动的流量,使流动处于加速状态,因此产生比等速流动更薄的边界层,从而产生更高的换热系数。

图 4.32 为一种涡轮叶片内腔斜冲击冷却结构的示意图。在斜冲击情况下,冲击流与壁面的夹角大于90°,冲击流的动量在垂直于壁面方向的分量有所减小,对已形成的边界层的挤压作用就会减小,相对于垂直冲击情况,边界层会厚一些,因此在大空间条件下,斜冲击传热效果比正冲击传热效果要差一些。

在涡轮叶片内冷却结构设计中,采用正冲击还是斜冲击,取决于传热的强度,以及具体的结构空间的限制。由于在叶片内冷却结构设计中的冲击冷却都处于受限空间(或小空间),在这种受限空间中,参与传热的壁面较多,故采用正冲击冷却结构还是斜冲击冷却结构,需要根据具体情况进行选择。

3) 大空间冲击冷却和受限空间冲击冷却

冲击传热还可以分为大空间冲击传热和受限空间冲击传热(或小空间冲击传热),两者的主要区别是冲击流体在冲击靶面后,是否还会影响冲击前的流体流动。在大空间冲击冷却中,冲击气流与冲击靶面接触后将沿着靶面流动并远离冲击区域,不再影响冲击区域的流动;而在受限空间冲击冷却中,由于空间的限制,冲击气流可能会反复回流冲击靶面,并对冲击流体的流动产生影响,因此其流动结构与传热特性会更为复杂,如图 4.33 所示。在小空间冲击传热中,冲击靶面的流体还会对空间中其他壁面的流动传热产生影响,多数情况下会强化这些壁面的传热,这也是在叶片冷却内通道设计中采用这种结构的一个附加优点。

4) 无横流冲击冷却和有横流冲击冷却

冲击流体冲击靶面时,靶面周围的流体可能是静止的,也可能是流动的,两种情况分别称为无横流冲击冷却和有横流冲击冷却。有横流冲击冷却的特性要复杂得多,不仅与横流流体的性质有关,还与横流的流动状态有关,

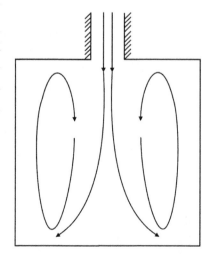

图 4.33 受限空间冲击冷却
流动结构示意图

如图 4.34 所示。横流的存在,会迫使冲击射流向横流流动方向偏移,因此会削弱冲击冷却的强度。有横流冲击冷却一般都出现在多孔冲击冷却结构设计中,如单排圆孔冲击冷却及阵列圆孔冲击冷却,尽管孔与孔之间的冲击有不利影响,但相对于无冲击结构,其传热性能还是增强了很多。

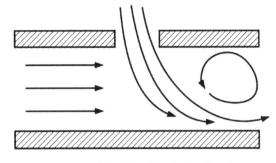

图 4.34　有横流冲击冷却流动结构示意图

2. 扰流肋强化冷却

在涡轮动叶中弦区域内部,常采用蛇形蜿蜒通道的形式进行冷却,其结构如图 4.35 所示。现代航空发动机的涡轮叶片常在内部冷却通道壁面上布置扰流肋结构,形成带肋通道,使得通道中原有的流动边界层被破坏,出现分离、再附着和回流等流动现象,从而强化叶片内冷通道的冷却能力。U 形通道常常作为蛇形通道的基础单元,众多研究者常用其进行带肋通道流动和换热规律的研究。

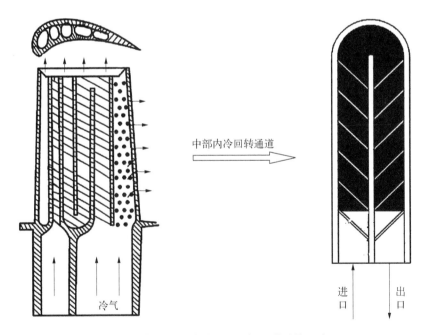

图 4.35　带有扰流肋的蛇形蜿蜒通道结构示意图

对于带肋通道,其传热性能和流动阻力特性主要取决于肋片形状、分布方式、几何尺寸、排数及冷气雷诺数等参数。在影响带肋片通道换热水平的众多因素中,肋片形式是一个很重要的因素。肋片形式主要包括肋片角度、肋片间距、肋片高度、肋片截面(方形、三角形和圆角肋片等)。按照肋与流体流动方向的夹角,强化肋主要可分为直肋、斜肋、V 形肋等。在肋形式确定的条件下,决定传热强化程度的重要几何参数有通道的水力直径 D_h、肋间距 p、肋高 e 和肋宽 b,如图 4.36 所示(直肋结构)。传热强化的效果取决于三个比值:节距比 p/e、肋高比 e/D_h 和肋高肋宽比 e/b,其中节距比和肋高比的影响最为突出。

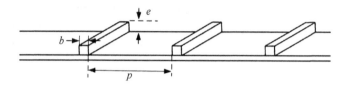

图 4.36　扰流肋的几何参数(以直肋结构为例)

1) 直肋通道的换热和流动特点

节距比作为肋结构的重要几何参数,对直肋通道的换热有着重大影响。试验表明,在静止状态下,直肋通道换热性能最好时的节距比为 7~10,而节距比为 4 的带肋通道换热效果较差。

直肋通道换热能力随着肋片疏密呈现先增强后减弱的趋势。如图 4.37 所示,肋片的存在使得所经过的流体在肋片顶端发生分离,同时在两相邻肋片之间形成肋前涡和肋后涡。当相邻肋片之间的距离足够大时,肋后涡长度可延伸至肋后 6~8 倍肋高,主流可以在两相邻肋片之间重新与壁面接触,此处湍流度最大,局部换热最强。如果没有后续扰动,主流与壁面重新接触后将建立起新的边界层,换热能力随之下降。相反,如果相邻肋片间距过小($p/e<6$),主流将无法再附着于相邻肋间表面,肋间旋涡结构紧凑而稳定,与主流进行的质量和能量的交换同样也会减小。从强化换热的角度,最优的肋片间距应该刚好使得主流体在肋间形成再附着区,而下游肋片却可以阻碍流场的进一步发展。

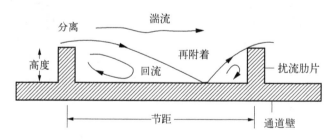

图 4.37　直肋通道的二次流结构示意图

肋高比也是影响直肋通道内流动和换热的一个重要因素。现代航空发动机内冷通道中,肋片高度一般为通道水力直径的 5%~10%。研究发现,随着肋片高度的增加,通道平均换热能力增强,但是增强效果并不明显。随着肋片高度的增加,通道截面流体的通流面积减小,造成流阻增大。肋高比对于通道换热和流阻的影响较为简单,因此在设计静止叶片带肋通道时,一般选用目前航空发动机中常用的肋高比,而着重关注节距比的影响。

涡轮工作叶片工作在旋转状态下,由于旋转效应的引入,带肋蛇形通道内部流动受到科氏力和旋转浮升力的作用,这些作用力在通道中引起二次流,导致主流分布不对称,转速越高,旋转对流动和换热的相对作用越强烈,同时通道流阻也呈增大趋势。

2) 斜肋和 V 形肋通道的换热和流动特点

与直肋相比,斜肋和 V 形肋是更加高效的强化肋结构,其结构示意图如图4.38 所示。斜肋和 V 形肋在破坏边界层的同时,还可以诱发二次流,加强了内冷通道中心冷流体与壁面热流体之间的掺混,而且还可以增大换热面积,从而具备比传统直肋更加优良的强化换热效果。

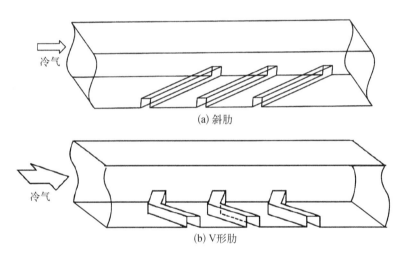

(a) 斜肋

(b) V形肋

图 4.38　斜肋和 V 形肋结构示意图

3) 带肋通道设计与布局中需注意的问题

通过以上讨论可以看出,扰流肋的设计布局需要考虑以下几个问题:① 肋的高度与通道的尺寸应该有一个合适的比例,即在有限空间通道中设计扰流肋时,应该考虑肋的增加是否会显著减小通道的流通面积,如果是,那么会导致流量变小,影响传热效果;② 扰流肋的高度与肋间距也应该有一个合适的比例,这取决于是利用肋的扰流作用,还是利用肋的增大传热面积的作用,叶片设计中一般利用的是肋的扰流作用,扰流肋的敷设虽然可以增大对流传热的面积,但多数应用中并不是通过增大传热面积来获得强化传热效果的。

总而言之,扰流肋的设计虽然能通过破坏流动边界层来提高流动传热效果,但同时也会出现前台阶效应和后台阶效应,在肋的前后形成固定的低速涡流区,往往产生副作用,其中尤以后台阶效应更为明显,不仅增加了流动损失,也降低了传热效果。扰流强化传热是以增加流动损失为代价的,因此要在流动损失和强化传热之间进行平衡。

(1)阵列扰流柱强化换热。

在涡轮叶片内部冷却中,阵列扰流柱冷却结构是一种常见的强化换热形式,如图4.39所示。扰流柱冷却是在内冷通道内布置多排以一定方式排列的柱形肋,这些柱形肋不仅增大了换热面积,还由于对流场的扰动而增强了不同区域冷气的相互掺混,能显著地增强换热效果。扰流柱结构可见于叶片的各个部分,但在现代高压涡轮叶片中主要应用于叶片尾缘区域。柱形肋组合冷却结构是涡轮叶片尾缘典型冷却结构最重要的特点。

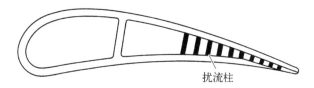

扰流柱

图4.39　涡轮叶片尾缘区域阵列扰流柱冷却结构示意图

对于阵列扰流柱冷却结构,柱形肋的排列方式可以是顺排的,也可以是叉排的(交错排列),但是从换热的效果及结构强度和变形均匀等因素考虑,在内部冷却的设计中,经常采用叉排的结构形式。

阵列扰流柱冷却结构的流动传热特点主要包括以下几方面:① 扰动较为复杂,不仅在扰流柱前缘部位根部会产生马蹄涡效应,还可能在扰流柱后部产生冯·卡门涡街效应,以及端壁边界层与扰流柱面边界层的相互干扰,这些都会对流动产生很大的扰动(图4.40),从而强化流体与柱面及端壁的对流传热;② 扰流柱前缘

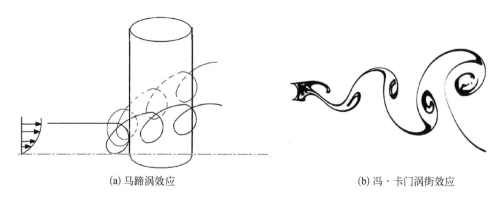

(a) 马蹄涡效应　　　　　　　　　　　(b) 冯·卡门涡街效应

图4.40　绕过扰流柱时形成的马蹄涡及冯·卡门涡街效应

由于正对来流,相当于冲击传热的作用,具有很高的传热速率;③ 在扰流柱后部,由于流动分离会形成旋涡区,该区域的流动速度一般较低,传热强度也相对较低,是不利于强化传热的因素。

扰流柱区域的传热主要由两部分组成,即端壁面传热和扰流柱面传热,扰流柱的作用主要还是通过扰流强化传热,即强化两个端壁面的传热,与此同时也希望能强化扰流柱面的传热。扰流柱的另一个作用是可以平衡压力面和吸力面的温度分布,因为高温一侧的热量可以通过扰流柱以热传导的方式传到另一侧温度较低的区域。

(2) 气膜孔溢流强化冷却。

气膜孔溢流强化冷却属于一种被动形式的冷却结构,这种结构所引起的强化传热效果不是人为主动预先设计的。例如,叶片内部的冲击孔,其设置是为了强化冲击气流靶面的对流传热效果,如图 4.41 所示,当气流从通道流入冲击孔时,就破坏了通道内原有的流动状态,减薄局部的流动边界层,从而在冲击孔附近引起附加的强化传热效果;同样的情况也会出现在布置气膜孔的内部冷却通道中,气流从内部通道流入气膜孔时,就会改变通道中原有的流动状态,在气膜孔入口附近区域产生一定的强化传热作用。

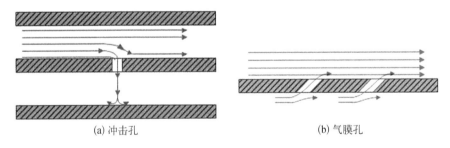

(a) 冲击孔 (b) 气膜孔

图 4.41 冲击孔和气膜孔的溢流示意图

4.3.4 涡轮冷却结构设计中需关注的问题

实际工程中,包括涡轮叶片、缘板、外环在内的各部件的冷却结构设计中应关注以下几个主要问题。

(1) 涡轮部件中各种不同的冷却结构集成为涡轮的整体冷却流路,单个部件内部的冷却流路为一个小系统,整合起来组成本级涡轮的冷却系统,而涡轮冷却系统又包含在发动机空气系统中。因此,冷却结构的设计应该先从整体系统的角度考虑,先保证冷却方案的整体合理性,再进行单个结构的细节设计及优化。例如,扰流肋是叶片内腔常用的强化冷却结构,但并不是肋的扰流作用越强越好,还需综合考虑叶片内腔通道大小、沿程温降控制、外部气膜冷却效果等诸多因素。当叶片内腔通道尺寸小时,肋的扰流作用越强,冷气流阻也较大,会降低冷气量,有时反而不利于降低壁面温度;还有一种情况是:扰流肋等内部冷却应与外部气膜冷却匹配设计才能达到最好效果,并不能追求单个结构的最优值。

(2) 冷却结构设计的最终目标是保证涡轮部件的强度和寿命,所以在整个冷却设计中应综合考虑结构、温度及应力等,并始终关注最薄弱环节。例如,冷却结构在保证降温效果的同时应控制温度梯度,降低热应力影响。同时,涡轮结构及工作状态的特殊性也决定了其不同位置的冷却设计的目标不同,如叶根与叶尖的冷却结构设计、径向及最危险截面的温度分布等。

(3) 冷却结构设计是一个综合设计过程,它不仅追求高冷却效果,同时还要考虑制造工艺、结构强度中及对发动机性能的影响。冷却结构的设计限制主要是在制造与加工工艺方面,工艺可行性考虑需贯穿于整个冷却设计过程中。

4.4　涡轮叶片传热分析方法

涡轮传热分析中最主要的内容是针对带有内外冷却结构涡轮叶片的热分析计算。涡轮叶片热分析计算的主要目的是获得涡轮叶片的温度场,对涡轮叶片中可能出现的高温区域及温度梯度较大的区域有所了解,为叶片冷却结构的改进设计及叶片强度或疲劳分析计算提供基础数据。

为了计算叶片温度场,需要计算叶片内部冷却通道的流动与换热情况,以及叶栅通道内燃气的流动与叶片表面换热情况,为叶片壁温计算提供内部和外部边界条件,因此叶片导热计算的主要内容包括以下三部分。

(1) 外换热计算,主要包括:燃气的流动状况计算,得到沿叶片型面的压力和马赫数分布;叶片外表面的换热系数计算;在有气膜冷却情况下的换热系数修正和燃气温度修正,为壁温计算提供外换热边界条件。

(2) 内流换热计算,包括经过叶片内冷通道的各元件的冷气流量、流动损失、冷气温升和与内表面间的换热系数等参数的计算,为壁温计算提供内换热边界条件。

(3) 叶片壁温计算,将外部流动计算结果和内部流动计算结果作为边界条件加载到叶片内外表面,求解导热微分方程,进行壁面温度场计算。

需要说明的是,这三个过程并不是相互独立的,而是互为边界、相互影响的。另外,要进行上述传热分析计算,还需要提供如下基本参数:

a) 燃气参数: 栅前总温、栅前总压、栅后静压、进气角、出气角;

b) 冷气参数: 冷气流量、冷气入口总温、冷气入口总压、出口静压;

c) 涡轮叶片几何结构尺寸: 外型面几何参数、内冷结构几何参数、栅距;

d) 涡轮叶片材料热物性: 导热系数、比热容、密度。

4.4.1　外换热计算方法

本节所介绍的涡轮叶片外换热计算方法是以 Patankar 和 Spalding 共同完成的 STAN5 程序为基础的,采用改进后的混合长度模型作为湍流模型,考虑到主流湍流度对边界层流动和换热的影响,在靠近壁面的区域采用 Couette 流近似。在有气膜冷却的条件下,依靠经验公式对涡轮叶片的外换热系数与燃气温度进行修正。

1. 控制方程

以定常时均形式的二维可压湍流边界层方程作为控制方程,燃气的流速比较高,局部马赫数可大于 1,并且温度的变化范围比较大,因此计算中需考虑气流的可压缩性,能量方程需考虑由于黏性而引起的动能和热能之间的转换。

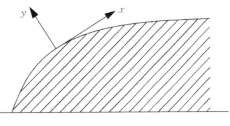

图 4.42　坐标系统示意图

控制方程采用的坐标系统如图 4.42 所示。该坐标系统下的连续方程、动量方程及能量方程分别为

$$\frac{\partial}{\partial x}(\rho U) + \frac{\partial}{\partial y}(\rho V) = 0 \tag{4.4}$$

$$\rho U \frac{\partial U}{\partial x} + \rho V \frac{\partial U}{\partial y} = -\frac{\mathrm{d}P}{\mathrm{d}x} + \frac{\partial}{\partial y}\left(\mu \frac{\partial U}{\partial y} - \rho \overline{U'V'}\right) \tag{4.5}$$

$$\rho U \frac{\partial H}{\partial x} + \rho V \frac{\partial H}{\partial y} = \frac{\partial}{\partial y}\left\{\frac{\mu}{Pr}\frac{\partial H}{\partial y} - \rho \overline{h'V'} + U\left[\left(1 - \frac{1}{Pr}\right)\mu \frac{\partial U}{\partial y} - \rho \overline{U'V'}\right]\right\} \tag{4.6}$$

式中, U、V 和 H 为速度及总焓的时均值; U'、V' 和 h' 为速度及总焓的脉动值。在方程中的脉动交叉项引入湍流黏性系数 μ_t 和湍流普朗特数 Pr_t,用下述表达式进行替换:

$$-\rho \overline{U'V'} = \mu_\mathrm{t}\left(\frac{\partial U}{\partial y}\right) \tag{4.7}$$

$$-\rho \overline{h'V'} = \frac{\mu_\mathrm{t}}{Pr_\mathrm{t}}\left(\frac{\partial h}{\partial y}\right) \tag{4.8}$$

说明:按照经验,湍流普朗特数 Pr_t 为 $0.85 \sim 0.9$,湍流黏性系数 μ_t 由湍流模型确定。

2. 湍流模型

涡轮叶片外换热工程计算中常采用的湍流模型为混合长度模型,计算公式如下:

$$\mu_\mathrm{t} = \rho l^2 \left|\frac{\partial U}{\partial y}\right| \tag{4.9}$$

其中,在黏性底层外,有

$$l = ky \tag{4.10}$$

黏性底层内,有

$$l = kyD \tag{4.11}$$

式中,冯·卡门常数 $k = 0.41$;D 为 van Driest 衰减函数:

$$D = 1.0 - \exp[-y^+(\nu_0/\nu)/A^+] \tag{4.12}$$

其中,A^+ 为有效底层内无量纲厚度:

$$A^+ = \frac{A_{\mathrm{fp}}^+}{a\left[V_0^+ + b\left(\dfrac{P^+}{1 + cV_0^+}\right)\right] + 1.0} \tag{4.13}$$

说明:

$$A_{\mathrm{fp}}^+ = 25$$
$$a = 7.1,\ V_0^+ \geqslant 0;\ a = 9.0,\ V_0^+ < 0$$
$$b = 4.25,\ P_0^+ \leqslant 0;\ b = 2.9,\ P_0^+ > 0$$
$$c = 10.0,\ P_0^+ \leqslant 0;\ c = 0.0,\ P_0^+ > 0$$

上述各式中,y^+、P_0^+、V_0^+ 分别为无量纲距离、无量纲压力梯度和无量纲速度。

3. 气膜冷却修正

气膜冷却是现代涡轮叶片设计中经常采用的一种冷却手段。在带有气膜冷却的涡轮叶片热分析中,需要考虑气膜对涡轮叶片外表面换热系数及燃气温度的影响,并进行定量的修正。

涡轮叶片压力面侧,压力沿途下降,流动处于顺压梯度下,所以压力面上边界层外缘的主流速度沿途增加;在吸力面侧,通常压力先下降到低于出口,然后又增加,恢复到出口压力,由于这里出现较大的逆压梯度,出气边附近极易发生分离。根据叶片表面静压分布和边界层外缘马赫数分布,将叶片划分成三个不同的区域:前缘、鳃区和后部三个部分。前缘区的主流加速度大,速度却很低,边界层厚度很薄,这一区域内的气膜冷却效果的好坏取决于冷气喷出状态与这三个因素的综合作用效果;对于鳃区部分,压力面和吸力面上的速度均增加,但加速度下降,燃气多在这一区域发生流态的转变;对于后部区域,压力面上的速度增加,吸力面速度下降。针对不同区域的流动特点,需要对不同孔形、孔径、吹风比的气膜孔进行大量的气膜冷却特性试验。在对气膜冷却试验进行总结的基础上,提出了形如式(4.14)的气膜冷却效率修正公式和形如式(4.15)的气膜换热系数修正公式,即

$$\eta = C\left(\frac{x}{D}\right)^{m} M^{n} \tag{4.14}$$

$$h = h_0 C\left(\frac{x}{D}\right)^{m} M^{n} \tag{4.15}$$

式中,h_0 为无气膜条件下的涡轮叶片外表面换热系数;h 为气膜修正后的涡轮叶片外表面换热系数;x 为距气膜孔出口的弧长距离;D 为气膜孔直径;M 为冷气与燃气间的密流比;在叶片的不同区域,指数 m、n 取不同的值。

获得气膜冷却效率 η 后,再依据式(4.16)对燃气温度进行修正:

$$T_{aw} = T_g - \eta(T_g - T_c) \tag{4.16}$$

式中,T_{aw} 为修正后的燃气温度(即绝热壁温,是实际参与对流换热的气流温度);T_g 为燃气温度;T_c 为冷气温度;η 为气膜冷却效率。

4.4.2　内流换热计算方法

为了准确地计算涡轮叶片温度场,必须确定叶片内部冷却通道的冷气流量、压力、温度及换热系数等。由于叶片内部多孔且通道复杂,流动情况复杂,进行数值分析计算具有一定的难度。叶片内部冷却系统作为航空发动机空气系统的一部分,也可以采用空气系统网络法来计算其内部流动换热情况。

1. 空气系统元件控制方程组

空气系统计算中依据的基本理论是传热学和空气动力学的相关知识。冷气与通道内表面的换热:冷气流过内通道的一个微元段上,假设冷气的流量为 m、冷气的压力为 p、温度为 T、流速为 u、微元段的平均壁温为 T_w,微元段通道的换热面积为 dS,这样冷气与内通道表面的换热量为

$$dQ = h\left[T_w - \left(T + \frac{u^2}{2c_p}\right)\right]dS \tag{4.17}$$

式中,c_p 为定压比热容;h 为换热系数。说明:公式中以冷气的总温 $T^* = T + \dfrac{u^2}{2c_p}$ 代替恢复温度 T_r。

冷气在通道中的流动损失为

$$dw_f = \frac{u^2}{2}\zeta' \tag{4.18}$$

式中,ζ' 泛指各种损失系数。

在角速度为 ω 的工作叶片通道中,半径从 r 到 $r + dr$ 段上离心力对冷气做功为

$$\mathrm{d}\omega = \omega^2 r \cdot \mathrm{d}r \tag{4.19}$$

冷气在工作叶片中流动的控制方程组为

$$m = \rho A u (连续方程) \tag{4.20}$$

$$\mathrm{d}\frac{u^2}{2} + \frac{\mathrm{d}p}{\rho} + \frac{u^2}{2}\zeta' = \omega^2 r \cdot \mathrm{d}r (动量方程) \tag{4.21}$$

$$c_p \mathrm{d}T + \mathrm{d}\frac{u^2}{2} = h\left[T_w - \left(T + \frac{u^2}{2c_p}\right)\right]\mathrm{d}S + \omega^2 r \cdot \mathrm{d}r (能量方程) \tag{4.22}$$

$$p = \rho R_g T (状态方程) \tag{4.23}$$

式中, R_g 为冷气的气体常数。

　　基于上述四个方程,明确已知空气系统的结构及几何形状尺寸、各种损失系数、壁温和各种换热系数的经验关系式,就可以求得在空气系统中冷气的各种参数,如冷气的压力 p、温度 T、密度 ρ 和流速 u(或流量 m)。

　　2. 内冷系统计算模型

　　由于涡轮叶片冷气系统中的影响因素很多,用严格的分析求解几乎是不可能的。在工程中通常采用顺序求解法和网络求解法来进行求解。现代航空发动机涡轮叶片中多采用冲击、对流、气膜等冷却结构,对于这种结构相对复杂的冷气系统,多采用网络法进行求解。在进行网络化求解之前,首先介绍对叶片内冷系统进行网络化,即将叶片内部冷却结构转化成一个系统网络,该网络由腔、分支、元件和节点组成,用一组代码来标记这一网络。

　　叶片内冷通道可以看作由大量的元件按照一定的顺序组合起来,虽然各种叶片的冷却结构相差很大,但都可将一些结构归类为某一类型的元件,如孔、管、突扩、突缩、弯头、扰流柱、冲击等,用不同的代码表示不同类型的元件,用空气系统网络中的节点来区分元件的进出口(包括空气系统的进出口),节点用代码来表示。

　　如果一个节点同时与两个或两个以上元件相连接,则称该节点为腔。腔与腔之间由元件串联构成的流路称为分支,腔的代码反映出分支之间的连接关系。计算程序中以分支为单位进行计算,为此对于每一个分支,均需给出其中包含的元件代码以及分支中由进口到出口的元件排序。

　　以图 4.43 所示涡轮动叶模型为例,展示内冷通道流体网络的建立过程。该叶片的内部冷却通道相对简单,划分思路如下:叶片通道入口段分为两段,叶身部分平均分为 5 段,通道中的两个 180° 急转弯部分均按阻力损失元件处理;对于尾缘部分,将每一段的出气孔合并成一个光滑换热圆管元件进行计算,并在出口处按照气膜孔出口进行处理,而叶尖顶部的气膜孔则作为流动出口。根据以上方法,叶片内冷通道一维网络图如图 4.43 所示。

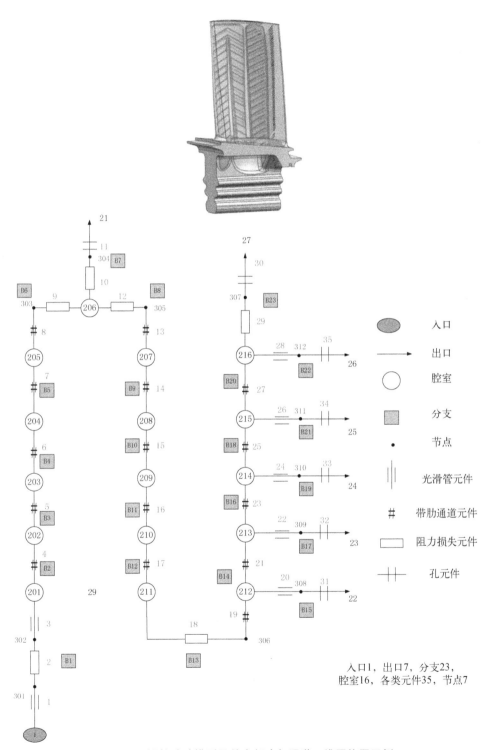

图 4.43　涡轮动叶模型及其内部冷却通道一维网络图示例

对叶片内部冷却系统进行求解时,需要知道叶片内表面与冷气之间的热量交换,而叶片内表面温度通常是未知的。计算中,先给定叶片外侧燃气温度、外换热系数,然后按照一维导热求出叶片内壁面的温度。稳态时,叶片外、内换热的热流密度和叶片导热存在以下关系:

$$h_1(T_g - T_{w1}) = \lambda \cdot \frac{T_{w1} - T_{w2}}{d} = h_2(T_{w2} - T_c) \qquad (4.24)$$

式中,h_1 和 h_2 分别为涡轮叶片外、内换热系数;T_{w1} 和 T_{w2} 分别为涡轮叶片外、内壁面的温度;d 为叶片的壁面厚度。

求解时,先求出叶片内通道的流量,然后根据相应的换热系数关系式求出叶片内换热系数 h_2,冷气温度 T_c 取初始温度,燃气温度 T_g 和外换热系数 h_1 由外换热程序计算得到。根据式(4.24)可以求出叶片内表面温度,求出内表面温度之后再求出冷气的温升和流量变化,然后求叶片内表面温度,通过迭代计算最后得到准确叶片内表面温度。

考虑到燃气温度 T_g 和外换热系数 h_1 受叶片内换热、叶片外壁面温度的影响,对涡轮叶片进行热分析计算时,需要将叶片外、内换热和固体温度场进行迭代计算。

3. 网络计算的数学模型

涡轮叶片内流换热计算,先利用腔室流量平衡残差修正腔压,再利用腔室能量平衡计算腔室总温。利用腔室流量平衡残差修正腔压的方法,是依据计算流体力学中 SIMPLE 方法的基本思想。

1) 腔室压力修正

叶片内部空气系统网络计算,需要先假设腔室压力的初值,再进行迭代修正,逐步逼近正确的解。

图 4.44 给出了彼此联系的四个腔室 i、j、k、l,各腔室之间通过一个流动分支联系,每一个流动分支可以包含一个或多个元件。自 j 腔流入 i 腔的冷气流量为 m_1,自 i 腔流到 k、j 腔的流量分别为 m_2 和 m_3。上述流量可表示为

$$m_1 = m_1(p_i, p_j), \quad m_2 = m_2(p_i, p_k), \quad m_3 = m_2(p_i, p_l)$$

式中,p_i、p_j、p_k、p_l 分别为图 4.44 中四个腔室内的压力,即分支中的流量是该分支进出口腔压的函数。

对上式取微分得

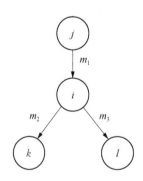

图 4.44　空气系统相连腔室的网络示意图

$$dm_1 = \frac{\partial m_1}{\partial p_i}dp_i + \frac{\partial m_1}{\partial p_j}dp_j$$

$$dm_2 = \frac{\partial m_2}{\partial p_i}dp_i + \frac{\partial m_2}{\partial p_k}dp_k$$

$$dm_3 = \frac{\partial m_3}{\partial p_i}dp_i + \frac{\partial m_3}{\partial p_l}dp_l$$

由以上三式可得出：

$$d(m_1 - m_2 - m_3) = \left(\frac{\partial m_1}{\partial p_i} - \frac{\partial m_2}{\partial p_i} - \frac{\partial m_3}{\partial p_i}\right)dp_i + \frac{\partial m_1}{\partial p_j}dp_j - \frac{\partial m_2}{\partial p_k}dp_k - \frac{\partial m_3}{\partial p_l}dp_l$$

$$(4.25)$$

令 $dm_i = d(m_1 - m_2 - m_3)$，并写出：

$$\left(\frac{\partial m_1}{\partial p_i} - \frac{\partial m_2}{\partial p_i} - \frac{\partial m_3}{\partial p_i}\right)dp_i + \frac{\partial m_1}{\partial p_j}dp_j - \frac{\partial m_2}{\partial p_k}dp_k - \frac{\partial m_3}{\partial p_l}dp_l = -dm_i \quad (4.26)$$

式中，dm_i 为流入腔室 i 的净流量，即流入流出该腔室流量平衡的残差。

式（4.25）就是腔室流量平衡残差与相关各腔压力变化量之间的关系。腔室压力修正量 dp_i、dp_j、dp_k、dp_l 应使各腔室的流量残差为零。式（4.26）是使腔室流量残差变为零所必需的相关腔室压力修正关系式。显然，式（4.26）不可能单独逐个求解，因为各腔室的压力修正量均为未知数，只有将所有腔室的类似关系式都列出来，才能构成封闭的方程组。

准确求出方程组中各项系数所包含的流量对压力的偏导数，是稳定收敛的关键，求解时可在采用数值方法求解分支流量的同时，可求得流量对压力的偏导数。

求出系数矩阵后，可以用各种方法求解压力修正方程组，如高斯消元法。

2）腔室温度修正

空气系统与整机热分析密切相关，空气系统中的冷气温度不仅与零件的结构、转速等有关，在很大程度上还取决于零件的表面温度和零件对气流的加热。在转动腔内，由于转动面、静止面及螺帽等对气流的风阻效应，冷气有较大的温升。同时，旋转腔内的泵功效应也会引起气流焓的变化。

图 4.45 所示的腔室 i、j、k、l、m 之间的流量分别为 m_1、m_2、m_3、m_4，根据能量平衡原理，i 腔的能量守恒关系式为

$$m_1(c_p T_j + c_p \Delta T_{ji}) + m_2(c_p T_k + c_p \Delta T_{ki}) = (m_3 + m_4)c_p T_i$$

$$(4.27)$$

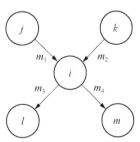

图 4.45　腔室能量平衡简图

式中，T_i、T_j、T_k、T_l、T_m 为各腔室总温；ΔT_{ji} 和 ΔT_{ki} 为分支内气流因各种原因造成的温升。

对每一个腔室都可以写出类似式(4.27)的公式,已知各分支的流量和温升,联立求解式(4.27),便可得到各腔室的温度。

4.4.3　叶片温度场计算方法

在温度场的计算过程中,关键的工作就是如何精确地求解内外换热边界条件,并加载到涡轮叶片上,进行导热计算。导热计算通常采用的是第三类边界条件,即给定边界上物体与周围流体之间的换热系数 h 和周围流体的温度 T_f。

图 4.46 为内外耦合的壁温计算流程图。首先调用内、外换热程序进行计算,将内、外换热计算结果通过插值程序计算得到整个叶身各个节点的换热系数和换热温度。通过边界条件接口程序将内、外换热系数及换热温度与叶片内、外表面节点坐标对应起来,完成对内外壁面每一个节点的第三类边界条件赋值,求解固体域导热,得到叶片三维温度分布。如前所述,叶片外部流动换热计算、内部流动换热计算及叶片三维温度场这三部分是相互影响的,所以需要进行耦合迭代计算。规定以前后两次计算所得叶片外表面壁温的温差是否足够小来判断是否收敛,如果不收敛,则分别调用两个接口程序,对内、外换热计算的输入文件进行修正,需要修正的数据包括壁面温度、气膜孔出口温度和吹风比;如果收敛,则计算结束。

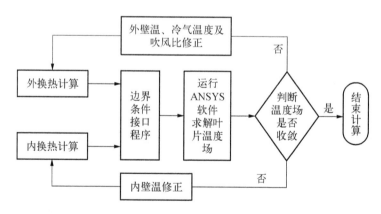

图 4.46　内外耦合的壁温计算流程图

采用耦合迭代的工程算法计算涡轮叶片的温度场,相比试验来说,其成本低、时间周期较短,并大大降低了操作难度,同时计算结果可用于指导试验,减少试验次数。与纯数值模拟相比,该方法以试验关联式为基础,计算结果更加可靠,并且可以计算非常复杂的叶片结构,只需要划分固体域网格,大大减少了网格数量,缩短了计算机运算时间,方便操作;针对涡轮叶片的研发工作,后续结构的局部调整设计非常方便,可以在很短的时间内获得可靠的结果;同时,该方法对涡轮叶片的设计有指导作用,在设计的初步阶段可用于方案选择,在设计阶段可用于温度场评估,为下一步的强度校核提供温度数据。

图 4.47 和图 4.48 分别为内流通道中某元件的冷气温度 T_c 和换热系数 h 随迭代次数的变化趋势。可以发现,随着迭代过程的不断进行,该元件的冷气温度和换热系数逐渐趋于稳定,此时说明内换热计算已经趋于平衡,达到收敛。

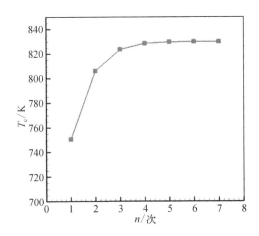
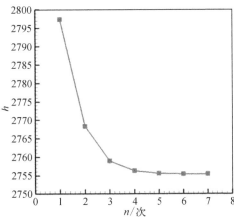

图 4.47　某内流通道元件的冷气温度随迭代次数的变化趋势

图 4.48　某内流通道元件的换热系数随迭代次数的变化趋势

4.5　多场耦合设计分析简介

发动机工作环境复杂,存在气动、传热、结构等学科的相互影响,并且随着循环参数的提高,学科间的耦合效应也日益突出。用传统方法进行涡轮气冷叶片、带冠叶片等涡轮多场耦合服役部件分析设计时,通常采用气动分析、传热分析、结构强度分析的顺序依次开展。这种分析方法一方面没有考虑学科间的耦合影响,分析精度较低;另一方面,无法为涡轮多学科设计优化提供基础,因此需要开展气-热-固耦合分析技术的研究,为高精度、高质量的涡轴发动机设计提供基础。

多场耦合系统的求解方法主要分为两大类,即全耦合方法和离散-耦合方法。全耦合方法着眼于构造统一的物理模型来求解耦合系统,计算量大,并且需要重新开发计算工具;离散-耦合方法以现有的学科理论为基础,将耦合系统分解成一系列的子系统,根据各子系统间的耦合关系,利用耦合信息传递技术进行系统的重新构建,迭代实现耦合系统的求解。离散-耦合方法由于能有效利用现有的学科理论和软件资源而得到了广泛应用。

作为发动机主要部件之一,涡轮的设计与分析是十分复杂的系统工程。在实际工程研制中,根据专业分工,目前的方法一般是气动、传热、结构强度分开设计,其中燃气通道的结构形状(叶型、上下流道)和流动状态由气动性能专业设计与分析,冷气流动状态由空气系统及传热专业设计和分析,除叶型、流道及冷气限流元件尺寸外的其他零件结构及尺寸由涡轮结构专业设计,各个涡轮零件的强度、寿命、变形及振动等由强度部门进行分析。

例如,气冷涡轮叶片是先计算出叶型表面的气动参数,然后依据气动参数,用经验公式计算得到叶片表面的外换热边界,内换热边界也是用经验公式通过一维流动管网计算获得的,再通过内外换热边界计算出叶片的固体温度,最后计算强度寿命。又如,涡轮盘的盘腔流动参数是由空气系统一维管网计算得到的,先通过经验公式获得换热边界,再计算轮盘温度。

以上工程方法的优点有:各专业单独计算,且计算结果多基于经验公式,不受网格、湍流模型等因素影响,比多专业耦合及 CFD 分析的稳定性高;计算收敛快、效率高;符合专业分工特点。该方法的缺点是:流、热、固分开计算,虽然中间一些步骤有迭代,但总体来说各个环节相对独立,更缺少耦合分析过程,设计分析多针对单个或少量零件。

实现完全的多场耦合设计分析难度较大,但随着设计技术的进步,涡轮的设计分析方法也在逐步改进,经常采用局部小专业或若干零件的耦合设计分析来提高设计精度,获得更多设计参数,如涡轮叶片、盘的气-热耦合分析、热-固耦合分析和气-固耦合分析等。目前,已实现的主要多场耦合分析方法有以下几种:

(1) 涡轮部件的一维流体/二维固体流热耦合分析;

(2) 气冷涡轮叶片的流-热-固耦合分析;

(3) 空气系统网络与传热耦合分析。

4.5.1 涡轮部件的一维流体/二维固体流热耦合分析

一维流体/二维固体流热耦合分析是国际上普遍采用的涡轮部件传热分析技术,即在零件热分析模型内部加入空气系统冷气沿程温升计算,以实现冷气与固体的换热耦合分析。与常规非耦合热分析相比,其自动耦合技术取代了手动迭代,缩短约40%的分析周期,同时能更准确地考虑冷气与复杂形状零组件表面之间的换热,大大提高零件热分析的精度。

目前,采用 ANSYS Mechanical 软件进行分析,在热分析有限元模型中加入 Fluid 116 一维流体单元,并对表示冷气流路的线段划分网格,借助 Fluid 116 单元与最近固体表面网格单元自动耦合的功能,应用 APDL 语言命令实现网格耦合连接。根据空气系统分析得出的流路各分支质量流量和进口温度,加载至 Fluid 116 单元流路,实现流热耦合求解。基于此方法得到的典型涡轮机匣温度场结果见图 4.49。

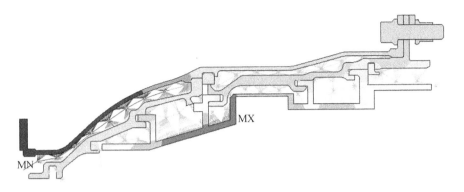

图 4.49 采用一维流体/二维固体流热耦合分析的典型涡轮机匣温度场结果示意图

4.5.2 气冷涡轮叶片的流-热-固耦合分析

气冷涡轮叶片工作在气动、传热、强度等耦合环境中,国外很多学者采用离散-耦合分析方法进行了流-热-固耦合分析,在开展气动、传热、强度等各学科分析的基础上,研究学科间的耦合关系,利用插值传递方法进行耦合信息传递,不断迭代以实现流-热-固耦合分析。

在进行气冷涡轮叶片等典型部件的流-热-固耦合分析时,通常利用流体计算软件、有限元分析软件,分别进行气-热耦合分析和结构强度分析,为了实现学科间的耦合分析,不仅需要将气-热耦合分析获得的温度场、压力差插值传递给结构强度分析,还需要将结构变形插值传递至气-热耦合分析模型,通过反复调用直至收敛。由于单次气-热耦合本身就需要消耗大量的计算时间,且大量的网格间耦合信息插值传递也需要消耗大量的时间,针对发动机气冷涡轮叶片等典型部件,如何开展高效气-热-固耦合分析成为需要解决的关键技术问题。

目前,工程上已实现的方法是:将气动流道和叶片内部冷气流路作为统一的分析域进行研究,开展冷气流和主流道气流的内外流热耦合分析,为叶片的热-固耦合分析提供准确的流动边界条件;或是将空气系统包围的涡轮盘腔作为分析域,开展涡轮盘腔流-热耦合分析和热-固耦合分析,获得较为准确的温度场,得到热载荷的准确计算结果。

气冷涡轮叶片流-热-固耦合分析的具体方法是建立如图 4.50 所示的三维流热耦合计算模型,计算模型包括叶片叶身固体域、冷却通道流体域和主燃气通道流体域三个计算域,主燃气流道与叶片之间、叶片与冷却通道之间存在着流-固交界面。主燃气流道的高温气体通过交界面与叶片发生热交换,将热量传递给叶片,叶片再将热量传递给冷却通道内的冷气,通过并行计算技术实现高效气-热耦合分析。结构分析所需的叶片温度场和叶片表面压力数据是由气动与传热耦合分析得到的,采用反距离加权插值法,通过高效 Fortran 程序将流-热耦合分析所得的温度场和叶片表面压力场传递到结构分析模型中,利用网格变形技术将结构变形插值传递到流场分析网格(图4.51和图4.52),实现高效气-热-固耦合分析。

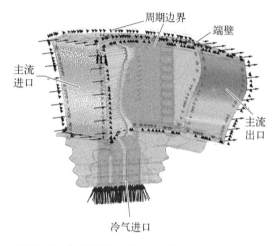

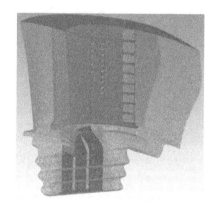

图4.50　气冷涡轮叶片流-热内外耦合计算模型

图4.51　气冷涡轮叶片流-热内外
耦合计算域网格

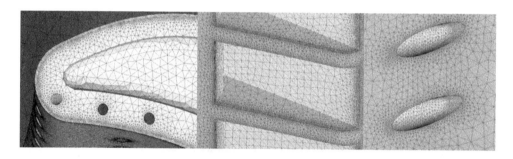

图4.52　气冷涡轮叶片固体域计算网格

4.5.3　空气系统网络与传热耦合分析

空气系统工程计算中主要采用一维网络法对空气流路进行分析,无法考虑零件内部导热对流路边界换热的影响。因此,在计算一维流路网络时,流体元件的换热壁温参数需给定为假设值,再根据后续的热分析得出更准确的零件壁温,重新取代原先的假设值,修正计算流路网络,需手动反复迭代3次以上,才能使流路网络与零件热分析结果均达到较满意的收敛度。两种分析模型之间的数据需手动交换,操作烦琐,难以满足精细化分析要求,计算效率低。

因此,工程上发展了空气系统一维流路与零件传热耦合分析的方法。通过对商用软件 AMESim 进行二次开发,新增了可模拟零件导热元件库,可与流体元件连接进行热交换;同时,改进现有的空气系统元件,增加可与零件导热元件换热的端口,实现了在同一软件平台下流体一维网络与固体一维导热网络的耦合建模计算,使得空气系统计算更加准确,尤其是冷气的沿程温升,另外还可初步得出主要零件的温度分布,提高分析工作的效率。

发动机内部是一个非常复杂的传热系统,高温的燃气流通过流道壁面将热量传递至转盘或机匣金属内部,再通过零件表面被空气系统流路沿程冷气吸收,在发动机稳定工作时,系统达到热平衡状态,此时各零件与内部冷气均有稳定的温度分布。从理论上讲,通过适当简化可以构建出代表此热平衡系统的一维传热网络,该网络包括冷气内流系统与零件导热系统,两个网络系统通过在接触面(零件表面)的对流耦合换热实现联合求解,得出冷气沿程参数分布与零件温度分布,从而避免了两个网络系统烦琐的手工迭代,大大提高了计算效率。

4.6　冷却仿真技术

在涡轮叶片冷却结构设计中,为了充分发挥冷气的冷却潜能,需要准确预测涡轮叶片的温度分布。然而,在实际设计过程中,对叶片温度的预测总是存在一定的偏差。为了保证叶片安全可靠地工作,不得不采用"过冷却"的方法来弥补温度预测的误差,而这种方法会带来效率的下降。另外,涡轮叶片的温度水平对其使用寿命也具有重大影响,研究表明,当涡轮叶片每降低 20℃,其持久寿命延长约 1 倍。因此,获得准确的涡轮叶片温度分布可以在设计时最大限度地提高燃气温度,从而提高航空发动机的效率和性能。所以如何获得准确的涡轮叶片温度,成为航空发动机涡轮叶片传热研究的重要组成部分。

获得涡轮叶片的温度场有两种方法,一种是采用试验的方法,通过试验直接测量,从而获得高温部件的温度场;第二种是采用仿真的方法,通过数值求解描述叶片内外部流动换热过程的控制方程组,获得高温部件的温度场。试验的方法精度高,但难度大、成本高且周期长。而运用现代计算流体力学、计算传热学的方法,通过数值仿真获得航空发动机中高温部件的流场和温度场,可以快速获得结果,信息量大且局限性小,因此仿真的方法越来越多地应用在涡轮叶片的设计和分析中。

在涡轮叶片流动换热仿真中,方法也分为两种:一种是完全数值仿真方法,通过耦合求解流体域的流动和传热微分方程组与固体域的导热微分方程,获得涡轮叶片温度分布,这种方法虽然速度快,但受到几何模型、湍流模型和网格等因素的限制,计算精度有时难以保证;另一种是半经验半理论的工程仿真方法,通过试验或理论的方法获得同类结构的流动换热关联式,如叶片外表面、管流结构、冲击结构等,然后将其作为计算边界条件赋予对应表面,开展固体域的导热计算,获得涡轮叶片的温度分布,这种基于半经验半理论的工程仿真方法的仿真结果的准确性往往高于完全数值仿真,因此成为涡轮叶片热分析的重要手段,下面针对工程仿真方法进行简单介绍。

1. 流-固耦合的工程仿真方法概述

图 4.53 为典型涡轮转子叶片外部与内部的冷却结构,工程仿真方法是将整个计算区域的固体域和流体域分开求解,流体域包括外部燃气侧和内部冷气侧流体域,流体域的流动换热计算采用求解对流换热边界层微分方程及大量试验结果总结得到的试验关联式进行。与数值计算方法一样,工程仿真方法同样具有计算周期短、成本低的优势。与数值流-固耦合计算方法相比,其最大的优势在于可靠性高,因为流体域流动换热采用试验关联式进行计算,使得工程仿真方法的可信度更高,这种优势在计算结构非常复杂的涡轮叶片内流时会更加突出。工程仿真方法可用于涡轮叶片的结构设计和改进,能够大大缩短燃气轮机高温部件复杂冷却结构的设计周期。

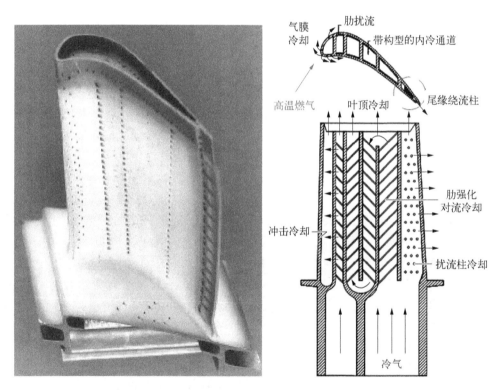

图 4.53 典型涡轮转子叶片外部与内部的冷却结构

采用工程仿真方法对涡轮叶片进行三维温度场的计算时,首先计算出叶片内、外表面的对流换热系数以及与叶片内外壁面发生换热的冷气、燃气的换热温度,作为叶片固体温度场计算的内外边界条件。其次,对固体域划分网格、求解导热微分方程,根据内外热边界条件得到叶片壁面温度分布。考虑到内外流之间的相互影响、壁温对内外流的影响,内外换热计算与壁温计算需要迭代求解。

2. 燃气侧外换热计算方法

涡轮叶片外部与高温燃气接触,其换热受到壁面附近高温燃气速度场和温度场的影响。叶栅通道中,二次流对主流的影响主要集中在叶片上下端壁和尾部,如泄漏涡、角涡、尾涡和刮削涡等,叶身区域流动相对简单,使得对其流动边界层和热边界层进行量化描述成为可能。

高温燃气通过对流换热的方式(辐射换热可当量成对流换热)将热量传递给涡轮叶片外表面。在弧长方向上,叶片表面流动边界层状态不同,高温燃气与涡轮叶片间的表面传热系数并不均匀。对于无气膜的光叶片,高温高速的燃气冲击到叶片前缘后分为两支分别沿压力面和吸力面流动,在前缘驻点区形成冲击换热。燃气沿壁面向后流动时,又分别形成层流边界层和湍流边界层。在有气膜的情况下,低温空气和高温燃气掺混后,其换热温度和表面传热系数也会发生显著改变,因此在涡轮叶片外部流动换热仿真中,准确描述涡轮叶片表面边界层的流动状态至关重要。

叶片外表面的流动换热仿真包括两方面内容,即无气膜时的叶片外换热计算和有气膜时的叶片外换热计算。其中,用于无气膜边界层流动与传热的计算方法主要有积分法和微分法。

根据叶栅通道进出口参数及冷气出流参数(气膜出口冷气参数),采用以上方法计算得到沿叶高各截面的二维换热系数和换热温度。需要注意的是,现在广泛采用的二维边界层程序计算得到的是沿叶高不同截面上的二维边界条件,而三维壁温计算需要叶片外壁面每个节点的换热系数和换热温度,这就需要将外换热二维计算结果通过插值计算得到的三维分布作为壁温计算的外边界条件。

3. 冷气侧内换热计算方法

目前,一些高性能涡轮叶片通常使用复杂的内部冷却技术,这就导致叶片内冷通道的结构及其内部流体的流动和换热变得十分复杂。如果对内流通道进行三维数值计算,则网格量大,不同的湍流模型也会影响计算精度,而且耗时时间长。相比较而言,工程仿真不仅效率较高,而且由于复杂内冷结构(冲击、带肋通道、扰流柱等)的流动换热计算采用试验关联式,计算结果的可靠度更高。

目前,对涡轮叶片内部流动换热求解的工程仿真主要有两种方法:顺序求解法和网络求解法。顺序求解法即按照冷气的流动方向,从空气系统进口开始,将系统沿流路离散成微元段,逐段计算到系统出口。在计算中,首先假设冷气在各个流道中的流量初值,然后从系统进口开始,按照冷气的流动方向,直接计算到其出口,获得出口流动参数。若计算出口参数与出口约束条件一致,则所假设的流量合理;若计算出口参数与出口约束条件不一致,则需要重新定义各通道的流量值,再次进行计算,直至计算出口参数与出口约束条件一致。网络求解法则是首先将整个空气系统进行网络化,在此基础上再进行流体参数计算。在计算时,可将空气系统看作由各种流动特性的元件和节点组成的网络。首先假设各个节点的压力初值,由各元件的压力与流量特性,获得各元件与压力对应的流量,再根据流量平衡的要求,校正各节点的压力,直到节点和元件的压力及流量变化在许可的范围内。顺序求解法和网络求解法均是将叶片内部冷却结构作为一维模型进行计算的,但是顺序求解法是按照流动方向分布逐段进行计算,当假设的流量初值不合理时,无法及时对流量进行修正,需要重新假设流量,再次进行计算,效率较低;网络求解法首先假定压力初值,可以随时根据流量的变化来及时校正压力,计算效率较高,具有较好的通用性。因此,在进行叶片流-热耦合研究中,内部冷气的流动换热多采用网络求解法。

根据叶片冷气进出口参数,采用以上方法计算得到叶片内冷通道换热系数和换热温度一维沿程分布,再采用一定的方法和原则,得到叶片内壁面三维换热系数和换热温度分布并进行赋值,作为壁温计算的内边界条件。需要注意的是,涡轮叶片内流换热计算结果是一维分布,实际上是将内表面划分成不同的区域,所得到的是各区域的平均换热系数 h_{av} 和换热温度 T_{av}。要确定内壁面的三维边界条件,必须先确定内壁面上节点坐标与内壁面不同区域之间的对应关系。比较简单的处理方法是:将内表面各换热区域的节点分组,与内流换热网络中的换热元件建立一一对应的关联。这样,计算所得各元件的换热系数和换热温度,均可以对应到各区域的节点,以此实现内换热边界条件的完整加载。需要指出的是,采用一维网络计算内流换热系数时,对于同一元件通道的不同壁面还是区分的,如带肋通道中的肋壁与光滑壁面,以及冲击通道中的冲击壁面与非冲击壁面,会分别采用不同的试验关联式计算换热系数。

4. 流-热-固耦合的三维壁温计算

涡轮叶片的三维温度场计算是先进行外换热计算程序得到叶片外表面换热系数和换热温度,再进行内流程序得到内冷通道换热系数和换热温度,最后根据内外换热条件计算叶片固体区域的导热。这三个过程是相互影响的,不仅内外换热边界决定着壁温分布,内流计算出的气膜、劈缝出流参数还会影响外换热计算中的换热系数和绝热冷效的修正,壁温也会影响外换热计算及内流冷气温升的计算,所以需要将叶片外部流动和换热、内部流动和换热及固体区域导热进行耦合迭代计算。

图 4.54 为涡轮叶片温度场计算过程的整体流程图,整个计算过程主要分为三部分:叶片外部流动换热计算、内部流动换热计算和叶片三维温度场计算。

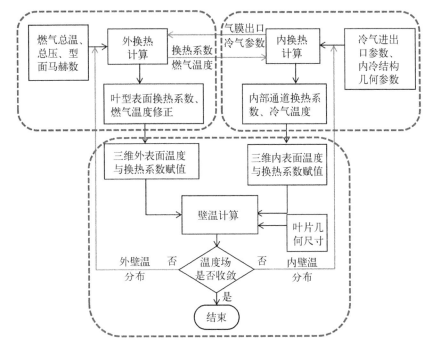

图 4.54　涡轮叶片温度场计算过程整体流程图

外换热采用具有气膜修正的二维边界层程序进行计算。根据具体的叶片结构特点和内外参数变化情况,可沿叶高取若干截面进行计算。第一次进行外换热计算时,需假设外壁面温度分布,经过一轮计算以后,有了壁面温度分布,就用上一轮的外壁温值进行计算。同样,第一轮计算时可不进行气膜修正,经过一轮计算以后,根据内部计算结果提取出气膜出口密流和温度,可对外换热系数和冷效进行气膜修正。外换热计算的输入数据包括燃气总温、总压、马赫数分布、叶片外壁温、气膜出口冷气密流和冷气温度(第 2 轮计算以后);输出数据包括截面弧长对应的燃气对流换热系数和换热温度。

内部通道流动换热采用一维网络工程计算程序进行计算,首先根据内部冷却通道结构特点建立流体网络,将内冷通道简化为由节点、腔室和元件组成的流体网络,求解流体网络,得到每一个元件的换热系数和冷气换热温度,以及分支流量等参数。

叶片壁温计算就是求解固体域的导热微分方程,结合得到的内外热边界条件,得到叶片固体壁面的温度分布,这部分计算可借助商业软件来完成。

这三部分相互影响,计算过程的耦合体现在当前后两次计算得到的叶片温度场节点的温度值之差不满足精度时,应对内外换热边界条件进行更新,更新的内容包括叶片外表面壁温、气膜孔出口冷气温度,以及吹风比和叶片内壁温。如此反复迭代,直到前后两次迭代计算得到的温度值满足精度要求,则程序收敛,计算结束。

5. 叶顶及叶根部分边界条件的处理

在涡轮动叶叶顶区域,叶顶间隙一般为毫米量级,在压力面与吸力面之间的大压力差下,涡轮流体高速通过叶顶间隙,流动边界层变得很薄。间隙泄漏流对叶顶的直接冲刷作用导致叶顶区域热负荷很高,几乎与叶片前缘换热强度相当,甚至会超过叶片前缘。同时,由于动叶旋转及通道涡二次流的作用,间隙内的流动非常复杂,换热不均匀,再加上涡轮前进口温度的不断提高,叶顶间隙泄漏流具有高速、高温和边界层薄的特点,其容易烧蚀,进而破裂和失效。因此,涡轮叶顶是涡轮叶片冷却设计中应重点考虑的部位。

在用工程方法进行叶片三维温度场耦合计算时,如果没有将叶顶的换热考虑进去,就是将叶顶作为绝热处理,这与实际情况不相符,会给温度场计算带来一定的误差,尤其是叶片最高温度出现在叶顶时。因此,将叶顶部分的换热与叶身换热综合考虑,才能使计算结果与实际情况更为接近。

在靠近叶顶及叶根的叶身附近,外部燃气的流动具有强三维的特点,采用二维边界层程序计算截面的换热会产生比较大的偏差,从而影响叶片温度场的计算精度,尤其是近叶顶截面。因此,对于近叶根截面和叶顶截面的外换热计算,需要在二维边界层程序计算结果的基础上进行修正。

参考文献

[1]　Bunker R S. A review of shaped hole turbine film cooling technology[J]. ASME Journal of Heat Transfer, 2005, 127: 441 – 453.

[2]　Gritsch M, Baldauf S, Martiny M, et al. The superposition approach to local heat transfer coefficients in high density ratio film cooling flows[R]. ASME – 99GT – 168, 1999.

[3]　Goldstein R J, Eckert E R G, Burggraf F. Effects of hole geometry and density on three-dimensional film cooling[J]. International Journal of Heat and Mass Transfer, 1974, 17: 595 – 607.

[4]　Cunha F J, Dahmer M T, Chyu M K , et al. Analysis of airfoil trailing edge heat transfer and its significance in thermal-mechanical design and durability [J]. ASME Journal of Turbomachinery, 2006, 128(4): 165 – 176.

[5]　Han J C, Dutta S, Ekkad S. Gas Turbine Heat Transfer and Cooling Technology[M]. Boca Raton: CRC Press, 2013.

[6]　Friedrichs S, Hodson H, Dawes W. Aerodynamic aspects of endwall film-cooling[J]. ASME Journal of Turbomachinery, 1997, 119(4): 786 – 793.

[7]　Du K, Song L, Li J, et al. Effects of the layout of film holes near the leading edge on the endwall cooling and phantom cooling of the vane suction side surface[J]. Numerical Heat Transfer, Part A: Applications, 2017, 71(9): 910 – 927.

[8]　Du K, Li J. Numerical study on the effects of slot injection configuration and endwall alignment mode on the film cooling performance or habit endwall[J]. International Journal of Heat and Mass Transfer, 2016, 98: 768 − 777.

[9]　Knost D G, Thole K A. Adiabatic effectiveness measurements of endwall film-cooling for a first stage vane[J]. Journal of Turbomachinery, 2005, 127(2): 353 − 362.

[10]　Hada S, Thole K A. Computational study of a midpassage gap and upstream slot on vane endwall film-cooling[J]. ASME Journal of Turbomachinery, 2011, 133(1): 839 − 848.

第5章
涡轮结构设计

涡轮结构设计,是在特定的材料工艺水平下,对性能、总体结构、各系统等设计要求的物化过程。涡轮结构设计的任务就是在给定的设计输入和限制条件下形成满足各项需求的涡轮部件。

涡轮结构设计一般包括结构布局设计、零组件详细设计和"六性"(可靠性、维修性、保障性、测试性、安全性和环境适应性)设计,其中零组件详细设计可分为涡轮静子组件和涡轮转子组件设计。

5.1 设 计 依 据

涡轮结构设计的输入主要包括:发动机顶层设计要求、总体结构设计要求、涡轮性能要求、强度设计准则、空气系统/传热要求、"六性"要求及健康管理等方面的需求。各方面的需求,在发动机研制的不同阶段会不断细化、完善和迭代,因此涡轮结构设计在不同阶段满足各阶段的设计需求,直至满足产品研制需求。

以常用的方案设计、技术设计、工程设计三个阶段为例,介绍每个阶段涡轮结构设计对需求的实现及验证。

在方案设计阶段,涡轮结构人员主要根据发动机总体结构要求、气动要求、空气系统/传热要求,选定主要零件的材料和工艺,进行部件初步结构布局和叶片初步内冷结构设计,并完成设计状态叶片、盘等主要零件强度寿命估算,细化各功能模块结构和初步结构尺寸,并使主要零件强度寿命满足设计要求;在技术设计阶段,涡轮结构人员将进一步细化结构细节,进行详细的强度计算,确定冷态轴向转、静子位置关系,叶尖及封严间隙要求,确定与总体及相邻部件结构接口,考虑"六性"和健康管理要求,具备工程图设计的必要条件,计算部件质量质心;在工程设计阶段,需要全面确定零组件工艺技术要求,完成结构图、目录、配套文件的编制。

随着技术进步和任务的扩展,现在针对整个产品全生命周期,我国正在建设中的军用轴流式涡喷/涡扇发动机设计体系将研制划分为预先研究、论证、方案设计、验证机、原型机、设计定型、生产定型和使用保障共8个研制阶段,其中针对阶段划分引入了技术成熟度概念。涡轮结构设计也应根据不同阶段的需求,完成相应的工作。

5.1.1 涡轮结构设计需求来源

1. 发动机总体结构对涡轮结构的要求

在发动机总体与涡轮部件经过多次反复商讨和协调,并取得共识的基础上,总体以文件/图纸形式对涡轮部件提出如下要求:

(1) 部件尺寸限制;

(2) 部件质量限制;

(3) 部件与相邻部、组件、零件的接口尺寸;

(4) 转子支点的布局和转子动力学设计;

(5) 有无承力机匣和发动机安装节的安排;

(6) 燃烧室出口温度场品质;

(7) 总体的空气系统安排;

(8) 发动机转子轴向力平衡;

(9) 发动机总体装配、分解程序及单元体划分;

(10) 测试及测试受感部安排;

(11) 可维护性;

(12) 其他有关发动机总体结构对涡轮部件结构的要求等。

2. 气动设计对涡轮结构的要求

涡轮结构设计应满足气动设计的要求:

(1) 涡轮气动设计的热态流道(流道内、外径和导向叶片、工作叶片尺寸和位置);

(2) 涡轮导向器排气面积和调整范围;

(3) 工作叶片叶尖与涡轮外环的间隙。

3. 空气系统设计对涡轮结构的要求

空气系统需要考虑涡轮用的冷气、封严用气,并平衡轴向力,对各处封严结构、节流元件均有一定要求,进行涡轮结构设计时应共同协商并予以实现。

4. 强度寿命对涡轮结构的要求

涡轮工作条件十分恶劣,在高温(涡轮前温度已高达 1 600~2 000 K)、高压、高转速下工作。针对长寿命和高可靠性的设计需求,涡轮结构设计有一些区别于一般机械的设计需求:

(1) 必须选用耐高温合金材料,一般会用到材料的最高性能;

(2) 必须采取先进的冷却措施,做到既能有效地进行冷却,又尽可能少用冷气;

（3）采取冷却均温措施，减小涡轮构件（如涡轮盘、承力机匣）内部温差及热应力；

（4）采取有效的封严措施，确保在级落压比大、压差大时仍能进行有效的封严；

（5）采取措施以保证构件在发动机工作状态变化时，仍有较好的定位和定心；

（6）保证构件的低周疲劳寿命；

（7）所有构件在寿命期内不致于产生蠕变破坏；

（8）对高温零、组件采取防氧化、防腐蚀措施。

此外还有制造工艺对结构设计的要求，结构设计应具有良好的加工性能，并具有成熟的工艺方案；以上需求详细可归类为功能需求、强度寿命及耐久性需求、通用质量特性需求、接口需求、可制造性需求等。

5.1.2 涡轮结构设计原始数据

开展涡轮结构设计需要有明确的输入，涡轮结构设计原始数据包括热态流道数据、热态叶型数据、叶片数、总体结构方案/打样图、材料数据、空气系统设计方案、涡轮进口气动参数、叶片冷却设计方案等，见表 5.1。

表 5.1 涡轮结构设计输入原始数据

序 号	输 入 名 称	数 据 来 源
1	热态流道数据	涡轮气动设计
2	热态叶型数据	涡轮气动设计
3	叶片数	涡轮气动设计
4	涡轮进口气动参数	总体性能设计
5	转子旋向/转速	总体性能设计
6	材料数据	材料手册/规范
7	空气系统设计方案	空气系统方案设计
8	总体结构方案/打样图	总体结构方案/技术设计
9	叶片冷却设计方案	叶片冷却方案设计

在进行方案设计时，叶片温度场、强度计算还未开始，叶身及流道可按热态数据进行设计，待方案设计阶段强度位移计算完成后，再进行冷热态尺寸转换；根据涡轮进口温度初选叶片、轮盘的材料，选材时要考虑材料的力学性能、成熟度、制造难易程度、成本等因素。

5.1.3 涡轮结构各阶段设计内容

涡轮的结构设计可以分为方案设计、技术设计和工程设计三个阶段,各阶段的任务按照设计任务工作分解来开展,不同设计阶段结构设计开展的具体事项见表5.2。

表 5.2 不同设计阶段的涡轮结构设计要求

设 计 阶 段	设 计 要 求
方案设计阶段	(1) 转子方案设计; (2) 静子方案设计; (3) 叶片结构方案设计; (4) 绘制涡轮方案图; (5) 主要零件选材及工艺方案; (6) M1 模型/图样及随图文件编制; (7) 协调开展涡轮部件的热分析; (8) 协调开展涡轮部件的强度分析; (9) M1 毛坯图确认; (10) 方案设计报告编制
技术设计阶段	(1) 流道件冷、热态尺寸换算; (2) 尺寸链计算及分配; (3) 径向间隙计算; (4) 绘制涡轮部件打样图; (5) M2 模型/图样/随图文件编制; (6) 协调开展涡轮部件的热分析; (7) 协调开展涡轮部件的强度分析; (8) FMECA; (9) 特性分析; (10) M2 毛坯图确认; (11) 设计制造工艺协调
工程设计阶段	(1) RCMA; (2) 备件分析; (3) M3 模型/图样/随图文件编制; (4) 协调开展涡轮部件的热分析; (5) 协调开展涡轮部件的强度分析; (6) 制造工艺文件的审签; (7) 工艺评审; (8) 工程设计总结

RCMA(reliability-centered maintenance analysis)表示以可靠性为中心的维修分析。

5.1.4 涡轮结构设计输入输出

在设计过程中,涡轮结构设计专业与各个专业开展数据交换,由结构设计人员负责协调各个专业间的数据流向。各阶段涡轮结构设计输入输出内容见表5.3~表5.5。

表 5.3 涡轮方案设计阶段输入输出

设计输入内容	数据来源	数据投向	设计内容
总体结构方案图	总体结构	涡轮结构	涡轮方案设计 各排叶片结构设计 各零件的结构设计 涡轮部件选材
涡轮进口参数	总体性能		
转子旋向/转速	总体性能		
热态流道数据	涡轮气动		
热态叶型数据	涡轮气动		
各排叶片数	涡轮气动		
空气系统设计方案	空气系统		
叶片冷却设计方案	热分析		
涡轮设计方案图	涡轮结构	热分析	各排叶片温度场初步计算 各零组件温度场初步计算
各排叶片模型图样	涡轮结构		
各零件的模型图样	涡轮结构		
空气系统数据	空气系统		
气动数据	涡轮气动		
叶片冷却方案	热分析		
材料性能数据	手册/规范		
涡轮设计方案图	涡轮结构	强度分析	各排叶片初步强度计算 各零件初步强度计算
各排叶片模型图样	涡轮结构		
各零件的模型图样	涡轮结构		
空气系统数据	空气系统		
气动数据	涡轮气动		
M1 各排叶片温度场	热分析		
M1 各零组件温度场	热分析		
M1 各排叶片温度场	热分析	涡轮结构	M1 模型/图样/随图文件编制 涡轮方案设计总结
M1 各零组件温度场	热分析		
M1 各排叶片强度计算结果	强度分析		
M1 各零件强度计算结果	强度分析		
涡轮部件选材	涡轮结构		

续 表

设计输入内容	数据来源	数据投向	设 计 内 容
M1 模型/图样/随图文件	涡轮结构	制造工艺	初步工艺性分析 制造工艺性方案设计 M1 毛坯图

表 5.4 涡轮技术设计阶段输入输出

设计输入内容	数据来源	数据投向	设 计 内 容
总体结构打样图	总体结构	涡轮结构	流道件冷、热态尺寸换算 尺寸链计算及分配 径向间隙计算 涡轮部件打样图绘制 各排叶片结构优化 各零件的结构优化 FMECA 特性分析
M1 各排叶片温度场	热分析		
M1 各零组件温度场	热分析		
M1 各排叶片强度计算结果	强度分析		
M1 各零件强度计算结果	强度分析		
初步工艺分析结果	制造工艺		
涡轮设计打样图	涡轮结构	热分析	各排叶片温度场详细计算 各零组件温度场详细计算
各排叶片模型图样	涡轮结构		
各零件的模型图样	涡轮结构		
空气系统数据	空气系统		
气动数据	涡轮气动		
涡轮设计打样图	涡轮结构	强度分析	各排叶片详细强度计算 各零件详细强度计算
各排叶片模型图样	涡轮结构		
各零件的模型图样	涡轮结构		
空气系统数据	空气系统		
气动数据	涡轮气动		
M2 各排叶片温度场	热分析		
M2 各零组件温度场	热分析		
M2 各排叶片温度场	热分析	涡轮结构	M2 模型/图样/随图文件编制
M2 各零组件温度场	热分析		
M2 各排叶片强度计算结果	强度分析		

续　表

设计输入内容	数据来源	数据投向	设计内容
M2 各零件强度计算结果	强度分析	涡轮结构	M2 模型/图样/随图文件编制
制造工艺性	制造工艺		
M2 模型/图样/随图文件	涡轮结构	制造工艺	工艺文件编制 工装设计 M2 毛坯图绘制

表 5.5　涡轮工程设计阶段输入输出

设计输入内容	数据来源	数据投向	设计内容
M2 模型/图样	涡轮结构	涡轮结构	M3 模型/图样/随图文件编制 RCMA 备件分析
M2 各排叶片温度场	热分析		
M2 各零组件温度场	热分析		
M2 各排叶片强度计算结果	强度分析		
M2 各零件强度计算结果	强度分析		
M3 各排叶片模型图样	涡轮结构	热分析	传热工程验算
M3 各零件的模型图样	涡轮结构		
M3 各排叶片模型图样	涡轮结构	强度分析	强度工程验算
M3 各零件的模型图样	涡轮结构		
M3 各排叶片温度场	热分析		
M3 各零组件温度场	热分析		
M2 模型/图样	涡轮结构	涡轮结构	工艺评审 制造工艺文件的审签 工程设计总结
M2 各排叶片温度场	热分析		
M2 各零组件温度场	热分析		
M2 各排叶片强度计算结果	强度分析		
M2 各零件强度计算结果	强度分析		
制造工艺文件	涡轮结构		
M3 模型/图样/随图文件	涡轮结构	制造工艺	零件加工
工艺文件	制造工艺		

5.2　涡轮结构布局设计

5.2.1　涡轮结构布局综述

涡轮部件的功能是产生和输出功率,国内外涡轮部件设计都遵循同样的气动、热力学原理和客观规律,所以涡轮部件的基本结构布局都有相似性。

针对涡轮静子组件结构布局设计,主要包括导向叶片的定位与传力、转子叶片所需冷气的流路布置、转子截面处机匣的包容与叶尖间隙控制等,这些部分有机组合形成了涡轮静子组件的结构主体。其中,涡轮导叶定位就是限制其六个自由度,可实现的方法很多。导叶的传力有内传力、外传力和内外传力三种,各国的四代机均采用了内外传力,以前的各代发动机多采用内传力;工作叶片所需冷气的流路布置对转子设计有重大影响,对静子而言,需要在高位、中位或低位提供一个预旋喷嘴位置;叶尖间隙控制有主动间隙控制和被动间隙控制两种形式,根据设计需求变化较多。国内外发动机涡轮静子都是这几种结构的组合,例如,CFM56－7B 的高压涡轮静子采用中位预旋内传力,F119 和 F135 的高压涡轮静子采用高位预旋内外传力,RD－33 的高压涡轮静子采用低位预旋内传力。

针对涡轮转子组件结构布局设计,国内外所有发动机的涡轮叶片在涡轮盘上的固定方式大都采用了枞树形榫连接,前、后挡板基本都使用无螺栓连接方式连接在涡轮盘上,盘前供气系统结构取决于预旋喷嘴位置。挡板的无螺栓连接的基本方式有两种:分裂环式和高压锅式,对于低位和中位预旋,较多采用高压锅式,而后挡板一般都是用分裂环式无螺栓连接。工艺设备的能力也可以影响涡轮转子结构,普惠公司的几种发动机涡轮盘与轴颈是一体的,结构简单、重量相对较轻,显然,这需要强大的压力加工设备才可能制备盘坯。

5.2.2　涡轮结构特点及影响其布局的因素

涡轮的特点是功率大、温度高、转速高,同时还要求重量轻、尺寸小、可靠性高、寿命长。在涡轮结构设计中,要特别注意解决好高温、高负荷、温度不均所带来的一系列特殊问题,如热变形、热应力、热定心、热疲劳、热腐蚀及高温材料的选择等。

涡扇发动机中,涡轮部件为燃气涡轮,在涡轴发动机中,存在燃气涡轮和动力涡轮两部分。燃气涡轮与压气机连接,带动压气机工作及附件工作;动力涡轮通过减速器带动直升机旋翼工作,动力涡轮按输出的方式分可分为前输出和后输出形式,例如,美国 GE 公司的 T700 系列发动机为前输出式,法国的 Arriel 系列则为典型的后输出式。

燃气涡轮和动力涡轮的主要构件是一致的,主要有涡轮工作叶片、涡轮盘、涡轮轴及连接件等组成的涡轮转子,以及导向器、涡轮机匣、支承机匣、支承座等组成的静子件。

涡轮部件是发动机各部件中工作条件最为苛刻的部件,其结构设计是发动机结构设计的核心技术之一。涡轮结构布局设计的目的是根据发动机总体、涡轮气动、冷却及其他系统等的设计要求,确定初始的涡轮部件总体轮廓尺寸和涡轮总体结构形式,主要包括转、静子零件结构形状,主要零、组件结构轮廓尺寸及其连接方式,以及与其他部件的连接接口、安装方式,为满足发动机总体及涡轮气动、系统等要求而采取的内部流结构布局设计,初始的封严、润滑结构形式的设计等。

涡轮的结构布局形式取决于热力循环参数,这些热力循环参数需满足某种特定的使用要求,影响涡轮设计的主要因素是转速、转子数目、涡轮级数、流量、涡轮进口温度。

5.2.3　国外涡轮结构布局简介

世界各大发动机公司研制的涡轮结构布局都有其传统结构,各公司的各发动机型号之间的结构有很好的继承性。

1. 英国发动机涡轮结构布局发展情况

1937 年,英国借鉴既有活塞式发动机增压器的经验,设计并运转了第一台采用离心式压气机的燃气涡轮发动机试验机"WU"[1]。之后,在"WU"的基础上,又设计了"怀特 W1"发动机。罗·罗公司利用"WU"和"怀特 W1"设计经验,研制出了"德·温特"和"尼恩"离心式发动机。

之后,英国在反转型轴流式涡轮喷气发动机 CR-1 试验机和"尼恩"离心式发动机的基础上,又成功研制了第一台轴流式发动机"埃汶",随后并派生出系列军民用发动机。后来,英国又创新研制出双转子涡喷发动机"奥林帕斯"并进行了派生,"奥林帕斯"之后,英国无重要的涡喷发动机型号诞生。

在涡扇领域,英国第一台涡扇发动机"康维"及其系列是在"埃汶"(涡喷发动机)经验的基础上和 RB.80 双路式发动机试验机的技术成果基础上发展起来的,其之后的派生发展路线如图 5.1 所示。

1958 年,应"三叉戟"飞机的要求,开始研制"梅德韦"(RB.141)发动机。后因飞机缩小,于 1959 年 7 月开始研制"斯贝"发动机。"斯贝"发动机是在"梅德韦"发动机的基础上,广泛吸取"达特""埃汶""苔茵",特别是"康维"发动机的成熟技术和经验而研制成功的,可以说是这些发动机的集大成。"斯贝"发动机在研制过程中的技术继承路线如图 5.2 所示,其派生发展路线如图 5.3 所示。现阶段"斯贝"发动机的派生发展工作仍在进行,如将装于意大利和巴西 AMX 轻型战斗机上的 MK.807 和比"斯贝"发动机推力增加 25%、耗油率降低 15%、噪声低 7 dB 的

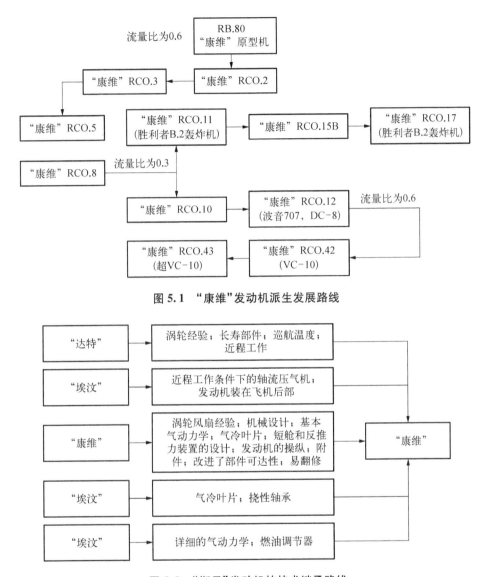

图 5.1 "康维"发动机派生发展路线

图 5.2 "斯贝"发动机的技术继承路线

"泰"发动机。

　　为满足 20 世纪 70 年代巨型运输机及旅客机的大推力、低油耗、小污染和维护方便等要求,英国研制了 RB.211 三轴涡扇发动机及其派生系列(系列发展路线见图 5.4)。RB.211 是一台三转子高流量比涡扇发动机,集成了"达特""苔茵""康维""斯贝"等发动机的优点及研制经验,尤其是沿用了民用发动机轴承和高温涡轮冷却技术方面的成果,燃气发生器(核心机部分)继承了"康维"和"斯贝"的特点(类似"康维"和"斯贝"的改型),其派生发动机发展路线如图 5.4 所示。

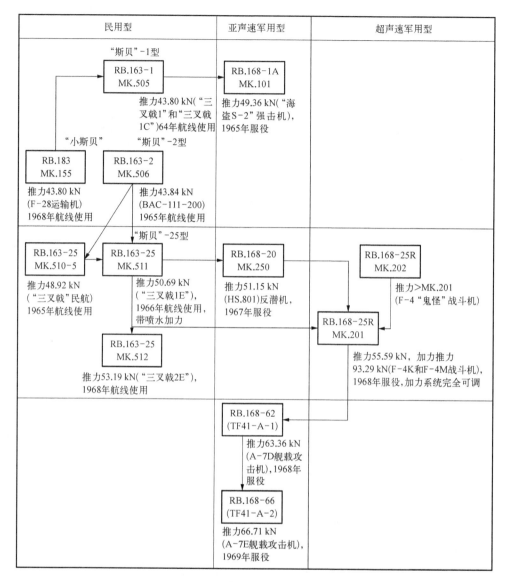

图 5.3   "斯贝"发动机的派生发展路线

　　罗·罗公司的 RB.211、RB.199 都为三转子发动机,采用涡轮级间承力框架,同时支承前后两个转子[RB.211(高、中压)、RB.199(中、低压)]。欧洲喷气涡轮公司的 EJ200 发动机也采用高、低压级间支承同时支承高、低压涡轮转子。发动机结构分别如图 5.5~图 5.7 所示,其特点是高压转子刚性高、无中介支点、支点温度高、冷气流量大。

　　综上所述,英国航空燃气涡轮发动机涡轮结构布局研制走的是创新与派生相结合的研制之路。

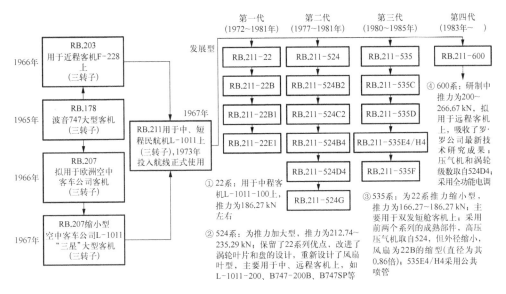

图 5.4　RB.211 发动机的派生发展路线

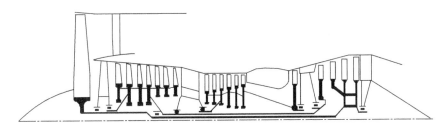

图 5.5　RB.211 涡扇发动机结构

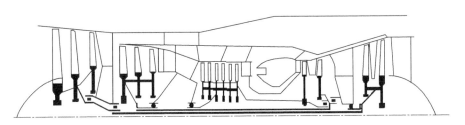

图 5.6　RB.199 涡扇发动机结构

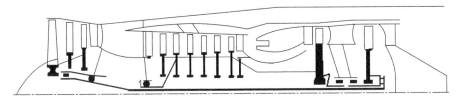

图 5.7　EJ200 涡扇发动机结构

2. 美国发动机涡轮结构布局的发展情况

美国经过涡喷发动机阶段的仿制和涡扇发动机起始阶段对民用涡喷发动机的改型之后,1961年,GE公司率先提出研制"核心发动机"的新概念,以核心机为基础,用堆积木的方法根据需要加装部件。以核 GE1 心机型号为基础研制满足各种需要的发动机,形成 GEl 系列族,详见图5.8。普惠公司也在 STF200 第一代燃气发生器基础上,研制或发展衍生出各种类型发动机,达十几种,形成了自己的发动机系列,其中的 STF200 系列详见图5.9。

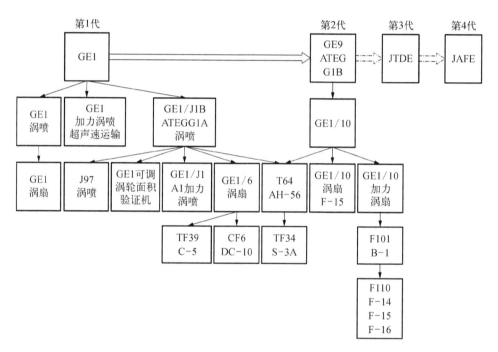

图5.8　GE公司核心发动机及其派生发展路线

普惠公司的 F100、JT9D、PW2000、PW4000、V2500 发动机都采用双级高压涡轮,结构如图5.10~图5.14,其传统支承结构特点是高、低压涡轮分别支承,无中介支点,互不影响;高压支承方式为 1-1-0,转子连接刚性较弱;支点通过燃烧室机匣支承,对燃烧室机匣刚性要求很高;支点环境温度较高,冷却润滑结构复杂。

GE公司的传统结构是高压涡轮转子通过中介轴承支承在低压转子上,低压涡轮转子后轴支承于涡轮后机匣中,具有的代表性的是 F404、F110 和 F101 发动机,如图5.15~图5.17 所示,其特点是:高压转子采用 1-0-1 的支承方式,转子刚性高;涡轮后机匣支承结构的温度较低,结构形式相对简单;有中介轴承,转子之间相互影响。GE公司的传统结构采用单级高压涡轮结构,但由于民机发动机参数的提高,其后续发展的发动机也采用双级高压涡轮结构,如 GE90、GEnx 等。

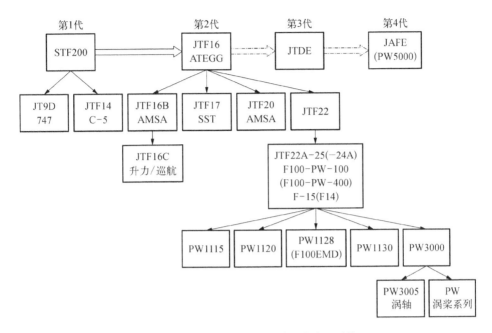

图 5.9 普惠公司核心机及其派生发展路线

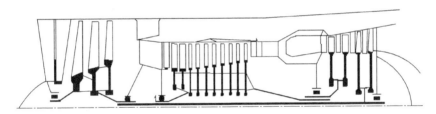

图 5.10 F100 涡扇发动机结构

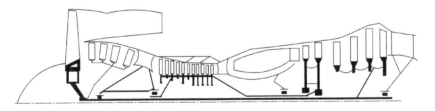

图 5.11 JT9D 涡扇发动机结构

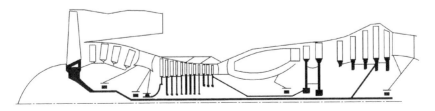

图 5.12 PW2000 涡扇发动机结构

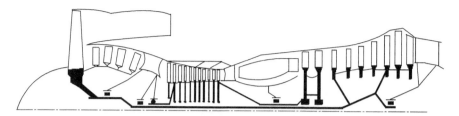

图 5.13 PW4000 涡扇发动机结构

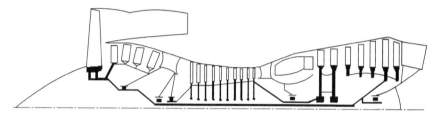

图 5.14 V2500 涡扇发动机结构

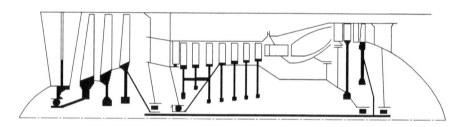

图 5.15 F404 涡扇发动机结构

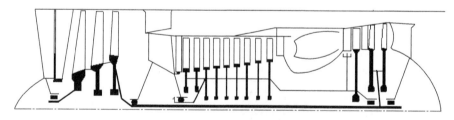

图 5.16 F110 涡扇发动机结构

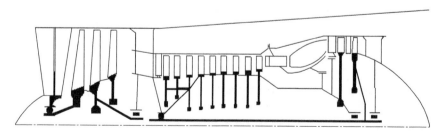

图 5.17 F101 涡扇发动机结构

　　涡轮后机匣支承结构是 GE 公司和普惠公司的传统结构所共有的特征,承力框架位于涡轮后方,温度相对较低,且便于支点的安排布置,避免低压涡轮的悬臂结构,提高了低压转子的刚性,进而可以减少叶尖间隙,提高涡轮工作效率。RB.199 和 RB.211 三转子发动机也都采用了涡轮后机匣支承。

　　GE 公司与普惠公司的传统结构的差别在于高压涡轮转子的支承方式不同。普惠公司的传统结构中,高压涡轮通过普通支点支承到燃烧室内机匣上,因此要求该机匣具有足够的刚性,由于采用了涡轮前支点,高压转子的刚性较低。

　　GE 公司的传统结构中,高压涡轮通过中介支点支承到低压转子上,这样不仅可以减少一个支撑框架和油腔,零件数减少、重量减轻,而且高压转子的刚性可以大大提高。由于采用了中介轴承,高、低压转子之间有相互影响,要适当增加叶尖间隙。但 GE 公司长期在多个型号的发动机中采用中介轴承的经验表明,选择恰当的装配游隙可以降低转子之间相互影响的程度和减小叶尖间隙,从而提高涡轮的效率,并且可以避免轴承滑蹭现象的出现。因此,GE 公司的传统结构已经成为先进航空发动机涡轮附近支点布置方案的发展趋势。法国的 M88、俄罗斯的 AL - 31F 和 RD - 33 及普惠公司的 F119 发动机均采用了类似的结构,如图 5.18~图 5.21 所示。

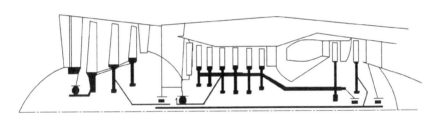

图 5.18　M88 涡扇发动机结构

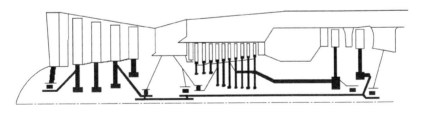

图 5.19　AL - 31F 涡扇发动机结构

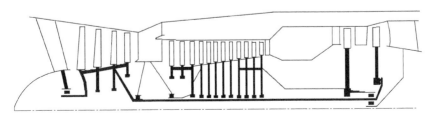

图 5.20　RD - 33 涡扇发动机结构

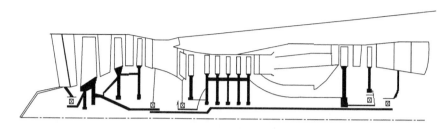

图 5.21　F119 涡扇发动机结构

5.3　涡轮材料与工艺

5.3.1　涡轮构件常用材料

涡轮构件常用材料为高温合金,其中,涡轮盘常用材料为粉末高温合金,叶片常用材料为耐高温、高强度的金属间化合物和单晶高温合金。

1. 镍基高温合金及其发展

镍基高温合金是一类以铁、镍、钴为基,能在 600℃ 以上的高温下承受较大复杂应力,并具有表面稳定性的高合金化金属材料,主要用于航空发动机热端部件上。

早期的镍基高温合金是在 80Ni - 20Cr 电工合金的基础上加入少量 Ti 和 Al 来提高其蠕变强度,随着航空发动机涡轮部件承受的温度越来越高,高温合金也不断发展,其成分越来越复杂,镍基高温合金中的元素已达 10 多种,除了 Al 和 Ti,还包括 W、Co、Mo、C、B、Zr、Ta、Hf、Ce 等。高温合金的组织结构也由之前单一的奥氏体演变到包含有晶内、晶间强化相的复杂组织。熔点高、硬度大、强度高是镍基高温合金的特点。

2. 涡轮叶片用材料

随着科学技术的发展,航空发动机涡轮进口温度不断提高,从 1 600 K 发展到如今的 2 000 K 以上,涡轮前温度的提高,对涡轮叶片材料也提出了更高的要求。

作为涡轮部件关键零件的涡轮叶片,因其直接与燃气接触,同时承载了高温、高压、高负荷这样“三高”的工作环境,因此,常规高温合金难以满足其使用要求,常选用定向和单晶高温材料作为涡轮叶片制造的材料。

单晶高温合金材料因其组织结构的特殊性,在高温环境下具有较好的强度和耐久性、可靠性。按照承温能力不同、合金成分不同,又可以分为若干代,如图 5.22 所示。

由图 5.22 可知,随着合金材料成分中 Re 元素含量逐渐增加,镍基单晶高温合金的承温能力也在不断提高,Re 元素含量每提高 3%,单晶高温合金的承温能力提

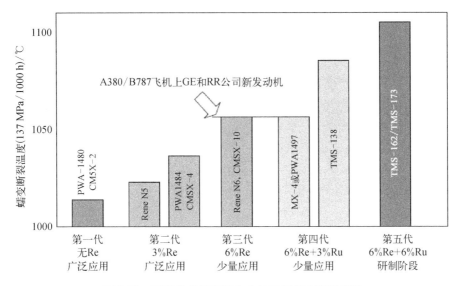

图 5.22 不同代单晶高温合金的承温能力变化趋势

升约 30℃,随着 Re 元素含量的增加,单晶高温合金的承温能力也逐步提升,目前国内已经发展到第四代镍基高温合金,其 Re 元素含量已经达到 6%。Re 元素含量进一步提升,将会导致合金成本进一步提高,同时,在高温长时工作过程中,合金稳定性会受到一定影响,因此在第四代单晶高温合金中开始逐步加入另一种稀有元素 Ru,以进一步提升合金的承温能力,保证工作稳定性。

随着涡轮前温度的进一步提升,镍基高温合金的承温能力提升已经不能满足使用要求,迫切需要一种新的耐高温材料。

3. 涡轮盘用材料

涡轮盘是航空发动机的关键件。目前,高压涡轮盘工作温度已经达到 650℃以上。涡轮盘工作过程中受力情况复杂,除承受自身重量带来的离心负荷外还需要承受来自涡轮叶片、挡板等带来的离心力,并且需要承受较大的机动过载。同时,为实现涡轮盘的功能,盘缘靠近流道位置,盘心通常为低温的空气系统流路,涡轮盘的盘缘和盘心温差较大,导致较大的热应力。为保证实现 GJB 241A—2010 中对航空发动机涡轮转子的设计要求,涡轮盘对材料性能要求极高,需要高的屈服和持久强度,保持较高的疲劳强度和抗蠕变性能。

随着涡轮前温度的不断提高,涡轮盘用合金也逐步发展进步,提高材料的耐温能力,高温下的屈服、持久强度是涡轮盘的发展方向。早期涡轮盘由于工作环境温度不高,承受的转子载荷相对较低,常采用铁基变形高温合金作为涡轮盘材料,包括我国自主研制的 GH2135、GH2901、GH4169 等,使用温度≤650℃,也有采用镍基变形高温合金的,包括 GH4033、GH4698 等,使用温度在 650~700℃,随着涡轮前温度的提高和涡轮转子负荷的不断加大,常规变形高温合金已经很难满足发动机设计、试验要求。高推重比航空发动机常采用粉末合金制备的高温合金作为涡轮盘材料。

粉末合金具有组织性能均匀、强度高和疲劳性能好、性能稳定、加工性能好、材料利用率高等特点,是制造高推重比航空发动机涡轮盘的理想材料。粉末高温合金的制备方法有氩气雾化、旋转电极、旋转盘雾化等。在对粉末进行去除夹杂处理后,在全惰性气体环境下装入包套封焊,采用热等静压、挤压和等温锻造等工艺形成涡轮盘毛坯。第一代粉末合金材料有 IN100,Rene95、Astroloy、FGH95、APK - 1等,第二代粉末合金涡轮盘材料有 N18、Rene88DT、IN100DT、U720 等。

国内外典型航空发动机涡轮盘的选材及制备工艺见表 5.6。

表 5.6　国内外典型航空发动机涡轮盘的选材及制备工艺

发动机公司	发动机型号	涡轮前温度/℃	推重比	涡轮盘合金	制备工艺
美国 GE 公司	F400	1 316	8.0	Rene95	HIP+HIF
	F110	1 371	7.3		HEX+HIF
	CFM56	1 260			HIP+HIF
美国普惠公司	F100	1 399	8.0	IN100	HEX+HIF
	PW5000	1 777	9.5～10	MERL76	HIP+HIF
英国罗·罗公司	RB211	—	8.0	APK - 1	HIP+HIF
	Trent			APK - 6	HIP+HIF
中国航空发动机集团有限公司	三代	约 1 500	8	FGH95	HIP+HIF
	四代	约 1 800	10	FGH96	HIP+HIF
	未来	大于 2 000	大于 12	FGH99	HIP+HEX+HIF

HIP：热等静压；HEX：热挤压；HIF：等温锻造。

5.3.2　涡轮构件典型制造工艺

除一般的零件车、铣、磨等机械加工外,涡轮构件典型制造工艺,有涡轮叶片无余量精密铸造、粉末冶金涡轮盘制备、热障涂层制备、喷丸强化、涡轮叶片制孔等。

1. 涡轮叶片单晶无余量精密铸造

单晶气冷涡轮叶片是目前发动机常用到。因为叶片材料为单晶,且带有内部冷却通道,结构复杂,所以,铸造工艺难度大。通常叶片毛坯采用无余量精密铸造,以确保对叶片零件流道面和内部冷却通道尺寸的控制精度。

　　复杂气冷涡轮叶片精密铸造是指高温合金在一定温度梯度下按照设定方向凝固结晶,实现复杂气冷叶片精密成型和定向凝固生长。该工艺过程主要包括模具制备、陶芯制备、压蜡、组模、制壳、脱蜡、模壳烧结、模壳检验、清洗、真空浇注、脱芯、切割、热处理、腐蚀、检测等工序。

　　由于叶片内部结构复杂,需要高精度、高稳定性的陶瓷型芯与陶瓷型壳,保证在浇注过程中叶片型面的尺寸稳定性及合金与陶瓷界面的冶金化学稳定性。

　　2. 粉末冶金涡轮盘制备

　　与传统高温合金相比较,粉末合金具有合金成分均匀,合金的屈服强度和疲劳性能显著提高的特点,成为制造高性能涡轮盘的理想材料,为目前国内在研发动机涡轮盘的首选材料。

　　2001~2005 年,国内采用热等静压+等温锻造+真空热处理工艺研制出了FGH96 高压涡轮盘试验件,攻克了粉末高温合金涡轮盘的制备工艺难题。国内从2006 年起采用氩气雾化制粉工艺,进一步提高了粉末纯净度,并增加了挤压工艺,提高了涡轮盘毛坯合格率,粉末合金力学性能得到进一步提高。

　　3. 热障涂层制备

　　涂层技术在航空发动机涡轮部件的应用主要包括热障涂层、抗氧化涂层和可磨耗封严涂层三种[2-4],其中热障涂层制备是涡轮部件需要重点关注的典型工艺。

　　目前,航空发动机燃烧室出口的燃气温度已经超过镍基高温合金熔点,涡轮叶片,包括导向叶片和工作叶片,除了需要复杂的内部冷却结构降低表面温度,还需要表面喷涂热障涂层,进一步有效降低叶片基体表面温度,提高叶片强度和使用寿命。

　　典型热障涂层结构包括金属连接层和陶瓷层,金属连接层作为中间过渡层,起到对陶瓷层和金属层的黏结作用,使各层之间变形匹配,同时保证一定的结合力,保障涂层在工作过程中不轻易剥落、掉块。

　　热障涂层制备常用方法包括大气等离子喷涂、电子束物理气相沉积等,随着涂层技术和制备工艺的发展,国内近年来也有部分涂层研究机构开始尝试等离子物理气相沉积等新型涂层制备工艺,并初步实现工程小批量试制。

　　大气等离子喷涂热障涂层工艺具有工艺简单、沉积速率高、制备效率较高、成本低等一系列优点,但是这种工艺方法制备的涂层为层状结构,平行于基体表面,使陶瓷层中存在了较多的横向界面,这种结构在高温环境下工作过程中对抗热力循环产生的热应力的能力较差,长时间工作后易导致涂层过早剥落。

　　采用电子束物理气相沉积工艺制备涂层,可以获得垂直于基体表面的柱状组织,具有较高的应力容限能力,能够较好地适应热力循环带来的叶片变形,其抵抗热应力的能力更强,使用寿命比等离子喷涂的热障涂层长,比较适用于涡轮转子叶片涂层制备,但隔热效果比等离子喷涂的热障涂层差。

4. 喷丸强化

喷丸强化是一种利用高速弹丸撞击零件表面,使其受喷表面层材料产生微观变形,形成一层表面压应力层的方法。喷丸强化可以去除涡轮盘表面由加工引起的接刀痕、划痕等浅表特征,增加转子可靠性,同时形成的表面压应力层可以使得转子零件抗疲劳损伤和裂纹扩展的能力得到提高,从而提高转子零件的结构可靠性并延长寿命。

通常采取喷丸强化工艺对涡轮转子非装配配合表面进行喷丸强化,提高零件的抗裂纹扩展能力和疲劳强度。

5. 涡轮叶片制孔

常见的涡轮叶片制孔工艺包含电火花制孔、激光制孔和电液束制孔三种,三种制孔方法各有其优缺点[5]。

1) 电火花制孔

电火花技术是一种通过电极放电产生能量,产生放电腐蚀的方法去除加工量的一种加工方法,属于电加工方法的一种。

电火花制孔技术主要有如下优势:

(1) 加工速度快、效率高、成本较低;

(2) 可以用于异形气膜孔的加工。

电火花制孔工艺不足:

(1) 存在较为明显的热影响区、重熔层、微裂纹等孔微观缺陷;

(2) 孔边较尖锐,加工过程中易出现尖边、毛刺等情况。

2) 激光制孔

激光制孔与电火花制孔、机械方法制孔等制孔方法相比,具有如下特点:

(1) 加工速度快,效率高;

(2) 可以获得大的深径比,最高达到 1∶200,最大深度超过 40 mm,最小孔径达到 5 μm;

(3) 可加工各种材料,包括金属和非金属。

激光制孔主要通过聚焦后高能量密度的激光与材料作用,使材料在极短时间内受热气化或熔化,瞬时高压气体可使气体迅速膨胀而形成爆炸冲击气流,从而把大多数气化及熔化的材料迅速溅射出去而形成小孔。

常规激光制孔的主要问题就是会导致工件产生再铸层和背墙损伤问题,在再铸层内部容易产生微裂纹,微裂纹甚至可能进入材料基体,小孔孔壁的微裂纹和再铸层对航空发动机零件的可靠性影响较大,容易在工作过程中产生裂纹,从而导致零件破坏。

通过调整脉冲宽度,具有更短的脉冲宽度的飞秒激光、皮秒激光制孔可以使得加工的孔不存在再铸层或使再铸层厚度在 2 μm 以内,能较好地满足涡轮叶片气膜孔制备的需求,但仍然存在如何保护叶片非气膜孔加工区域,避免叶片内壁损伤的问题。

此外,激光制孔还存在孔边尖锐、孔口毛刺等问题,在具体加工过程中应根据具体问题具体分析。

3) 电液束制孔

电液束加工技术源于 20 世纪 50 年代美国通用电气公司,当时主要为了解决深小孔的高品质加工难题,20 世纪 70 年代以后逐渐用于航空发动机高品质零件的深小孔加工。

电液束加工技术属于电化学加工的一种,为无应力冷态加工。金属工件接阳极,毛细玻璃管接阴极,在阴阳极之间通直流电压,净化的酸性溶液通过高压泵进入导电的电密封头,在玻璃管电极中形成持续的电液束流,电液束流射向加工工件表面,对加工工件进行电化学溶解,实现对工件材料的去除,形成加工孔。

与其他传统机械加工、传统热加工方式相比,电液束加工技术具有以下几个方面的优点。

(1) 加工表面完整性:电液束加工属于无应力冷态加工,与传统的加工工艺相比,从根本上消除了由于加工过程中产生大量热量带来的热影响区、重熔层、微裂纹等微观缺陷。正因为电液束加工方法满足了航空发动机叶片气膜孔无重熔层、无微裂纹、无热影响区的"三无"要求,其在国内广泛用于航空发动机叶片气膜孔,特别是涡轮转子叶片气膜孔的制备。

(2) 加工表面粗糙度低:电液束加工孔表面较为光滑,无毛刺,加工表面的粗糙度可以达到 1.6 μm 以内,能较好地满足气膜孔加工表面精度要求;孔进出口可以形成倒圆,有利于避免工作过程中产生应力集中,有利于保证涡轮叶片的强度寿命。

(3) 电液束加工孔的深径比较大,可以加工较深的细小孔,能加工的最小孔径可以达到 0.2 mm 以内,深径比可以达到 100:1。

(4) 由于加工过程中不会产生电极损耗等问题,加工成本较低。

鉴于电液束加工小孔的原理特点,常用来加工激光、电火花等工艺难以加工的特殊零件孔,如加工双层壁涡轮叶片小孔,有不易导致壁损伤的优点。

5.3.3 涡轮新材料与新工艺的选用

1. 涡轮试验件 3D 打印工艺制造叶片

激光增材制造技术在激光熔覆技术和快速成型技术的基础上发展而来,迅速成为快速制造领域的先进制造技术,广泛用于涡轮叶片试验件、喷嘴、支架等航空发动机零件制备上。对于涡轮叶片,与传统铸造工艺相比,激光增材制造的反应快速、制造精度高,能成型气膜孔等复杂结构,且由于不需要制备模具,具有缩短试制周期和降低成本的特点。

激光增材制造技术主要分为两大类,一种是基于堆焊原理的送粉方法,主要用于加工比较大的零件毛坯,以激光近净成形为代表,这类制造工艺的优点是可以成形较大尺寸零件,缺点是表面太粗糙,成形精度不高;另一种是以激光选区熔化为代表,这种方法可以成形较小尺寸,精度要求较高的零件表面,主要用于航空发动机叶片等零件制备。

2. 双合金材料涡轮转子

美国发展了一种由两种合金材料焊接起来的涡轮转子结构,涡轮盘为粉末合金材料,涡轮叶片为单晶材料,通过在涡轮盘盘缘上焊接涡轮叶片,减少了涡轮挡板等定位结构,减轻了转子重量,又称为双合金材料涡轮转子。

3. 双辐板涡轮盘

相比常规涡轮盘结构,双辐板涡轮盘是一种中空的涡轮盘结构,该结构的特点是涡轮盘分为左、右两个半盘,在盘缘通过特定工艺将左、右半盘连接在一起。通常情况下,双辐板涡轮盘焊接连接区域的材料性能不能低于母材强度的90%。中空的涡轮盘结构不仅可以减轻涡轮盘重量,降低其热惯量和机械惯量,还可以提高其承载能力,从而增加发动机的推重比。与常规涡轮盘相比,在同等载荷条件下,双辐板涡轮盘能减重15%左右,且具有较好的承载能力,热惯量和机械惯量更低,故又将双辐板涡轮盘称为低惯量涡轮转子。

4. 陶瓷基复合材料

以 SiC/SiC 复合材料为代表的陶瓷基复合材料具有高比强度、高比弹性模量、耐高温等特点,是航空航天领域理想的高温结构材料,在高性能发动机的高热部件方面具有重大应用价值。受制于现有制造工艺的进展,目前,国内陶瓷基材料构件在航空发动机上的应用验证尚显不足,还需要开展大量基础数据积累和工艺研究工作,针对陶瓷基复合材料的零件构件设计分析技术也需要进一步开展研究。

5.4　涡轮静子结构设计

涡轮静子由涡轮导向器、涡轮机匣等零组件组成,是涡轮部件的重要组成部分。现代航空发动机提高推重比的主要措施之一是提高发动机的涡轮前进口燃气温度,目前轮进口燃气温度已达 2 000 K。因此,在涡轮静子结构设计过程中,需要注意解决高温度、高载荷、高温差所带来的一些问题,如热变形、热应力、热定心、热疲劳、燃气腐蚀等。

涡轮静子的结构设计涉及多学科,是一个综合性很强的工作,需要同时考虑气动、性能、强度、振动、传热、材料、工艺、装配、使用和维护等众多方面的因素,要求设计者具备很宽的知识面和丰富的工程实践经验,同时结构设计又具有很强的继承性,在设计之初需要参考在役的成熟发动机的结构形式,以选择最合理的结构设计方案。

5.4.1 涡轮静子常用结构

涡轮部件一般分为高压涡轮、低压涡轮、涡轮后机匣等类型,相对于风扇和压气机,涡轮部件级数少,高压涡轮静子一般由单级或双级组成,低压涡轮静子一般由单级或多级组成,图 5.23 和图 5.24 为常见的涡轮静子。

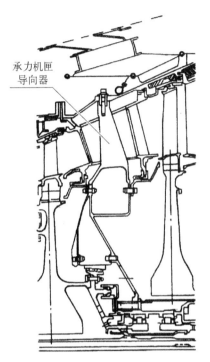

图 5.23 RB.211 级间承力的
低压涡轮静子

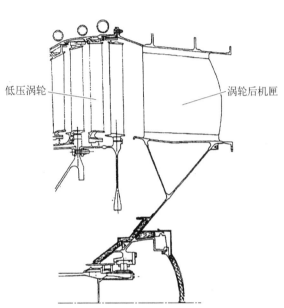

图 5.24 PW4000 涡轮后机匣

5.4.2 涡轮导向器结构设计

涡轮导向器的功能是使燃气的部分热能转变成动能,并使燃气按一定的方向流出,推动下游的涡轮转子做功。涡轮导向器是一个带有外环、内环的静止叶栅,涡轮导向叶片位于两个同心环之间。由于涡轮导向器的喉部面积对发动机的性能影响较大,要求较严,结构上通常需要其喉部面积可调。

涡轮导向器要能经受住热冲击及热疲劳,在结构设计中,要妥善处理机匣和导向叶片的自由膨胀问题。涡轮导向器一般不作为发动机的承力构件,其承受的主要载荷如下:

(1)涡轮导向器承受直接作用于叶身的气动载荷;

(2)涡轮导向器承受温度载荷及温差载荷;

(3)涡轮导向器承受涡轮静子的压差载荷。

1. 涡轮导向器的设计要求

涡轮导向器工作温度高,承受的温度不均匀;承受气动力与不稳定的脉动负荷;每个工作循环中都有温度的急剧变化(热冲击与热疲劳)。涡轮导向器结构设计要满足涡轮气动性能要求,也要满足结构完整性的要求,同时要满足发动机总体对涡轮部件结构提出的要求。针对这些工作特点和要求,涡轮导向器的结构设计要求如下:

(1) 满足接口形式及接口尺寸要求;

(2) 高温环境下,应具有足够的强度和刚性,以保证设计要求和可靠工作;

(3) 减小导向器的热应力;

(4) 选择合理的传力形式,导向器不作承力件,内、外环需要传力时,通常设置专用承力件;

(5) 涡轮导向器喉部面积必须设计为可调;

(6) 便于控制公差、装配、定位、更换,同时还需满足工艺性和经济性。

2. 涡轮导向器的基本组成

根据工作环境的特点,涡轮导向器在进行结构设计时可设计为整体式(焊接或铸造)和分段式(多组导向叶片组装)两种形式,其中整体导向器装配更简单,上下流道更完整,气动损失相对分段式导向器更小,但是因为它属于机匣-支板-机匣结构,容易造成热不协调问题,所以通常应用在热应力不明显的发动机中。

涡轮导向器可分为冷却式导向器和非冷却式导向器,其结构形式分别如图5.25 和图 5.26 所示。非冷却式导向器由涡轮导向叶片组成,而对于冷却式导向器,为提高冷却效果,会在冷却腔内设置冲击板结构,称为导流管。因此,导向器的基本组成包括涡轮导向叶片和导流管。

图 5.25　冷却式涡轮导向器　　　　图 5.26　非冷却式涡轮导向器

1）涡轮导向叶片

涡轮导向器是由多个涡轮导向叶片组装而成的,涡轮导向叶片是指由叶栅和上、下缘板组成的最小组件,其通常由上缘板、下缘板、叶身、封严槽、横向肋、纵向肋、扰流柱等结构要素组成,如图 5.27 所示。由于材料承受的温度限制,涡轮导向叶片需要采取有效的冷却措施,导向叶片一般设计为带空腔的结构,内腔设计有横向肋、纵向肋、扰流柱等增强换热效果的结构特征。由于内腔结构非常复杂,涡轮导向叶片通常采用铸造合金精铸而成。为了提高导向叶片刚度,通常将几个导向叶片设计成 1 组,包含两个叶片的称为双联,三个叶片的称为三联。双联、三联叶片可以整体铸造,也可以由单个叶片焊接成组。

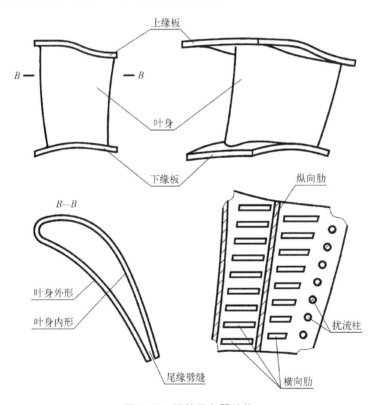

图 5.27 涡轮导向器结构

对于分段式的涡轮导向叶片,上缘板、下缘板要设计封严槽,装配有封严绳或者封严片,防止冷气的泄漏到燃气流道,封严槽及封严片结构见图 5.28,封严结构分为紧固封严和浮动封严。

紧固封严靠压力压紧封严,但是该封严结构对封严槽位置要求非常高,装配工艺性差;浮动封严靠压差产生的压力使下表面贴合封严,封严槽表面粗糙度和封严片波纹度对封严效果的影响较大。

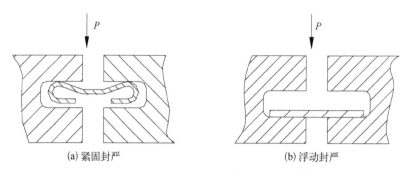

(a) 紧固封严　　　　　　　　(b) 浮动封严

图 5.28　封严槽及封严片结构

2) 导流管

　　导流管装配在涡轮导向叶片内腔,如图 5.29 所示,其与导向叶片内壁保持一定的距离,用于冲击冷却,因此导流管的设计依据导向叶片内腔结构。导流管通常由薄的板材制成,根据冷却设计要求其上有冲击孔、定位凸台等结构要素,通过点焊或真空钎焊工艺固定在导向叶片上。

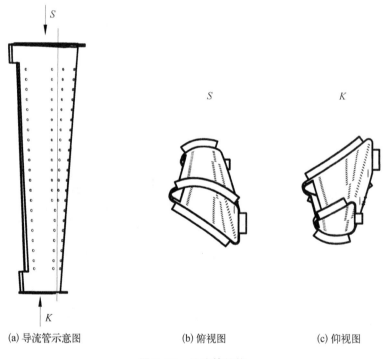

(a) 导流管示意图　　　　　(b) 俯视图　　　　　(c) 仰视图

图 5.29　导流管结构

3. 涡轮导向器设计流程

涡轮导向器设计流程见图 5.30。

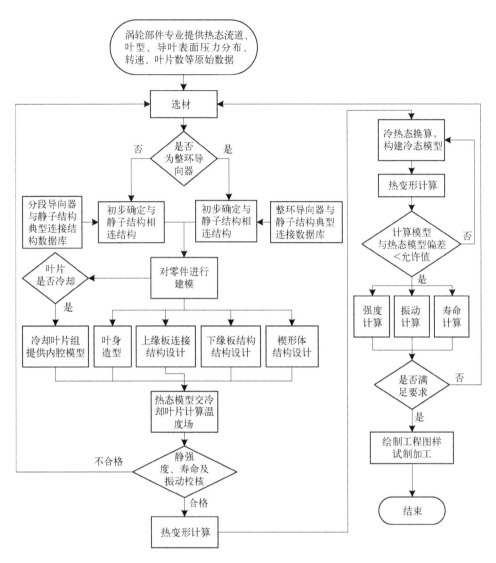

图 5.30 涡轮导向器设计流程

4. 涡轮导向器的结构设计

涡轮导向器结构设计时,由涡轮气动性能专业根据计算结果给出涡轮流道图和叶型数据,流道图上应有初步的各排导向叶片和工作叶片的轴向宽度,以及导向叶片和工作叶片之间的轴向距离,叶型数据应包括叶片截面数据和叶片数等。根据涡轮前温度、冷却技术、材料和工艺水平,初步确定导向叶片的结构形式,包括外缘板、内缘板、缘板侧面间隙、楔形体结构及冷却结构。综合上述因素后,得出初步的导向器三维模型,经强度寿命计算合格后,对导向器进行冷热态位移迭代计算,得到导向器冷态模型。在此基础上对导向器进行工程设计、工艺协调,确保设计得以实现。

高压涡轮导向器位于燃烧室出口之后,低压涡轮导向器位于高、低压转子之间,高压涡轮导向器、低压涡轮导向器各具特点,因此分别予以介绍。

1)高压涡轮导向器

高压涡轮导向器位于主燃烧室出口之后,通常与主燃烧室组成一个单元体,其处于发动机最恶劣的高温环境中,因此在进行结构设计时要充分考虑高压涡轮导向器的热应力,保证一端能够自由地产生热胀冷缩,不能出现因结构的限制而出现变形卡死的情况,这种情况会出现热应力过大导致结构破坏的风险。为了使叶片受热时自由伸长,减小叶片的热应力,高压涡轮导向器采用的连接方案通常是一端固定、另一端自由支承,导向器上缘板或下缘板固定安装在高压涡轮机匣上。

2)低压涡轮导向器

低压涡轮导向器位于高、低压转子之间,通常单独设计成一个单元体,因此在结构设计时,应考虑它的特殊性。

(1)导向器的传力问题。由于低压涡轮导向器通常是一个外端固装的悬臂结构,作用在导向器上的负荷只能通过导向器外端传到涡轮机匣上去,如果导向叶片较长,则刚性问题较为突出,导向器与涡轮机匣的连接需要特别加强。导向器内端装上的内环,既构成气流通道内壁,又能提高导向叶片的刚性。

(2)导向器内环与转子的封严问题。由于气流通过导向器时压降较大,在导向器内环与转子间必须设置可靠的封严。封严装置要通过导向叶片在涡轮外环定心,保证与转子具有良好的同心度、并允许导向叶片能自由膨胀。

(3)装配问题。为了便于拆装,设计导向器时,应考虑到转子的结构特点。

3)涡轮导向器的连接形式

涡轮导向器安装在涡轮机匣上,与涡轮机匣的连接应保证导向器定位可靠,能传递载荷,图5.31为涡轮导向器常见的两种基本连接方式:一种是螺钉连接,另一种是挂钩式连接。

高压涡轮导向器通常采用螺钉的连接方式,一端固定在机匣上、另一端自由支承;低压涡轮导向器通常为悬臂结构,往往采用挂钩式的连接方式。

5. 涡轮导向叶片的选材

涡轮导向器一般采用镍基高温合金、钴基高温合金等材料。在涡轮导向叶片设计中,首先要考虑的是使用性能,在此前提下必须考虑材料的工艺性能。在某些情况下,工艺性能可能成为选材的主要依据。

目前,多数涡轮导向器毛坯采用精密铸造工艺。叶片精密铸造的过程:采用优质易熔模料,在高尺寸精度和低表面粗糙度的模具内形成叶片形状和浇注系统,制成可熔性模型,在模型外涂上若干层特制的耐火材料,经干燥硬化形成整体壳

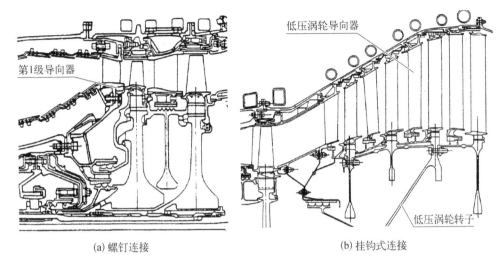

第1级导向器

低压涡轮导向器

低压涡轮转子

(a) 螺钉连接　　　　　　　　(b) 挂钩式连接

图 5.31　涡轮导向器连接形式

型。壳型经过熔失得到型腔表面很光滑的铸型,铸型经过焙烧,然后浇入熔融金属冷却获得叶片铸件。

根据叶片的凝固方式,可分为等轴晶叶片、定向结晶叶片、单晶叶片。高温合金精密铸造,不仅可以制造复杂、薄壁(最小 0.4 mm)空腔和尺寸精密、表面光洁的涡轮叶片,而且可以制造合金化更高、锻造难以或无法制造的叶片。高温合金精密铸造叶片可实现小余量或无余量精铸,使涡轮叶片制造精密化,不仅节约了昂贵的高温合金消耗,而且大大地减少了难以机械加工的切削加工量。

但对于铸造工艺来说,叶片各部位的结构形式可能会在铸造过程中引起疏松、缩孔、缩裂等铸造缺陷。由于各种材料流动特性不一样,流动性较差的材料有可能产生内部外部裂纹以及工程过程温控不均匀带来的材料组织缺陷等。因此,需要考虑材料与工艺的匹配性。

6. 涡轮导向器强度分析

根据涡轮导向叶片设计准则要求,为掌握零件应力分布、变形及振动情况,需要进行强度、寿命、位移/变形及振动的详细计算,通常在实体三维造型和零件温度场等确定后进行。一般由结构专业提出强度分析的技术要求,该要求须经气动、冷却、强度专业会签。技术要求需要明确给出供强度、寿命及位移计算用的边界条件,包括三维实体、材料、计算状态、零件温度场结果等,同时,明确计算后需要得到分析结论,如应力分布、轴向、径向和周向变形、强度和寿命的评定等。

涡轮导向叶片的强度分析主要包括以下几个方面:

(1) 导向叶片的应力、变形分析,特别是关键部位的局部应力和变形;

(2) 导向叶片的屈曲分析;

（3）低周疲劳寿命分析；

（4）涡轮导向叶片的固有频率。

7. 涡轮导向器的设计验证

由于涡轮导向器所受载荷较为复杂，在设计时虽然进行了载荷分析、强度计算，但分析结果的准确性和精度需要依靠大量的试验才能确定。涡轮导向器设计验证一般首先介绍涡轮导向器验证试验的依据，然后介绍应进行哪些试验项目。

1）试验依据分析

（1）发动机型号规范规定的试验要求；

（2）强度设计计算分析所需的试验；

（3）验证新型结构设计选型；

（4）验证新材料和新工艺的选用；

（5）排除发动机地面台架或外场试验使用中的故障。

2）试验项目

（1）涡轮导向叶片振动试验。振动试验针对单个涡轮导向叶片开展，主要进行振动特性试验，测量固有频率、振型和振动应力分布。在发动机试车时，在导向叶片部位安装加速度计，测取振动值和振动特性。

（2）涡轮导向叶片低周疲劳试验。按规定的设计任务循环次数的 2 倍进行低周疲劳寿命试验。试验程序按试验任务书规定。试验过程中，在第一个等效寿命期内不允许修理。试验在工作温度条件进行，也可以按材料特性调整试验载荷。

（3）涡轮导向叶片蠕变测量试验。

（4）涡轮导向叶片热冲击试验。

（5）整机考核验证。

8. 涡轮导向器的喉部面积

涡轮导向器的喉部面积是影响发动机性能的重要参数之一，对涡轮级前后温度、气流流场，以及发动机的流量、推力、转速、耗油率等都有直接的影响，特别是高压涡轮导向器喉部面积直接影响发动机的空气流量，对发动机的性能影响较大。对于双转子发动机来说，涡轮导向器喉部面积还关系到高、低压转子的转速差，因此在发动机的设计、生产中对涡轮导向器的喉部面积均有严格的要求，在结构设计时应考虑导向器喉部面积调整的措施，在安装导向器时，需要对喉部面积进行测量和调整，以达到规定值。

目前，涡轮导向器喉部面积的测量方法和测具有多种，在国内基本上采用机械法测量和水流法测量。机械法测量是采用专用仪表(百分表或三坐标测量仪)测量导向器每个窗口的有关喉部尺寸，然后通过公式计算整个导向器的喉部面积；水流法测量是通过专用设备测量一定时间内流过导向器的水流流量来计算导向器的喉部面积,该方法适用于整体式、叶片较短、喉道面积较小的涡轮导向器。

5.4.3　涡轮机匣结构设计

涡轮机匣前端与燃烧室外机匣连接,后端与涡轮后机匣(或尾喷管或加力燃烧室)相连接,是涡轮支承转子和传递载荷的重要构件,也是发动机的重要承力件。此外,机匣还和涡轮转子一起构成涡轮部件的气流通道。机匣的结构和承载情况十分复杂,机匣的设计质量直接关系到发动机的气动性能、寿命、可靠性和推重比。

涡轮机匣主要承受的载荷如下:

(1)沿涡轮机匣内、外壁面的压力差;

(2)导向叶片及内环的气体轴向力;

(3)各级涡轮导向叶片的扭矩;

(4)各级涡轮转子叶片段的涡轮机匣应能承受以下包容载荷:该级转子叶片瞬态超转时在叶身与榫头处(不包括缘板)断裂时产生的全部动能;

(5)转子滚子轴承的侧向或垂直的惯性力(包括转子陀螺力矩引起的力);

(6)各级涡轮转子叶片在叶身与榫头转接处(不包括缘板)断裂的飞出载荷;

(7)从涡轮机匣后安装边传入加力燃烧室或喷管的气体轴向力、三个方向的惯性力及力矩;

(8)涡轮机匣前、后安装边径向温度梯度或与相连部件机匣安装边材料线性膨胀系数不同引起的热变形不协调载荷;

(9)涡轮机匣所有构件产生的质量惯性载荷。

1. 涡轮机匣的设计要求

涡轮机匣是航空发动机的主要承力件之一,也是形成发动机气流通道的主要构件,其结构和承载情况十分复杂。工作中,机匣承受发动机的气体载荷和质量惯性力,这些载荷以轴向力、内压力、扭矩和弯矩的形式作用在机匣上。此外,作用在机匣上的载荷还有热负荷、循环载荷和振动载荷等。

涡轮机匣承载了相当大的热应力、扭矩、轴向力及内外压差,因此对材料的蠕变、屈服强度和低周疲劳性能要求较高,在选材上主要考虑使用温度、线性膨胀系数、结构强度、刚度和材料的密度等是否满足设计要求,以及材料加工的难易程度等工艺性。

因此,涡轮机匣结构设计时,需保证如下基本要求:

(1)满足接口形式及接口尺寸要求;

(2)提供足够的强度和刚度;

（3）提供足够的许用应力；

（4）提供足够的低循环疲劳寿命；

（5）防止高循环疲劳；

（6）提供足够的蠕变寿命；

（7）防止屈曲；

（8）尽量减小热变形和热不协调；

（9）机匣相互之间要能很好地热定心；

（10）尽量减轻质量；

（11）要保证准确可靠的定位和密封流路；

（12）气动损失小；

（13）提供对于非正常工作和意外事故的保护措施。

2. 涡轮机匣的基本形式

涡轮机匣的基本结构形式一般为带有安装边的柱壳和锥壳,通常由数段组成,彼此通过安装边连接在一起。根据制造工艺不同,可分为铸造机匣、锻造机匣、焊接机匣等。

由于涡轮机匣在高温燃气环境中工作,且承受温度梯度大,若采用对开机匣,则机匣周向刚性不均,在工作时容易出现变形、翘曲等问题。因此,大多数涡轮机匣设计成整体式,即沿圆周方向不分割,这种整体式分段机匣周向刚性均匀,工作时的变形较小。为了便于装配,涡轮机匣采用沿轴向分段,现代发动机通常采用单元体设计,通常将高、低压涡轮划分为两个单元体,因此高、低压涡轮机匣通常按高、低压沿轴向分为两段即可。

大多数涡轮机匣属于环形机匣,由机匣筒体和前后安装边构成,机匣筒体为薄壁的圆锥体或圆柱体,如图 5.32 所示,两端的安装边起装配定位与连接作用,安装边上有精密定位孔及螺栓连接孔。

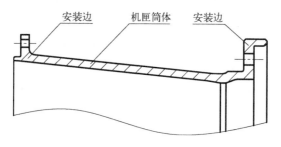

图 5.32 涡轮机匣的基本形式

3. 涡轮机匣的设计流程

涡轮机匣的设计流程见图 5.33。

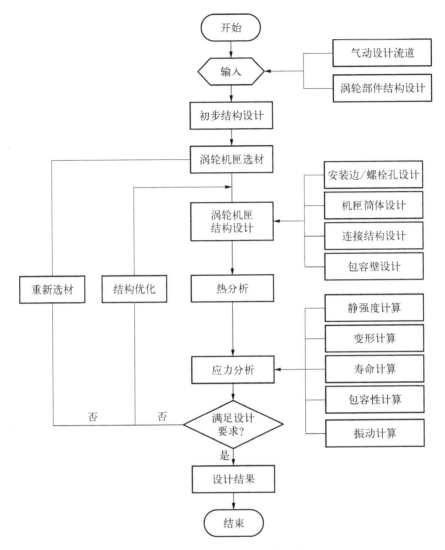

图 5.33 涡轮机匣的设计流程

4. 涡轮机匣结构设计

1）涡轮机匣筒体设计

为了提高发动机推重比,各零组件需要满足重量指标要求,在机匣筒体设计中需将其壁厚设计得很薄,同时,需要固定各种管路等构件,因此,需要在机匣上设计各类安装座定位孔、通气孔及不同功用的径向孔、异形孔及异形槽等,这些都是机匣设计中的危险部位。在大载荷作用下,这些危险部位易发生低循环疲劳,引起裂纹等故障,设计时应在这些部位采取加强措施。

（1）增大危险截面面积,如图 5.34 所示,将机匣安装边转接处加厚。

(a) 机匣安装边转接处为危险截面   (b) 危险截面处加厚

图 5.34   危险截面处加厚

（2）减少应力集中系数，如图 5.35 所示，在应力集中处适当增加转角及倒角。

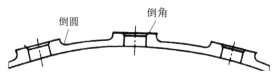

图 5.35   适当加大转角及倒角

（3）改善局部结构设计，消除不利于机匣强度的工艺因素。对于铸造机匣，应尽量保持等壁厚的设计，提高液态金属的流动性，避免集中聚集，使液态金属在铸造模具中能够均匀凝固，可以防止产生额外的局部应力集中和疏松、缩孔、裂纹等冶金缺陷。

对于焊接机匣，为了保证焊缝质量，设计机匣时，焊接部位的厚度最好一致，避免薄壁部分过热而厚壁部分加热不足，影响焊接强度，见图 5.36。

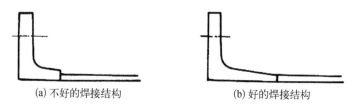

(a) 不好的焊接结构   (b) 好的焊接结构

图 5.36   焊接结构

对于双涵道发动机，涡轮机匣内表面受流道燃气影响，而外表面受涵道冷空气影响，内外表面温度梯度大。同时，机匣安装边径向较高，沿径向温度分布非常不均匀，会产生较大的热应力。为了减小这种热应力，在设计涡轮机匣时可以将安装边螺栓孔之间的材料铣削一部分，这样同时还可以减轻机匣重量，如图 5.37 所示。

（4）保证机匣具有足够的刚性，避免机匣变形和翘曲。设计涡轮机匣时，必须保证机匣有足够的刚性。刚性不足会导致工作时机匣变形过大，造成涡轮端转子与机匣产生磨损，或使机匣失稳，或出现有害的振动。为避免此种机匣刚性不足的现象，通常在机匣的薄壁处设有纵向的加强肋。

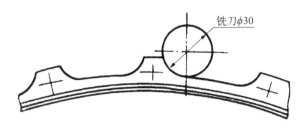

图 5.37　安装边去材料

2）涡轮机匣连接部分设计

涡轮机匣的连接必须保证连接可靠,以及确保要求的同心度。涡轮机匣设计时根据传递扭矩的方式、大小及相邻零件的材料和工作温度等情况,选定机匣间的定心方案和连接形式。在保证可靠定心和连接强度、刚度的条件下,要求机匣结构简单、紧凑、重量轻、工艺性好和成本低。涡轮机匣的连接结构有以下几种基本形式,图 5.38 所示。

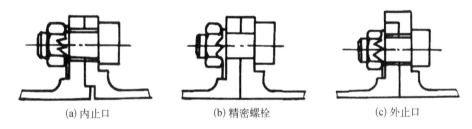

(a) 内止口　　　　　　　(b) 精密螺栓　　　　　　　(c) 外止口

图 5.38　涡轮机匣的连接基本结构

（1）内止口定心。

涡轮机匣间采用带配合关系的圆柱面进行定心,当配合的圆柱面小于螺栓直径时,称为内止口,机匣轴向用螺栓连接,周向定位通过安装边上的定位销或精密螺栓。此时,机匣的传扭依靠安装边端面摩擦力。机匣止口配合建议采用 H7/h6 过渡配合,为了保证工作定心可靠,通常将温度高、线膨胀系数大的零件作为止口配合的内侧（凸边）,反之放在外侧,做成环槽。

（2）精密螺栓定心。

涡轮机匣采用精密螺栓做周向和径向定位,机匣内表面无定位止口。机匣通过精密螺栓承剪和机匣端面摩擦力传递扭矩,一般建议精密螺栓与机匣孔之间采用 H7/h6 配合。

（3）外止口定心。

有时,在机匣内通道表面光滑,不希望机匣结合处有间隙、台阶等,涡轮机匣也可采用外止口的连接形式,此时机匣的定心通过止口处的圆柱表面。

（4）混合连接定心。

还有将精密销钉或精密螺栓作为辅助定心的混合连接结构。在机匣仅用圆柱表面定心仍不能保证重新装配时所必需的同心度，或在结合面内必须有承剪元件来传递扭矩或力的情况下，需要采用混合连接定心的结构，即凸边和精密螺栓或销钉共同用来定心，非精密螺栓用来轴向压紧。通常在混合连接定心方法中，精密螺栓数少于 1/3，建议采用 H6/k6；若精密螺栓数超过 1/3，建议采用 H6/h6。配合性质需根据机匣工作环境和受力情况，在保证定心可靠又便于装配的原则下，视具体情况选定。

机匣安装边应具有良好的连接刚性。在设计中必须适当地选取安装边厚度 b，固定件螺栓直径 d 及沿周边分布的螺栓间的距离 S。根据经验和统计，当紧固直径 D 为 100~1 300 mm 时，建议按以下方法参考选取。

对于结构钢或钛合金机匣：

$$b = (2.5 \sim 5) + 0.002\,5D \quad (\text{mm})$$

对于螺栓直径 d，目前应用最多的是 6 mm、8 mm、10 mm，螺栓沿周向分布间距 S 建议如下：

通常：$S = (5 \sim 8)d \quad (\text{mm})$
具有较高气密性要求的接合面：$S \leqslant 2.5d$
对气密性要求不高的接合面：$S = 10d$

气体压力越高，气密性要求也越高，其 S 值可以取小。对于安装边接触端面需要贴合良好，有特殊气密性设计要求的，在装配时应对安装边接触端面进行着色检查，着色面积沿安装边圆周应均匀分布，并且不得少于表面积的 75%~90%。

3）安装凸台设计

出于油气管路、测试探针等的安装需要，需在机匣上设计各种安装凸台，常用的安装凸台结构形式如图 5.39 所示。

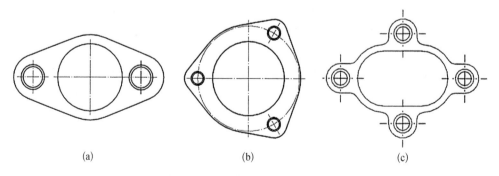

(a)　　　　　　　(b)　　　　　　　(c)

图 5.39　典型的安装凸台结构形式

4）防错设计

在涡轮机匣的设计过程中,应设置必要的防错措施,否则会产生一定的产品缺陷、返工、报废等问题,常见的防错措施有:设计出明显的防错标识,在涡轮机匣上刻"零位标记"符号,作为发动机装配时的周向防错标识;利用非对称的孔、槽及凸台等突出零件的特征,涡轮机匣安装边通过螺栓进行连接,螺栓通常设计为均布,若两者周向位置错误时仍能进行装配,则考虑增加一处特征孔,对两个零组件进行周向定位,保证两个零组件的相对周向位置关系,例如,在安装边设计偏置孔、定位销等防错措施,如图 5.40 所示。

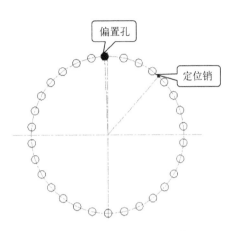

图 5.40　安装边防错设计示意图

5. 涡轮机匣选材

选材主要考虑机匣工作在高温条件下,材料应具有持久强度和高的热稳定性,测仿机种应尽量与样机材料一样,并有如下要求:

（1）一般情况下应选用高温合金材料;

（2）尽量选用成熟的国产材料,最好选用正在服役或在研机种的定型材料,且应容易采购;

（3）所选材料须考虑零件所处的工作环境,如温度、压力等;

（4）所选材料必须完全满足零件的强度、刚度、变形、持久寿命、蠕变要求;

（5）所选材料应当具有良好的冷加工和热处理工艺性,同时具有良好的热稳定性;

（6）对于选用的材料应考虑其经济性。

常用的涡轮机匣材料有 GH2132、GH3030、GH3044、GH3625、GH4169 等。近年来,为了保证涡轮叶尖径向间隙,开始采用低膨胀系数的合金制作涡轮机匣,目前已使用的材料为铁镍基合金 GH907 和 GH909。

在涡轮机匣设计中,首先要考虑的是使用性能,然后,必须考虑材料的工艺性能。在某些情况下,工艺性能可能成为选材的主要依据。

对于锻造机匣,应严格控制锻造毛坯的热处理工艺,避免出现孔隙、夹杂或分层等冶金缺陷。

对于铸造机匣,在铸造过程中,应该分析机匣各部位的结构形式引起的疏松、缩孔、缩裂等铸造缺陷的可能性。由于铸造机匣各种材料流动特性不一样,流动性较差的材料有可能产生内部、外部裂纹及铸造过程温控不均匀带来的材料组织缺陷等。

对于焊接机匣,有可能在热影响下产生裂纹、材料变化、变形等影响,所以应该合理选用焊接方法和控制焊接工艺参数,并在焊后进行去应力处理。

6. 涡轮机匣强度分析

根据涡轮机匣设计准则要求,应进行强度、刚度及寿命详细计算。涡轮机匣静强度分析点一般选取在发动机工作包线的低空大马赫数状态,进行涡轮机匣强度和寿命分析时应特别关注如下关键参数:

(1) 刚度和变形量;

(2) 弹性和蠕变屈曲临界载荷;

(3) 局部应力;

(4) 固有频率;

(5) 疲劳寿命值。

涡轮机匣强度和寿命分析主要包括:

(1) 机匣的应力、变形分析,特别是关键部位的局部应力和变形;

(2) 机匣的屈曲分析;

(3) 低周疲劳寿命分析;

(4) 机匣(含安装边螺栓)的蠕变寿命(包括蠕变伸长量)分析;

(5) 防止高周疲劳的振动分析,确定机匣的固有频率和振动模态;

(6) 包容性分析;

(7) 安装边和螺栓在热变形和所有载荷联合作用下的应力分析。

特别要注意机匣的关键部位,如安装边与机匣连接区、安装座凸台、铆接和焊接区、承力框架、开孔区和螺栓连接等处的应力和寿命分析。这些部位的应力水平较高,容易产生裂纹。

7. 涡轮机匣设计验证

应根据设计需求,制定涡轮机匣的验证试验。首先分析机匣的强度试验依据,然后确定应作哪些试验项目。

1) 试验依据分析

(1) 发动机型号规范规定的试验要求;

(2) 强度设计计算分析所需求的试验;

(3) 验证新型结构设计选型;

(4) 验证新材料和新工艺的选用;

(5) 排除发动机地面台架或外场试验使用中的故障。

2) 试验项目

(1) 涡轮机匣静力试验。通过该项试验,对机匣刚度、屈曲稳定性和在规定的最大载荷综合作用下的应力等分析进行验证。施加规定的最大载荷,机匣不产生永久变形,当将上述所有载荷加大到 1.5 倍时,要求任何构件不破坏。

(2) 涡轮机匣压力试验。通过该项试验,验证超压承载的能力,并验证安装边密封设计。对于承受较大压力的涡轮机匣,应在 2 倍或者 1.5 倍的最大工作压力下进行试验而不发生破裂。试验应在构件的最高工作温度下进行,或者根据试验温度下的材料特性调整试验压力值。必要时可以进行超压破裂试验,以判断机匣的承压能力。

(3) 涡轮机匣振动试验(视情开展)。机匣振动试验主要指振动特性试验,测量机匣的固有频率、振型和振动应力分布。在发动机试车时,在机匣部位安装加速度计,测量机匣振动值。

(4) 涡轮机匣低周疲劳试验(视情开展)。按规定的设计任务循环次数的 2 倍进行低周疲劳寿命试验。试验程序按试验任务书规定。试验过程中,在第一个等效寿命期内不允许进行修理。试验在工作温度条件下进行,也可以按材料特性调整试验载荷。

(5) 涡轮机匣蠕变测量试验。

(6) 涡轮机匣包容性试验。通过包容性试验,验证机匣包容飞脱叶片的能力。一般在旋转试验器上进行转子组件试验,要求转子叶片在最高允许瞬态转速下,在其叶身与榫头转接部位断裂,验证机匣包容能力。

(7) 涡轮机匣应力测试试验。

(8) 涡轮机匣刚性试验(视情开展)。

(9) 整机考核验证。

8. 叶尖间隙的控制设计

涡轮机匣和工作叶片叶尖之间的径向间隙对涡轮的效率有很大的影响,英国罗·罗公司对现代燃气涡轮发动机的研究表明,如果高压涡轮叶尖间隙每增加叶片长度的 1%,发动机效率就会降低约 1.5%,因此减小涡轮转子与静子件之间的径向间隙是改善发动机性能的重要手段。通常在发动机的整个工作包线中,涡轮静子与涡轮转子很难实现全工况下的热响应匹配。

叶尖间隙随着发动机工作状态的变化而改变,特别是当发动机在过渡状态工作时,径向间隙值取决于转子对转速和温度变化的响应、静子机匣对温度变化的响应。图 5.41 为某发动机涡轮机匣第一级涡轮的响应特性,由图可见,间隙最小值发生在突然加、减速时。发动机加速时,瞬间转速加大,离心负荷使叶片和盘径向伸长量迅速增大,此时径向间隙减小。随着发动机继续工作,涡轮机匣和转子温度逐渐受热膨胀,而涡轮机匣的热惯性通常小于转子(涡轮盘),因此涡轮机匣比转子更快达到热平衡过程,其径向膨胀量变化快于叶片和盘,径向间隙先加大后又逐渐减小,直至热平衡后达到设计间隙。相反,当发动机减速时,由于离心负荷骤然下降,转子径向变形量下降,径向间隙瞬间加大。紧接着,涡轮机匣温度下降速度大于转子温度,因此径向间隙呈现先减小后增大的趋势,直至热平衡。表 5.7 是一台典型发动机的涡轮径向间隙在发动机各种工作状态下的实测值。

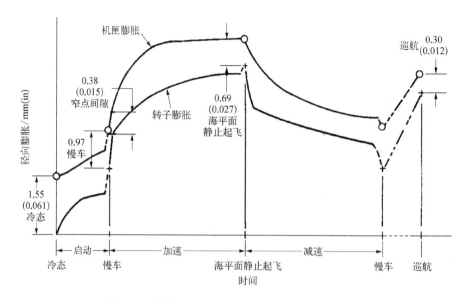

图 5.41　某发动机涡轮机匣第一级涡轮的响应特性

表 5.7　典型发动机的涡轮径向间隙变化值

发 动 机 状 态		径向间隙值/mm
稳态	起动前(装配间隙)	1.244
	慢车状态	0.889
	最大状态(无加力)	0.584
瞬态	突然加速(慢车→最大)	0.457(最小值)
	突然减速(最大→慢车)	0.406(最小值)

　　从上述的机理得知,发动机的最小间隙一般都发生在过渡态,而设计者恰恰希望在发动机长时间工作的各稳态工作状态下,能得到最小的间隙,以提高效率。因此,通常在进行设计时,做到尽量减小稳态工作状态的径向间隙,而在过渡状态不产生严重的摩擦,为此在结构上采取了一系列措施。

　　(1)采用间隙控制技术。为了尽量减小设计状态的径向间隙,并且在过渡状态下避免发生严重的摩擦,在涡轮端会引入叶片间隙控制系统,分被动间隙控制和主动间隙控制。

　　被动间隙控制系统通常采用双层机匣,将机匣设计成双层结构,机匣间引入压气机端流路或燃烧室二股气流,使内层机匣外表面处在合适温度的流路中,以控制机匣与转子的径向变形。这样设计还可以将机匣的受热件和受力件分开,让外层低温机匣受力。有的发动机,将直接与高温燃气接触的内层机匣沿圆周设计成若干扇形段,各段间留有适当的周向间隙,允许受热时自由膨胀。涡轮机匣选取线膨胀系数较小的高温合金材料(如 GH907),这样,虽然装配间隙要求加大,但巡航时径向间隙较小。过渡态的变形匹配则需要通过机匣的结构和热容设计实现。

主动间隙控制技术系统可通过机械控制、压力控制、热控制等方法实现涡轮叶尖间隙的调节,国外大量的研究工作表明:相比机械控制、压力控制方法,热控制是目前可实现的控制方法中最佳的方法,即通过冷气对机匣吹风来控制机匣温度,按照不同工况的机匣温度需求调节吹风流量,控制机匣径向变形,使转、静子达到较好的匹配。该系统根据发动机的类型、特点和工作环境,通过特定的吹风流量控制规律,结合合理的机匣结构形式和材料,保证发动机设计状态和特定状态下的涡轮叶尖间隙的设计需求,而在发动机其他状态转、静子又不会相磨,以达到"小间隙"的设计目的,从而有效地提高涡轮效率,改善发动机性能。热控制方法,具有设计简单,改动量小,结构易于实现,技术成熟等优势,有利于减小技术风险,缩短发动机的研制周期,降低研制成本,但由于该技术需消耗冷气流量并增加重量,会使发动机推重力下降,因此目前在军用机上一般未采用。

涡轮径向间隙控制系统中,静子件热响应特性完全取决于涡轮机匣。所以,机匣互相之间要有很好的热定心功能,转、静子之间能保持良好的同心度。

(2)涡轮机匣上设置耐磨结构。

尽量减小稳态工作状态的间隙,但这会造成在过渡状态下转子和静子间的相互摩擦。为避免摩擦所带来的严重后果,应在机匣内壁装上易磨材料,如石墨块或蜂窝结构。

涡轮转子和静子之间除了叶尖径向间隙外,其他各种间隙(包括径向和轴向间隙),随工作状况的变化也很大,在设计中同样必须充分考虑冷热变化等各种影响因素。

5.4.4　涡轮后机匣结构设计

涡轮后机匣又称涡轮排气机匣,是发动机的支撑和主要承力件之一,肩负承力和涡轮出口气流整流的作用。由于要求有足够的强度的刚度,均采用了框架式结构,机匣外壳上通常设置发动机的辅助安装节。

作用在涡轮后机匣上的载荷有:

(1)机匣壁面压力差;

(2)后端混合器及加力燃烧室的气体轴向力、三个方向的惯性力及力矩;

(3)后端尾锥体等的气体轴向力、三个方向的惯性力及力矩;

(4)由涡轮后支点的垂向或侧向惯性力(包括陀螺力矩引起的力);

(5)当外涵承力环局部设置发动机辅助安装吊挂点时,承受发动机垂向或侧向的部分惯性力;

(6)各构件金属温度不同引起的热变形不协调载荷;

（7）涡轮后机匣所有构件产生的质量惯性载荷；

（8）涡轮后支点轴承载荷。

1. 涡轮后机匣设计要求

除满足涡轮机匣的设计要求外，涡轮后机匣结构设计还应遵循以下要求。

（1）在重量较轻的情况下保持坚固可靠、刚性好。一般来说，涡轮后机匣都是发动机转子系统的一个后支点，其可靠性直接影响到转子的稳定工作和发动机的安全。此外，较低的刚性会导致转子叶片与静子、外环等相产生摩碰，容易引起非正常振动。

（2）受力件与受热件分开。由于涡轮后机匣包含燃气流道，且承力框架需要从机匣外侧直达内部的轴承座，内、外刚性连接，径向跨度较大，如果设计不合理，会产生较大的热变形和热应力，所以通常需要将受力件与受热件分开，一般多用整流支板把承力框架与高温燃气隔开。

（3）热变形协调。涡轮后机匣各构件温度较高，温度梯度大，变形协调困难，同时又要有足够的刚度，导致热应力是影响涡轮承力机匣中零件强度和寿命的主要因素，设计时必须在结构、材料、空气流路等方面采取适当措施，解决热匹配问题。

整流支板需重点关注热应力。由于整流支板一般较薄而且尺寸较大，位于燃气流道，在工作中往往会产生较大的热应力和变形，在设计时，支板上下一般不能同时固定，必须在径向和轴向留出足够的热膨胀空间。

2. 涡轮后机匣的结构形式

涡轮后机匣的结构形式有两种，一种是直支板结构，另一种为斜支板结构，如图 5.42 所示。斜支板并不是支板沿轴向倾斜，而是沿周向倾斜，其优点是发动机工作时内、外机匣受的热应力较小。由于燃气流道内温度高于机匣外的温度，支板的径向热变形要大于机匣的热变形，热变形不协调会产生热应力，这种热应力随着发动机工作状态的变化而变化，而强大的交变热应力容易引起机匣热疲劳而产生大量裂纹，斜支板能在周向起到一定的补偿作用。因为斜支板与机匣不成直角，所以当支板的热膨胀量较大时，会使内、外机匣沿周向产生一定的相对转动，这种相

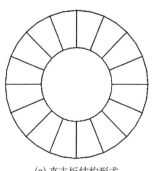

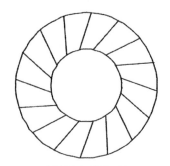

(a) 直支板结构形式　　　　　　　　　　(b) 斜支板结构形式

图 5.42　涡轮后承力机匣的结构形式

对转动可以有效地降低机匣所受的热应力。

3. 涡轮后机匣基本组成

涡轮后机匣一般由管路、承力框架、整流支板、轴承座等组成,承力框架由承力机匣、承力支柱、承力框组成,各组件之间一般为圆柱面止口定心、螺栓连接结构见图5.43。

1) 承力机匣

承力机匣与相邻组件采用前、后安装边止口定心、螺栓连接的方式,在承力机匣上设计有各种孔、沟槽和安装凸台,用于各引气、供、回油等管路及测试受感部的安装,并设置有孔探仪孔便于检查。承力机匣一般为整体式,在设计中既要保证机匣有足够的刚性、工作时的变形量小,又要满足重量指标的要求,通常将其壁厚设计得很薄。

2) 承力支柱

承力支柱作为承力框架的主要承力件,它从整流支板的叶型中穿过,径向截面的轮廓形状取决于整流支板的叶型截面;承力支柱结构形式一般分以下三种。

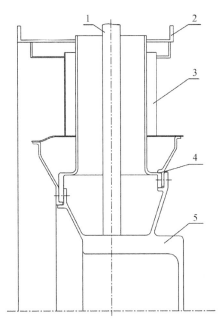

图 5.43　涡轮后承力机匣

1. 承力支柱或管路; 2. 承力机匣;
3. 整流支板; 4. 承力框; 5. 轴承座

(1) 承力支柱上端用螺栓加衬套与承力机匣相连,下端用螺栓与承力框相连。进行方案设计时应避免承力支柱与承力框的膨胀量比承力机匣膨胀量大太多,使承力机匣能承受其热应力。

(2) 承力支柱与承力机匣和承力框焊接或铸造为一体,该结构形式给工艺带来了较大的困难。

(3) 用径向长螺栓作为承力支柱将承力机匣与轴承座相连,设计时要处理好长螺栓和承力机匣刚度的关系。

3) 整流支板

一般多用整流支板把承力框架与高温燃气隔开,使受力件和受热件分开,进行整流支板设计时一般较薄而且尺寸较大。支板上下一般不能同时固定,必须在径向和轴向留出足够的热膨胀空间。

4) 承力框

承力框多为梯形盒式框架结构,多采用焊接或铸造结构,其温度梯度较大,设计时应在结构、材料、空气流路方面采取一定措施来缓解刚性与热变形之间的矛盾,对承力框的零件壁厚及直径等结构尺寸进行优化,在达到较大的刚度和合格的强度的前提下,尽量减轻重量。

对于铸造的承力框,各种材料流动性不一样,流动性较差的材料有可能产生内外裂纹及因工艺过程温控不均带来的材料组织缺陷等,因此必须分析铸造过程中可能会引起产生疏松、缩孔、缩裂等铸造缺陷的因素,确定承力框各部位合理的结构形式。

对于焊接的承力框,分析焊接时可能引起产生裂纹、材料变化、各种变形的影响因素,对结构设计进行设计。

涡轮后机匣材料的选取首先依据其使用功能和工作特点,该部件虽没有强大的离心负荷,但其工作温度高,承受相当大的热应力、各腔的内外压差产生的压应力,所以对此材料的蠕变、屈服强度要求较高。在初步的结构方案下,进行加工方法(铸造、锻造或焊接)分析,充分考虑经济性,根据温度场和强度分析的结果及设计需求,并参考国内外机种的用材情况,确定涡轮后机匣设计的最佳材料。

5.5　涡轮转子结构设计

涡轮转子的主要功能是实现叶片工作在正确的流道位置并将产生的功率传递至压气机,同时满足叶片冷却及空气系统要求的流路和封严,以及支点轴承的有效冷却和封严。涡轮转子组件主要包括涡轮转子叶片、涡轮盘、轴类零组件,广义上包括联轴器、挡板等旋转件,本节重点对涡轮转子的典型结构布局和主要零件及其设计方法进行介绍。

5.5.1　涡轮转子的典型结构

在航空发动机转子设计中,常用到鼓式、盘式及混合式三种结构形式,涡轮转子布局也主要是这三种结构。一般情况下,高压涡轮转子常为盘式结构,而低压涡轮转子则为混合式结构。

鼓式转子结构简单、零件数目少、重量轻、加工方便,并且有较高的抗弯刚性,但其强度较低。盘式转子由一个或一组轮盘与中心轴组成,强度好但抗弯性差,并容易产生振动。混合式转子由盘、鼓筒和轴组成,扭矩由轴、盘或轴、鼓、盘逐级传递,兼具鼓式转子抗弯刚性高及盘式转子强度高的优点,但对空间尺寸及载荷的适用要求较高。

涡轮转子结构形式的选取是与发动机中涡轮部件的使用需求和总体方案设计思想相关的,每种结构有其固有的优点,相伴而生也会有缺点。结构设计中首先需要解决设计需求的主要矛盾,采用其他方式来避免或者缓解其缺点。

在现代发动机涡轮部件设计中,由于高压涡轮承受越来越高的载荷,主要矛盾点为轮盘的强度,且相关的尺寸和功能限制较多,高压涡轮大部分采用了盘式的转子结构形式,以实现强度要求,同时辅以较强的联轴器设计来提高抗弯刚性,并采取相应的减振设计,对盘、轴、叶片等转子组件的振动进行复核,以期解决或缓解盘式转子的振动问题。

而对于低压涡轮,尤其是多级低压涡轮时,其空间限制相对宽松,可选择盘鼓混合式的结构形式,也可选择盘式的结构形式。对于民用发动机而言,基于成本及寿命的设计需求,多采用混合式结构;而对军用发动机而言,由于尺寸和重量严格限制,多采用盘式结构。

1. 典型单级涡轮转子结构

AL‐31F 发动机涡轮部件示意图见图 5.44,它装配于 SU‐27 等大量现役机种,其高压涡轮为单级盘式转子,叶片与涡轮盘通过榫齿连接,叶片前缘凸块与挡片轴向定位叶片;盘通过螺栓连接前轴颈、涡轮后轴。同时,为满足叶片的冷却需要,在涡轮盘上开有通气孔。

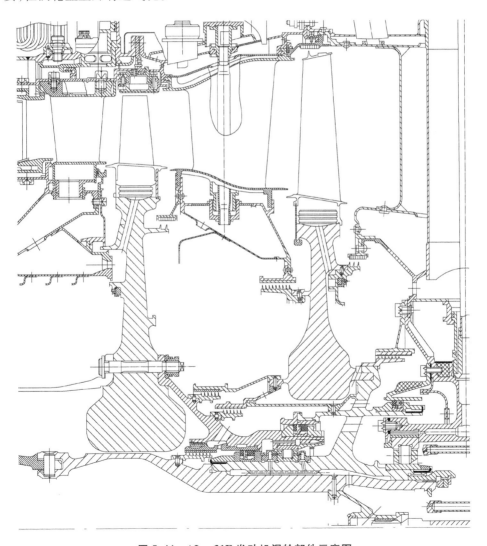

图 5.44　AL‐31F 发动机涡轮部件示意图

低压涡轮同样为单级的盘式转子,基本结构与高压相似,通过销钉与低压轴连接。

2. 典型双级涡轮转子结构

典型双级涡轮结构见图 5.45,早期盘片采用涡轮盘盘体开孔短螺栓连接,即盘与盘、盘与叶片及挡板,如 CFM56 – 2、PW2000、CF6 – 80E1 等发动机。后期,由于对发动机强度、寿命要求的提高,高压涡轮都不再在涡轮盘盘体开孔,如 F100 – PW – 229、GE – 90、V2500、ПC – 90A 等发动机。双级高压涡轮转子依据总体结构支点布局、工作环境参数不同而选择不同的结构类型,连接结构大致分为以下几种。

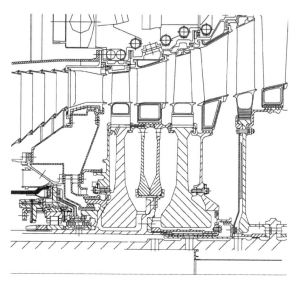

图 5.45 ПC – 90A 高压涡轮示意图

(1) 带盘间封严盘或盘间轴颈的短螺栓连接传扭结构,如 GE – E3 发动机、F100 – PW – 229、F100 – PW – 200 等,伸出的轴颈或一级盘外伸法兰与高压压气机连接传扭,适用于盘间轴向距离足够大的情况。

(2) 盘体开孔,早期发动机采用此连接结构,如 JT9D – 7R4、CF6 – 80E1、PW2000。

(3) 盘体轮毂处伸出轴颈穿过另一级盘心,以套齿加轴端螺母连接传扭,是主流发展方向,如 GE – 90、Genx、V2500 等发动机,其中以一级盘后伸更有优势:支点在更低温度环境下工作,转子刚性更好,转子支点间跨距更大。由于现在的高压涡轮盘多用粉末冶金制造,为节约盘毛坯费用及加工费用,需要解决粉末盘盘体与轴颈的焊接工艺。

(4) 双级涡轮转子采用轴端螺母连接,盘心轴颈受拉、端齿压紧,在轮毂处形成盒形结构,该结构多用于直升机小发动机,如 ПC – 90A 等。该结构有如下优点:装配性好、刚性好、材料利用率高加工费用低。缺点:担心盒形结构过渡态工作稳定性、轴端连接螺纹强度,装拆力矩很大,工艺性不好。

3. 典型多级涡轮转子结构

由于受到风扇转速的限制,大涵道比发动机低压涡轮通常级数较多(4~7级)。多级低压涡轮部件的特点是膨胀比大、功率高、转速低、扭矩大、流量大、轴向力平衡难度大,其性能的优劣直接影响发动机的整体性能。由于级数多、传递负荷大,对转子的刚性要求高,多级低压涡轮一般采用盘鼓混合式结构。

为保持低压涡轮静子圆度,低压涡轮机匣一般采用整体环形结构,由于低压涡轮转子级数多,其装配较复杂,对转、静子件的装配必须按次序交错进行,并必须保证同心。低压涡轮通常采取带静子的整体平衡法,以保证低压涡轮转子的平衡质量。

随着低压涡轮设计指标的不断提高,低压涡轮通常设计有复杂的级间封严结构和间隙控制技术,以减小燃气泄漏损失,进一步提高、低压涡轮效率。

随着涡轮部件进口温度的不断提高,低压涡轮第一级导向叶片和转子叶片开始采用冷却结构,同时低压涡轮前几级盘采用榫头吹风结构,以降低盘缘温度;另外,低压涡轮盘腔的设计需考虑低压转子轴向力和轴承腔封严的需求。

对于齿轮传动风扇发动机来说,高的周向速度使低压涡轮膨胀比大大提高,级数比目前常规低压涡轮减少 50%~70%。但是,较高的切线速度导致涡轮盘出现高的机械负荷,极高的离心负荷也会对转子叶片的设计产生重大影响,此问题需要采用新的结构设计技术和轻质材料来解决。

随着三维叶型设计、先进密封、低损失空腔系统、主动和被动边界层控制技术等设计技术的不断发展,未来的设计目标是在相似的膨胀比下,进一步提高多级低压涡轮效率,同时在不牺牲涡轮性能的前提下减少低压涡轮的级数和叶片数。

4. 典型涡轮转子连接结构

1) 盘-盘连接结构

盘-盘连接结构通常有以下几种:

(1) 锥形拉紧螺栓连接(用几个锥形螺栓把两个以上的轮盘轴向连接起来);

(2) 鼓筒盘螺栓连接(用销钉或螺钉把传扭鼓筒或盘鼓连接起来);

(3) 圆弧端齿加中心拉杆连接(或几个长螺栓),以圆弧端齿定心传扭,并用中心拉杆轴向连接;

(4) 其他:如止口、螺栓连接。

2) 盘-轴连接结构

盘-轴连接结构有以下几种:

(1) 锥形拉紧螺栓连接;

(2) 鼓筒加径向销钉连接;

(3) 圆弧端齿加中心拉杆连接。

3) 盘-叶片连接结构

涡轮转子叶片一般与盘采用榫连接结构形式。对于新设计的榫连接,一般采用正在服役或在研机种的榫连接,或加以改进设计。

榫头榫槽的榫齿又分为弧形齿和锯形齿。对于锯齿形榫槽,其工作面的接触面积相对大些,而且榫齿数多,一般在大发动机中采用;对于圆弧形榫槽,其工作面的接触面积较小,榫齿数也较少,一般 2~3 个,多用于中小发动机,榫齿的数量多为两齿或三齿。

5.5.2　涡轮转子叶片设计

对于涡轮转子叶片,高温、高压、高转速的工作特点,决定了其必须要采用适应燃烧室出口温度要求的合金材料和工艺,以及冷却设计来保证叶片合理的金属温度及分布,同时,为保证转子系统的要求,还需要尽可能地控制叶片重量,对叶片的强度振动设计要求也较高。这些特点决定了涡轮转子叶片设计是气动、冷却、空气系统、强度、结构、工艺高度融合的设计,其不同于一般的机械设计,需要在进行涡轮转子结构设计时引起足够的重视。

1. 典型涡轮转子叶片结构

涡轮转子叶片的主要组成部分及实现的功能如下。

1) 叶身

叶片叶身的主要功能是利用气动外形设计实现热能到机械能的转换,叶身的外形取决于气动设计结果。叶片的工作环境不同,叶片内型区别较大,见内冷结构介绍。

2) 缘板/冠

涡轮转子叶片缘板通常为下缘板,主要功能是实现下流道控制,在满足自身的功能基础上,还通常会有阻尼结构、封严结构、冷却结构等附属结构来实现其他功能。

叶身较长时,从振动角度考虑,或需要更高效率时,叶身根部离心应力允许时,会采用叶尖带冠的结构。叶冠的主要功能是实现叶片上流道的控制,并利用叶冠解决叶片振动问题。所以通常会附属减振阻尼结构,带冠叶片示意图见图 5.46。

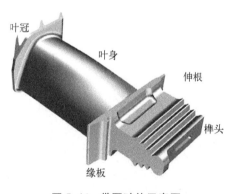

图 5.46　带冠叶片示意图

3) 榫头等连接结构

叶片的扭矩需要通过盘轴输出,涡轮叶片与盘的连接形式有整体叶盘式叶片、销钉连接式和榫槽连接式。

对于涡轮转子系统,根据总体方案的要求,选取合适的结构形式,每种叶片的连接结构都有特点及优缺点,需要发挥优点,而缺点需要有方法抑制或解决。

随着涡轮前温度的提升,叶片与盘的综合考虑,采用榫连接结构是较优的选择,涡轮叶片通常采用枞树形榫连接。

4) 伸根

叶片在榫连接与叶身之间通常设计伸根结构,以实现榫连接与叶型间的平滑过渡。

伸根的主要功能就是实现榫连接与叶身的过渡,对于有内冷结构的叶片,还要实现冷气的流通。伸根部位的高度需要根据叶片设计决定,伸根高有利于减少叶身对榫连接的导热,但增加了榫连接的负荷。

在满足设计强度寿命要求的基础上,伸根应尽量轻,并为冷气提供流畅的通道,减少气流损失。

5) 内冷结构

对于气冷叶片,内冷结构贯穿榫连接、伸根、叶身、叶冠等结构,以实现冷气对叶片的有效冷却。

对榫连接、伸根部位的内冷结构,重要的是实现需要的通气面积、尽量小的损失;

对于叶身部位的内冷结构,要实现对叶片的有效冷却,并通过节流元件实现冷气的流量分配,有时在缘板及叶尖也会设计冷却结构。

6) 气膜孔

气膜是实现叶片冷却的重要部分,通过气膜覆盖可实现叶片的有效冷却。

7) 封严结构等其他附属结构

2. 涡轮转子叶片的结构设计流程

涡轮转子叶片的结构设计流程见图 5.47。

1) 设计输入

涡轮转子叶片的设计输入一般应包含以下几个方面:

(1) 发动机型号规范;

(2) 发动机总体参数;

(3) 发动机设计点和强度设计点;

(4) 发动机工作包线;

(5) 涡轮进口温度 T_{4t};

(6) 涡轮进口压力 P_{4t};

(7) 转子设计转速和最大转速。

涡轮叶片提供下列参数:

(1) 转子叶片叶身热态叶型数据;

(2) 热态流道图;

(3) 转子叶片数目 Z;

(4) 转子叶片表面静压压力场;

(5) 转子叶片各截面叶型数据及其轴向、周向的相互位置;

(6) 转子叶片表面温度场;

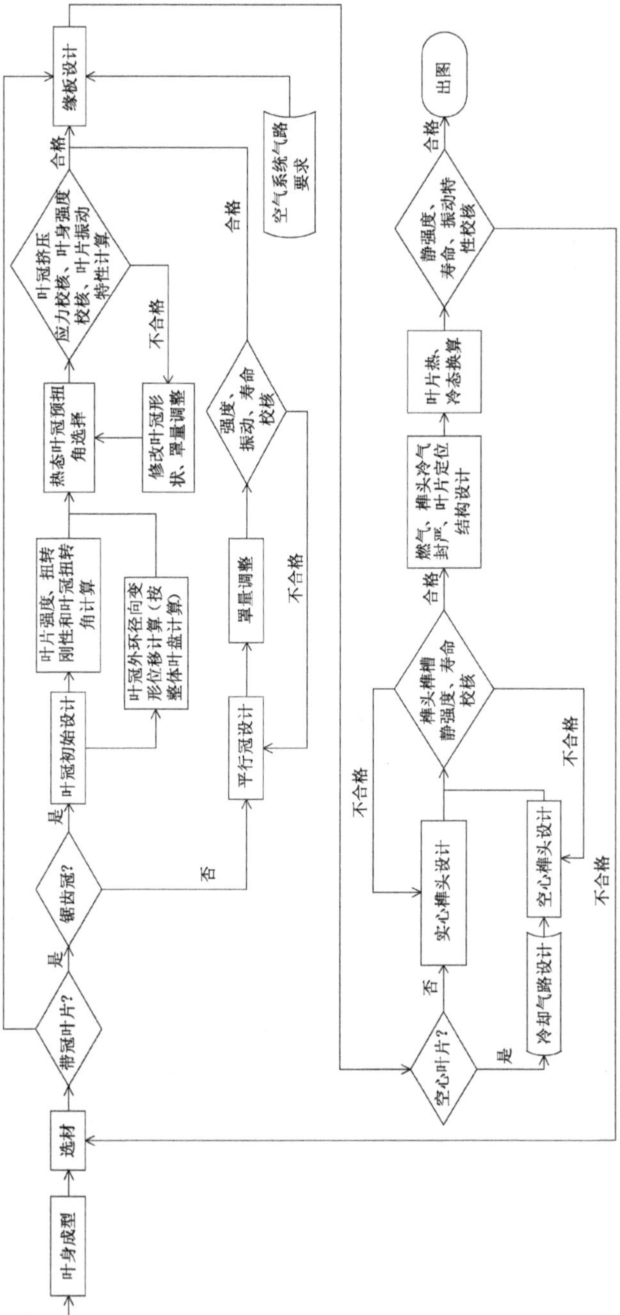

图 5.47 涡轮转子叶片的结构设计流程

（7）转子叶片内腔冷却结构，一般在获得最终冷却结构前，需要结构强度、叶片冷却和空气系统进行多轮迭代。

2）涡轮转子叶片选材

对于涡轮转子叶片，其结构设计要保证满足飞行包线内经受从起动—最大状态—停车的反复交变的循环热负荷、气动负荷和机械负荷，在这种条件下应能做到持久工作而不破坏。同时，要保证对涡轮盘的载荷水平的影响降低到最低限度。因此，涡轮叶片的选材应满足结构设计准则及有关要求，如提供足够的低循环疲劳寿命，应具有足够的抗蠕变断裂的能力，应能抗氧化和耐腐蚀，并具有足够的疲劳强度和抗外物损伤能力。

因此，涡轮转子叶片对材料性能的要求突出表现为如下几点：

（1）涡轮转子叶片所用材料应具有较高的高温比强度；

（2）涡轮转子叶片所用材料应具有足够的高温持久和蠕变强度、优良的高温塑性及良好的综合性能，其中包括高/低周疲劳强度、热疲劳性能、冲击韧度，并无缺口敏感性；

（3）涡轮转子叶片所用材料要具有优良的抗氧化和燃气腐蚀的能力，同时能方便地涂覆各种防护涂层；

（4）涡轮转子叶片所用材料应具有尽可能高的导热系数和尽可能低的线膨胀系数及较小的密度；

（5）涡轮转子叶片所用材料应具有高的初熔温度；

（6）涡轮转子叶片所用材料应具有较高的组织稳定性，在温度和应力的长期综合作用下，不析出有害相；

（7）涡轮转子叶片所用材料应具有优良的工艺性能，如铸造性能、焊接性能、热处理等；

（8）涡轮转子叶片所用材料应尽可能少含或不含贵重的稀缺元素，资源应立足国内并考虑其成本问题。

涡轮转子叶片的材料选用应从发动机的设计需求出发，首先考虑该发动机是军机还是民机，军机和民机的飞行任务剖面完全不同，要求叶片完成不同的任务，民机一般要求很长的飞行时间，军机一般要求较大的发动机循环次数。依据发动机的研制总要求或立项论证书，了解该发动机的技术要求及设计特点，根据具体要求和不同需要选用不同的材料。镍基高温合金具有最优良的耐高温性和抗腐蚀性能，是涡轮叶片的首选材料。

涡轮转子叶片目前主要采用铸造高温合金，等轴晶合金牌号有 K418B、K403、K417、K125、K438 和 K480 6 种；定向凝固柱晶高温合金主要有 DZ408、DZ22B、DZ125 和 DZ406；单晶高温合金有 DD407、DD6、DD412、DD413 和 DD416。燃气涡轮一级转子叶片主要采用第一代定向合金、第一代单晶合金及第二代单晶高温合金。

3）涡轮转子叶片造型

在叶片选材之后，根据结构设计输入条件，涡轮转子即可进入实体造型，得到的结构模型可以作为叶片冷却和强度分析的几何输入。在5.5.2节中将对涡轮转子叶片造型步骤进行详细介绍，此处仅对涡轮转子叶片典型结构特征进行说明。

（1）榫头。

现代航空发动机中，广泛使用枞树形榫头，其两侧有对称分布的多对梯形齿，在轮盘的轮缘相应地做有同样型面的榫槽。榫齿承受剪切和弯曲，工作面承受挤压，榫头楔形体承受拉伸。齿数通常取决于叶片离心力的大小和榫齿的结构形式。各对齿承载是否均匀取决于叶片榫头与榫槽之间的相对变形，各榫齿间刚性的相对分布，材料的物理性能以及制造误差等都会对载荷的均匀性产生重大影响。为了避免应力集中，降低加工精度要求，齿数一般不宜过多。在当前中小航空发动机中，榫头多为两齿或三齿结构。

在多级涡轮中，榫头在满足承载能力的前提下，尽量做到尺寸相同以便共用刀具，简化工艺装备，降低生产成本。

枞树形榫头具有如下优点：① 整体按楔形设计，材料利用合理，承载能力强。齿颈接近等强度设计，重量较轻；② 周向尺寸小，可以使轮盘安装较多的叶片；③ 向榫头榫槽之间留有间隙，允许榫头受热后自由膨胀；④ 可以利用榫头的装配间隙进行通风冷却，降低榫头温度；⑤ 定位精度高，装拆方便。

但是，枞树形榫头也有一些缺点：榫齿之间的转接圆弧半径较小，应力集中现象严重；加工精度要求高，否则加工误差容易导致各齿受力不均。但是，榫头的温度较高，如果材料具备较好的塑性，则可以让受力最大的榫齿产生塑性变形，使应力重新分配，改善榫齿间的受力不均状况；涡轮叶片榫头承受的负荷较大，在当前中小航空发动机中，一个叶片榫头需要承受的离心力高达几十到上百千牛；此外，榫头处于高温下工作（可达 600~700℃），材料的强度性能大大降低，因此在设计涡轮叶片的榫头时，应允许榫头受热后自由膨胀，减少热应力，另外榫头要进行冷却，防止温度过高。

（2）伸根设计。

涡轮转子叶片在叶身和榫头之间常用伸根进行连接，伸根的横截面通常做成长方形或工字形。伸根可以减少热量向榫头的传递，还可以利用冷气进行强制冷却，大大降低了叶根、榫头和轮缘的温度，减小了涡轮盘的内应力；伸根还可以使第一对榫齿上方的转接圆弧弧长减小，可以有效降低应力集中。有的叶片还在伸根处设置阻尼块，如图 5.48 所示，当叶片受到激振力

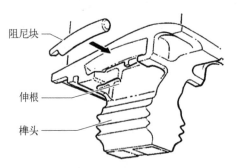

阻尼块

伸根

榫头

图 5.48   在伸根处设置阻尼块的涡轮转子叶片

产生振动后,阻尼块与伸根产生摩擦阻尼减振。但是,中间伸根会增加叶片重量,同时减小了轮盘直径,使叶片数目受限。

(3)叶冠设计。

叶顶带冠的好处是:① 减少叶顶燃气泄漏,提高涡轮效率;② 提高叶片的刚性,改善叶片自身的振动特性;③ 利用叶冠之间的摩擦(或碰撞)吸收叶片的振动能量。

叶冠分为平行四边形叶冠(简称平行冠)和锯齿形叶冠(简称锯齿冠)。平行冠的形状简单、便于装拆,装配时叶冠间留有一定间隙。工作时,离心力产生的扭矩使叶片产生解扭变形,从而使叶冠间的间隙加大。与此同时,热膨胀变形又会使间隙减小。因此,平行冠很难精确控制叶冠的侧面间隙,更多的时候,叶冠仅仅是起到限制叶片振幅的作用。为了更好地抑制振动,可以采用锯齿冠,锯齿冠利用叶片的解扭和热膨胀变形,或是结合装配时产生的叶片预扭来保证叶冠之间工作面的相互抵紧,从而使叶冠形成一个环形的整体,将叶片由悬臂态转变为简支状态,大大提高了叶片的刚性和固有频率,这对于改善长而薄的动力涡轮叶片的振动特性极为有利。此外,相邻叶冠抵紧面之间的振动摩擦还可以形成阻尼,消耗叶片的振动能量。若抵紧面之间的压应力和振动滑移幅值较大,则会加速抵紧面之间的磨损,此时可以在抵紧面上喷涂硬质耐磨合金材料。

叶冠引起的离心力可使叶身和轮盘的载荷增加,并且叶冠两侧又处于悬臂状态。因此,在设计叶冠时,一方面要增加叶片数或者减少叶尖叶型的弦长,以减小叶冠面积;另一方面,也可以从叶冠自身入手,发展一些新型的减重叶冠。此外,考虑到应力合理分布和降低应力集中,叶冠的设计要尽量使两侧边缘部分薄些,与叶身的连接处应厚些。

4)强度分析。

根据涡轮转子叶片设计准则要求,掌握零件应力分布、变形及振动情况,需要进行强度、寿命、位移/变形及振动的详细计算,且通常在叶片实体三维造型后进行。涡轮转子叶片的强度、位移分析主要包括以下几方面:

(1)转子叶片的应力、变形分析,特别是关键部位的局部应力和变形;

(2)转子叶片的屈曲分析;

(3)低周疲劳寿命分析;

(4)涡轮转子叶片的固有频率。

5)工程图样设计

工程图样设计内容包括图面篇幅安排、各种视图的选择、基准确定、尺寸和公差标注、表面粗糙度标注、形位公差标注、技术条件要求等,均应符合机械制图国家标准、相关航空标准和承制厂商标准。

涡轮转子叶片还应提出下列技术要求内容,用来进行质量控制,主要包括以下几个方面。

（1）对材料、毛坯、热处理的要求；

（2）在图面上无法标注的形位公差及一些特殊要求应加以准确说明；

（3）注明引用的各类标准、说明书、专用技术条件、验收规则等技术文件；

（4）生产、使用的图样说明书代号及名称等。

3. 涡轮转子叶片造型过程

涡轮转子叶片的一般造型过程如图 5.49 所示，本小节将以气冷空心涡轮转子叶片结构造型为例进行介绍，其主要步骤如下。

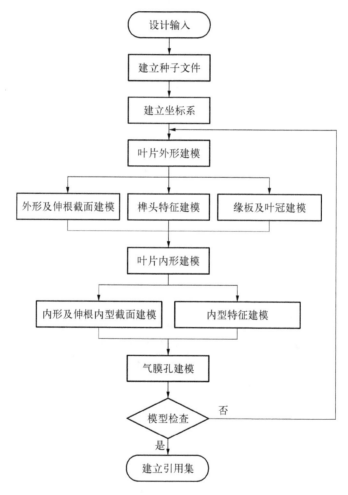

图 5.49　涡轮转子叶片的一般造型步骤

（1）创建基准面、基准轴，如图 5.50 所示。

（2）根据气动数据导入叶型截面，如图 5.51 所示。

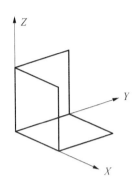

图 5.50　创建所需的基准特征

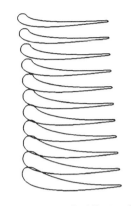

图 5.51　导入叶型截面示意图

（3）扫描生成叶身外形，如图 5.52 所示。

（4）创建榫头实体，如图 5.53 所示。

图 5.52　叶身扫描示意图

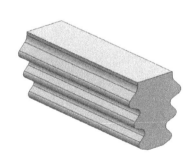

图 5.53　创建榫头实体

（5）创建叶片缘板，如图 5.54 所示。

（6）生成伸根外型实体，如图 5.55 所示。

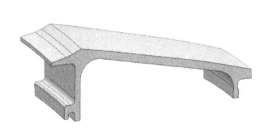

图 5.54　创建叶片缘板

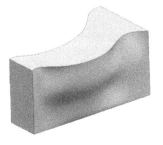

图 5.55　创建伸根外型实体

（7）进行布尔运算求和,生成叶片外型实体,如图 5.56 所示。

（8）根据壁厚要求创建叶身内型实体,如图 5.57 所示。

（9）创建叶片型芯实体,如图 5.58 所示。

图 5.56　生成叶片外型实体　　图 5.57　叶身内型实体　　图 5.58　叶身型芯实体

（10）生成叶片纵向肋,如图 5.59 所示。

（11）生成叶片横向肋,如图 5.60 所示。

（12）生成扰流柱,如图 5.61 所示。

图 5.59　叶片纵向肋　　图 5.60　叶片横向肋　　图 5.61　叶片扰流柱

（13）生成叶片盖板,如图 5.62 所示。

图 5.62　叶片盖板

（14）生成尾劈缝,如图 5.63 所示。

（15）进行布尔运算求差,生成带加强换热特征的叶片型芯实体,如图 5.64 所示。

图 5.63　尾劈缝　　　　　图 5.64　带加强换热特征的叶片型芯实体

（16）型芯实体与叶身外型布尔差生成叶片实体,如图 5.65 所示。

（17）根据传热要求生成气膜孔,如图 5.66 所示。

图 5.65　叶片实体生成　　　　　图 5.66　气膜孔的生成

4. 榫连接设计

榫连接是叶片-轮盘主要承力的连接型式,其在航空发动机涡轮部件中得到了广泛的应用。压气机部件中常用燕尾型榫连接,枞树型榫连接有承载面积大,周向尺寸小及拆装方便的结构特点,在涡轮部件中得到了广泛的应用。枞树型榫连接由2~5对齿构成,齿与齿间由过渡圆弧连接。在工作过程中,榫连接承担叶片离心力、振动应力、热应力,由于来流流场和叶片加工的分散性,载荷极其复杂。结构中较小的倒圆和接触区经常产生明显的应力集中现象,严重影响榫连接的工作寿命。

目前,国外对于榫连接设计早已进入标准化的阶段,其多年设计中整理的经验已融入其中,选定工作载荷和部分几何、强度约束即可很方便地获得适应的榫连接形式。一方面,多年的设计经验确保了设计的合理性;另一方面,极大地缩短了设计周期、节省了设计迭代时间。本节中所介绍的榫连接设计方案均符合标准 HB 5965—2002。

1)榫连接几何结构参数

根据 HB 5965—2002,可知榫连接结构设计中相对独立的结构尺寸设计参数如表 5.8、图 5.67 和图 5.68 所示。

表 5.8　榫连接结构尺寸设计参数

榫　头		榫　槽	
设 计 参 数	符　号	设 计 参 数	符　号
楔角	α	楔角	α
压力角	β	压力角	β
齿形角	γ	齿形角	γ
齿距	t	齿距	t
齿数	n	齿数	n
节距	A_j	节距	A_j'
榫头定位点高度	H_0	榫槽定位点高度	H_0'
齿顶倒圆	R_d	齿顶倒圆	R_d
齿根倒圆	R_g	齿根倒圆	R_g
伸根倒圆	R_y	槽底倒圆	R_2
榫头高度	H_1	榫槽深度	H_2

榫　头		榫　槽	
设 计 参 数	符　号	设 计 参 数	符　号
节线错距	C	叶片数	N_b
拉削角	θ	榫槽轴向长度	W
		轮盘外径	ϕ_1

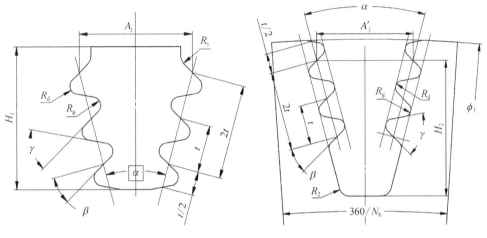

图 5.67　榫头几何设计参数　　　　图 5.68　榫槽几何设计参数

榫连接部分设计参数受其他设计参数影响,不能随意取值,需满足一定的取值范围。

HB 5965—2002 中即给出了部分参数间的关联:

$$A'_j = A_j + 2C \tag{5.1}$$

$$2C = 0.05 \tag{5.2}$$

$$R_g = R_d = R \tag{5.3}$$

另外,标准中注明,C 值在设计中可随冷却等需要进行调整。在本书中,若无特别说明,均按照默认关系。

考虑了榫头-榫槽间吹风间隙后,榫槽第一齿工作面与节线交点高度有所变化,可以看作榫槽沿工作面在 X 方向"退出"C 长度。

$$H'_0 = H_0 - C\tan\left(\frac{\alpha}{2} + \beta\right) \tag{5.4}$$

榫头高度应保证节线通过最后一齿的非工作面,即保证各齿的几何形式基本相等,同时保证合适的高度使得两侧末齿非工作面线不相交于对称轴,即保证榫底有用于冷却涡轮的开孔截面,如图 5.69 所示。

$$H_1 \geqslant \left(n - \frac{1}{2}\right)t\cos\frac{\alpha}{2} \tag{5.5}$$

$$H_1 \leqslant \left(n - \frac{1}{2}\right)t\cos\frac{\alpha}{2} + \left[\frac{A_j}{2} - \left(n - \frac{1}{2}\right)t\sin\frac{\alpha}{2}\right]\tan\left(\gamma - \frac{\alpha}{2} - \beta\right) \tag{5.6}$$

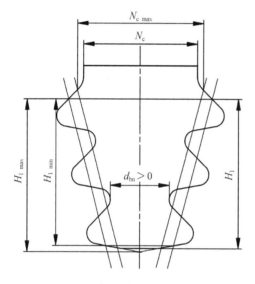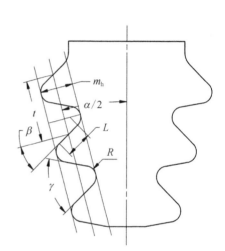

图 5.69　榫头高度约束示意图　　　图 5.70　榫头-榫槽理论接触长度 *L*

榫头-榫槽理论接触长度,即不考虑榫齿吹风间隙 c 时的线段长度 L,如图 5.70 所示。

$$L = \frac{t\sin(90 + \beta - \gamma)}{\sin\gamma} - \frac{2R}{\tan\dfrac{\gamma}{2}} \tag{5.7}$$

引入齿高 m_h,榫头和榫槽的齿形参数相同时,齿高也相同:

$$m_h = L\cos\beta + 2R(1 - \sin\beta) \tag{5.8}$$

为保证盘-叶装配,伸根颈宽的取值应避免使伸根倒圆延伸至挤压面内,即

$$N_C \leqslant A_j - \frac{\sin(90 - \beta)}{\sin\left(90 - \dfrac{\alpha}{2}\right)}L - R_y\left[1 - \cos\left(90 - \frac{\alpha}{2} - \beta\right)\right] + 2C \tag{5.9}$$

由图 5.70 可推出第二颈缩截面开始各颈缩截面宽度,榫头最后一处颈缩截面宽度应大于 0,对应图 5.69 中的尺寸 d_{bn}:

$$d_{bn} = A_j - 2(n-1)t\sin\frac{\alpha}{2} - \cos\left(\frac{\alpha}{2} + \beta\right)\frac{t\sin(90 + \beta - \gamma)}{\sin\gamma}$$

$$+ 2\left[\frac{R}{\sin\frac{\gamma}{2}}\cos\left(\frac{\gamma}{2} - \frac{\alpha}{2} - \beta\right) - R\right] \quad (5.10)$$

榫槽高度应保证榫头-榫槽装配不干涉,并保证槽底倒圆完整,如图 5.71 所示,在满足装配要求的情况下,最小榫槽高度 H_2 对应图 5.72 中 H_{2min} 的尺寸线:

$$H_2 \geqslant H_1 \quad (5.11)$$

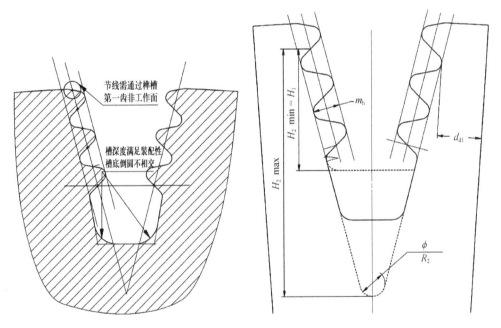

图 5.71 榫槽设计参数应满足的几何约束　　图 5.72 极限情况下榫槽高度示意图

由于榫头和榫槽定位基准因节线错距 C 而有所变动,槽底实际会出现一个高度为 $C\tan\left(\frac{\alpha}{2} + \beta\right)$ 的间隙,修正后应满足如下条件:

$$H_2 \geqslant H_1 - C\tan\left(\frac{\alpha}{2} + \beta\right) \quad (5.12)$$

然而,仅仅考虑到满足榫槽底面低于榫头底面的设计是考虑不够充分的,因为榫槽槽底过渡倒圆的存在,榫槽实际高度应满足的情况可能更加复杂。榫底过渡倒圆 R_2 是一个相对自由的设计参数,在一种极限情况下,槽底倒圆与过渡倒圆处于相切的状态,此状态下的榫槽最小高度 H_2 即可确定:

$$H_2 \geqslant 2ntcos\frac{\alpha}{2} + \frac{m_h}{2cos\beta}sin\left(\frac{\alpha}{2} + \beta\right) + Rtan\left(45 + \frac{\beta}{2}\right)cos\frac{\alpha}{2} + R_2\left(1 - cos\frac{\alpha}{2}\right)$$

(5.13)

当榫槽达到最大高度 H_2 时对应图 5.72 中 H_{2max} 的尺寸线,其意义为两侧槽底过渡倒圆相切时,图中虚线对应了榫槽的理论轮廓:

$$H_2 \leqslant \frac{1}{tan\dfrac{\alpha}{2}}\left(\frac{A_j}{2} + \frac{m_h}{2cos\dfrac{\alpha}{2}} - R_2\right)$$

(5.14)

榫槽第一处颈缩截面宽度应大于 0,对应图 5.72 中的尺寸 d_{d1}:

$$d_{d1} = \frac{\left|(A_j + 2C)cot\left(\dfrac{180}{N_b}\right) - 2\left(H_0 - Ctan\left(\dfrac{\alpha}{2} + \beta\right)\right)\right|}{\sqrt{1 + cot^2\left(\dfrac{180}{N_b}\right)}} - \frac{m_h}{cos\left(\dfrac{\alpha}{2} - \dfrac{180}{N_b}\right)} \geqslant 0$$

(5.15)

由于榫槽颈缩截面特征点应当在两条循环对称线之间,式(5.15)中加绝对值的运算式恒为负值,即意味着榫头节线错距越大,榫槽颈缩截面的承载能力越弱。榫头定位点高度越高,榫槽颈缩截面承载能力越强。叶片数越多,榫槽颈缩截面承载能力越弱。

轮盘外缘不应低于节线与非工作面的交点:

$$\varnothing_1 \geqslant 2\sqrt{\left(\frac{A_j}{2} + C + \frac{1}{2}tsin\frac{\alpha}{2}\right)^2 + \left(H_0 - Ctan\left(\frac{\alpha}{2} + \beta\right) + \frac{1}{2}tcos\frac{\alpha}{2}\right)^2}$$

(5.16)

2) 榫连接载荷确定

工作中榫连接所受的载荷有由旋转产生的离心载荷、由气体力产生的气动载荷、由温度梯度产生的热载荷。其中,榫头将叶片的离心载荷和气动载荷传递到轮盘榫槽上,榫槽除受榫头传递的载荷外,还受自身重量带来的离心载荷。

值得一提的是,叶身根截面和榫头颈缩截面之间往往存在一定长度的伸根,其作用主要是降低榫连接部位感受到的温度。伸根长度越长,感受到的温度越低,而榫头颈部截面载荷越大;反之,伸根长度越短,榫头颈部截面载荷越小。在本节后续公式的推导中,叶身和伸根的离心载荷会转换为面力的型式分布在榫头顶部,而温度载荷则直接以冷气的温度当作榫连接部位的温度载荷。在有限元计算中,可采取有限元法求解温度场。

首先分开进行计算叶身和伸根的离心力 P_s 和 P_m。

$$P_s = m_s \omega^2 r_s = m_s \left(\frac{2\pi N}{60}\right)^2 r_s \qquad (5.17)$$

式中, m_s 和 r_s 分别为叶身质量和叶身重心与旋转轴的距离。

将伸根近似为一等截面体处理,即叶片根部截面的截面面积即作为伸根截面面积,不考虑伸根扭转带来的弯曲载荷。根据以上假设,伸根部位的离心力为

$$P_m = m_m \omega^2 r_m = A_1 L_m \left(\frac{2\pi N}{60}\right)^2 \left(H_1 - \frac{L_m}{2}\right) \qquad (5.18)$$

式中, m_m 和 r_m 分别为伸根部位的质量和伸根部分重心与旋转轴的距离; A_1 为叶身末截面的截面面积; L_m 为伸根长度; H_1 为叶身末截面至旋转轴的距离。

榫头和榫槽凸块的离心力,如图 5.73 所示。在本节中将其分割为数个梯形计算其面积、重心等参数。可以看到,该分割方法比较简单,分割出的区块离心力之和会大于实际榫头离心力,计算结果会偏保守、偏安全。后与某型发动机算例校核对比后,其误差小于 2%,证明了以上近似方法的正确性。

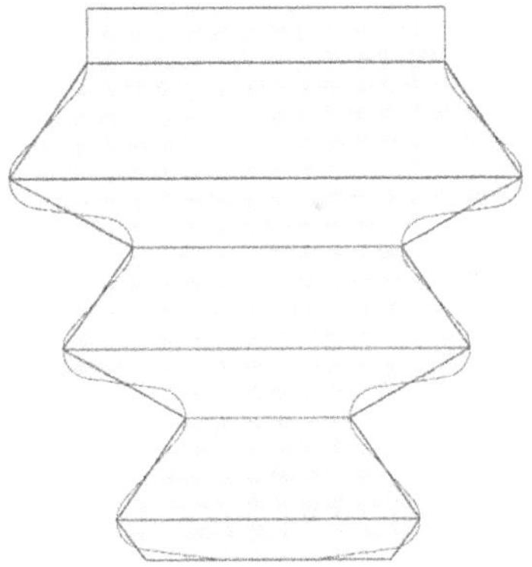

图 5.73　榫头和榫槽凸块示意图

对于榫头自身的离心载荷,即为分割出的数个梯形块的离心载荷之和:

$$P_r = \sum_1^i m_{ri} \omega^2 r_{ri} = \sum_1^i m_{ri} \left(\frac{2\pi N}{60}\right)^2 r_{ri} \qquad (5.19)$$

式中, m_{ri} 即为各分割后梯形块的质量; r_{ri} 即为各梯形块重心距旋转轴距离。对于榫槽凸块离心载荷 P_d,采用相同的计算方法,此处不再赘述。整个叶片的离心载荷 P 为

$$P = P_s + P_m + P_r \qquad (5.20)$$

在有限元计算中,模型仅建立至榫头伸根颈缩截面处,叶身与伸根的应力则以面力分布的形式给出,则有

$$q = \frac{P_s + P_m}{\dfrac{W}{\cos\theta}N_c} = \frac{P_s + P_m}{WN_c}\cos\theta \tag{5.21}$$

对于冷却涡轮榫连接，在没有明确给定榫头冷却通道"掏空"的面积时，经统计数据分析，将榫头的离心力乘以一个 0.8 ~ 0.9 的修正系数比较贴合工程情况。

3）榫连接强度准则

为保证榫连接安全工作，在初始设计阶段宜确定一个安全系数，保证榫连接大体上受力情况处于比较安全的状态。其应满足的强度约束有以下几种：

榫齿挤压、剪切、弯曲应力约束：

$$\sigma_e \leq 0.5\sigma_{0.2} \tag{5.22}$$

$$\tau \leq 0.5\sigma_{0.2} \tag{5.23}$$

$$\sigma_b \leq 0.5\sigma_{0.2} \tag{5.24}$$

式中，σ_e 代表榫连接挤压面平均挤压应力；τ 代表榫齿剪切应力；σ_b 代表榫齿弯曲应力；$\sigma_{0.2}$ 为材料屈服强度。

榫头、榫槽颈缩截面平均拉伸应力约束：

$$\sigma_{bti} \leq 0.4\sigma_{0.2} \tag{5.25}$$

$$\sigma_{dti} \leq 0.4\sigma_{0.2} \tag{5.26}$$

式中，σ_{bti} 为叶片颈缩截面的平均拉伸应力；σ_{dti} 为榫槽颈缩截面的平均拉伸应力；i 表示第 i 个颈缩截面，第 1 颈缩截面即伸根截面。

最大应力约束：

$$\sigma_{dmax} \leq 0.8\sigma_b \tag{5.27}$$

$$\sigma_{bmax} \leq 0.8\sigma_b \tag{5.28}$$

式中，σ_{dmax} 为通过有限元计算出的榫槽最大应力；σ_{bmax} 为通过有限元方法计算出的榫头的最大应力；σ_b 为材料拉伸强度。

4）榫连接强度计算

（1）榫齿挤压应力。

对于基于 HB 5965—2002 形式下的榫连接（图 5.74），假设每对齿均匀分配的离心力 P，每个齿所承担的离心力为 P_1，则有

$$P_1 = \frac{P}{2n} \qquad (5.29)$$

工作面相对水平方向的夹角为 $\frac{\alpha}{2} + \beta$,将竖直方向的离心力转换到垂直工作面方向的挤压力 F_e,将 F_e 平均分配到各齿榫槽槽向长度 W 和理论挤压面长度 L_c 的承载面积,则可得到平均挤压应力 σ_e 为

$$F_e = \frac{P_1}{W\cos\left(\frac{\alpha}{2} + \beta\right)} \qquad (5.30)$$

考虑榫头与榫槽间 $2C = 0.05t$ 的间隙之后,对接触面的长度进行修正:

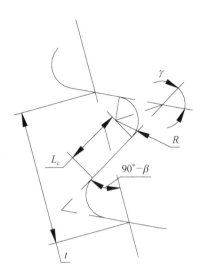

图 5.74 榫齿工作示意图

$$L_c = L - \frac{c}{\cos\left(\frac{\alpha}{2} + \beta\right)} = \frac{t\sin(90 + \beta - \gamma)}{\sin\gamma} - \frac{2R}{\tan\frac{\gamma}{2}} - \frac{0.025t}{\cos\left(\frac{\alpha}{2} + \beta\right)}$$

$$(5.31)$$

$$\sigma_e = \frac{F_e}{L_c} = \frac{P_i}{W\cos\left(\frac{\alpha}{2} + \beta\right)\left[\dfrac{t\sin(90 + \beta - \gamma)}{\sin\gamma} - \dfrac{2R}{\tan\dfrac{\gamma}{2}} - \dfrac{0.025t}{\cos\left(\frac{\alpha}{2} + \beta\right)}\right]}$$

$$(5.32)$$

基于 HB 5965—2002 中所给出的几何关系,对于齿顶、齿根倒圆,近似可以看作 $R_d = R_g = \frac{1}{6}t$。如此,仿照 HB 5965—2002 中的附录 C,消去式(5.32)中的 R,令

$$m_1 = \frac{1}{\cos\left(\frac{\alpha}{2} + \beta\right)\left[\dfrac{\sin(90 + \beta - \gamma)}{\sin\gamma} - \dfrac{1}{3\tan\dfrac{\gamma}{2}} - \dfrac{0.025}{\cos\left(\frac{\alpha}{2} + \beta\right)}\right]}$$

$$\sigma_e = \frac{m_1 P_1}{Wt} \qquad (5.33)$$

可见,在离心载荷一定的情况下,平均挤压应力 σ_e 只与齿距 t 成反比,和 m_2 成正比。

在同样的离心载荷的情况下,较大的楔角 α 对榫连接挤压面受力是不利的,主要原因是较大的楔角 α 会增加挤压面的挤压力,在实际的设计过程中应当避免过大的楔角,但大的楔角对涡轮盘的截面平均拉伸储备有利,但这是基于各齿受力相同的前提下做出的推论。

在同样的离心载荷下,榫连接挤压面平均应力随压力角 β 的增大呈先减小后增大的趋势,主要原因是压力角 β 较小时,增大压力角有利于增加挤压面长度,而挤压力变化不如挤压面长度明显。压力角 β 超过某一值后,其带来的挤压力增大占据主要地位,因此平均挤压应力上升。

在同样的离心载荷下,榫连接挤压面平均应力随齿形角 γ 的增大而增大,这主要是因为较大的齿形角 γ 使得挤压面长度变短。

在加工中,接触面会出现加工偏差,在大的楔角设计下,若齿形角和压力角同样取较大值,榫齿的实际挤压应力会偏离理论情况,较多带来不利影响。同时,在任何情况下,小于 $20°$ 的压力角都应当避免,因为压力角的极小变化都会带来平均挤压应力的较大改变。

从平均挤压应力单一因素来看,压力角可以在 $20° \sim 35°$ 之间酌情选择,楔角和齿形角的取值可以稍小些。

引入挤压应力系数 K_1:

$$K_1 = \frac{\sigma_e}{\sigma_{0.2}} \leqslant 0.5 \tag{5.34}$$

(2)榫齿剪切应力。

接触区的边缘存在高应力梯度区,且接触应力在接触区边缘达到最大,尽管榫齿承剪面的厚度随着计算点选取的不同而呈线性增加趋势,但由于接触应力增长的趋势明显更大,应在榫头和榫槽榫齿的内侧接触区末端对榫齿剪切应力进行计算。

$$L_\tau = \left[\frac{t\sin(90 + \beta - \gamma)}{\sin\gamma} - \frac{R_g}{\tan\dfrac{\gamma}{2}} - \frac{0.025t}{\cos\left(\dfrac{\alpha}{2} + \beta\right)} \right] \frac{\sin\gamma}{\sin\left[90 - \left(\gamma - \beta - \dfrac{\alpha}{2}\right) \right]} \tag{5.35}$$

$$\tau = \frac{P_1}{WL_\tau} = \frac{P_1\sin\left[90 - \left(\gamma - \beta - \dfrac{\alpha}{2}\right) \right]}{W\left[\dfrac{t\sin(90 + \beta - \gamma)}{\sin\gamma} - \dfrac{R_g}{\tan\dfrac{\gamma}{2}} - \dfrac{0.025t}{\cos\left(\dfrac{\alpha}{2} + \beta\right)} \right]\sin\gamma} \tag{5.36}$$

同样地,令 $R_d = R_g = \dfrac{1}{6}t$,并令

$$m_2 = \cfrac{\sin\left[90 - \left(\gamma - \beta - \dfrac{\alpha}{2}\right)\right]}{\left[\dfrac{\sin(90 + \beta - \gamma)}{\sin\gamma} - \dfrac{1}{6\tan\dfrac{\gamma}{2}} - \dfrac{0.025}{\cos\left(\dfrac{\alpha}{2} + \beta\right)}\right]\sin\gamma}$$

式(5.36)变为

$$\tau = \frac{m_2 P_1}{Wt} \tag{5.37}$$

可见,在离心载荷一定的情况下,剪切应力 τ 只和齿距 t 成反比,和 m_2 成正比。即使是楔角达到 $50°$, m_2 的最大值也没有超过 2.0。同时,楔角从 $20°$ 增加到 $50°$, m_2 的最大值的变化率不超过 15%,说明 m_2 对楔角取值不敏感,同时榫齿的剪切应力不会是限制榫连接设计的关键因素。

影响 m_2 的主要因素是榫齿的齿形角和压力角;随着齿形角的增大, m_2 呈明显接近于线性上升的趋势。随着压力角的增大, m_2 有下降的趋势,压力角越大,其下降趋势越明显。

引入剪切应力系数 K_2:

$$K_2 = \frac{\tau}{\sigma_{0.2}} \leqslant 0.5 \tag{5.38}$$

(3) 榫齿弯曲应力。

将榫齿作为梁处理,引入弯曲应力系数 K_3:

$$K_3 = \frac{\sigma_b}{\sigma_{0.2}} \leqslant 0.5 \tag{5.39}$$

$$m_4 = \frac{\sin\gamma}{\sin(90 - \gamma + \beta)} \times \left[\frac{t\sin(90 + \beta - \gamma)}{\sin\gamma} - \frac{R_g}{\tan\dfrac{\gamma}{2}} + R_g\tan\left(\frac{90 - \beta}{2}\right)\right] \tag{5.40}$$

$$m_5 = \frac{m_h}{2} + \frac{0.0125t\cos\beta}{\cos\left(\dfrac{\alpha}{2} + \beta\right)} \tag{5.41}$$

根据材料力学对梁的计算,矩形截面的抗弯截面模量 W_z 为

$$W_z = \frac{1}{6}Wm_4^2 \tag{5.42}$$

则横截面上最大的正应力 σ_b 为

$$\sigma_b = \frac{M}{W_z} = \frac{m_5 W F_e \cos\beta}{\frac{1}{6} m_4^2} = \frac{m_3 P_1}{Wt} \quad (5.43)$$

$$m_3 = \frac{6\cos\beta\left\{\left[\dfrac{\sin(90+\beta-\gamma)}{2\sin\gamma} - \dfrac{1}{6\tan\dfrac{\gamma}{2}}\right]\cos\beta + \dfrac{1}{6}(1-\sin\beta) + \dfrac{0.0125\cos\beta}{\cos\left(\dfrac{\alpha}{2}+\beta\right)}\right\}}{\cos\left(\dfrac{\alpha}{2}+\beta\right)\left\{\dfrac{\sin\gamma}{\sin(90-\gamma+\beta)} \times \left[\dfrac{\sin(90+\beta-\gamma)}{\sin\gamma} - \dfrac{1}{6\tan\left(\dfrac{\gamma}{2}\right)} + \dfrac{1}{6}\tan\left(\dfrac{90-\beta}{2}\right)\right]\right\}^2}$$

$$(5.44)$$

随着楔角的增大,总体上,m_3 呈上升趋势,其中小压力角和大齿形角的组合对楔角变化不敏感;而大压力角和小齿形角的组合对楔角变化较为敏感,设计中应当避免出现大压力角和小齿形角的组合。同时,随着压力角的增大,榫齿的弯曲应力系数增大;随着齿形角的增大,弯曲应力系数减小。这是因为榫齿从小齿形角的"细长梁"变成了大齿形角的"深梁",使得抗弯模量增大,弯曲应力下降。

（4）截面拉伸应力。

引入截面拉伸应力的目的是确保榫头和榫槽整体不会处于高应力负荷状态,榫头截面拉伸示意图见图 5.75。

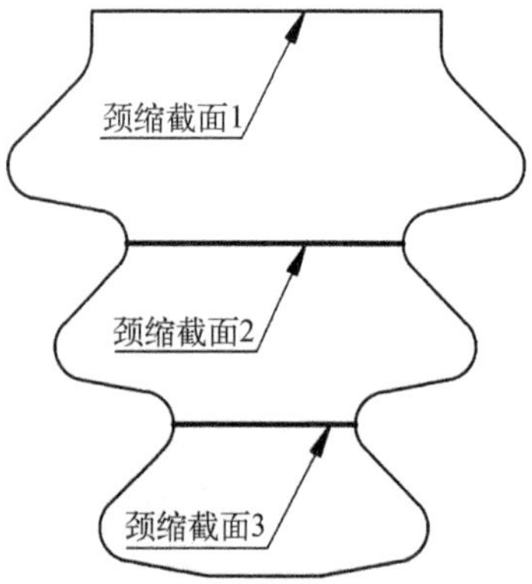

榫头的各个截面只受截面以上部位的离心力与挤压应力的合力:

图 5.75　榫头截面拉伸示意图

$$\sigma_{bti} = \frac{P_i - 2(i-1)F_e \cos\left(\dfrac{\alpha}{2}+\beta\right)}{W d_{bi}} \quad (5.45)$$

式中,i 为第 i 个颈缩截面,第 1 颈缩截面即伸根截面,见图 5.75;P_i 为叶片第 i 个颈缩截面以上部位的离心力。

对于冷却涡轮叶片,榫头内部分布有一到数条冷却通道,一般由传热专业给出冷却通道流通截面积 S_c,则有

$$\sigma_{bti} = \frac{P_i - 2(i-1)F_e \cos\left(\dfrac{\alpha}{2}+\beta\right)}{W d_{bi} - S_c} \quad (5.46)$$

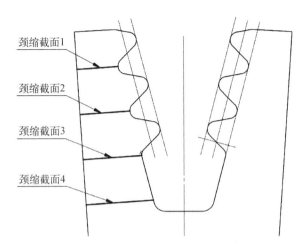

颈缩截面1

颈缩截面2

颈缩截面3

颈缩截面4

图 5.76 榫槽截面示意图

榫槽的各个截面中,除受截面以上凸块的离心力之外,还受接触面由榫头传递的挤压应力:

$$\sigma_{dti} = \frac{P_{di} + 2(i - 1)F_e \cos\left(\frac{\alpha}{2} + \beta - \frac{180}{N_b}\right)}{Wd_{di}} \quad (5.47)$$

式中,P_{di} 为轮缘凸块第 i 个颈缩截面以上部位的离心力。

一般地,对于 HB 5965—2002 形式的榫槽,末截面的平均拉伸应力比倒数第二个截面的平均拉伸应力小,这是槽底冷气通道导致的。一般来说,榫槽截面平均拉伸应力最大的地方即倒数第二颈缩截面(图 5.76 中颈缩截面 3),榫槽底部截面平均拉伸储备一般是充足的,但局部位置在机械载荷和热载荷复合作用下有高应力点,后面将对其进行探讨。

引入榫头和榫槽颈缩截面平均拉伸应力系数 K_4 和 K_5,其中叶片数目、榫头节距是其重要的影响因子:

$$K_4 = \frac{\sigma_{bti}}{\sigma_{0.2}} \leqslant 0.4 \quad (5.48)$$

$$K_5 = \frac{\sigma_{dti}}{\sigma_{0.2}} \leqslant 0.4 \quad (5.49)$$

5. 叶冠设计

涡轮转子叶片在工作过程中承受着高温、高压、高速燃气周期变化的冲击,容易产生强迫振动,当发生共振或强迫振动振幅达到一定数值时,涡轮转子叶片将会在此振动应力的作用下产生疲劳失效,甚至发生断裂故障。事实上,在国内外的航空发动机故障事件统计中,涡轮叶片因整体刚度、强度不足,导致工作时叶片断裂故障的概率较大。由此可见,在涡轮转子叶片结构设计中,为了保证发动机安全工作,限制涡轮转子叶片强迫振动的相关减振设计尤其必要。

通常来说,对某一振动特性进行减振设计,可以改变其本身的刚度分布来避开共振,而这需要改变其使用材料或相关的结构参数,工程实践表明这样的减振方式对于涡轮叶片减振设计并不实用,相比之下更加行之有效的方法则是通过阻尼减小振动应力,叶冠的摩擦阻尼就是其中一种常用的结构。相邻叶片之间的叶冠相互接触,在振幅左右下叶冠结合面上产生摩擦阻尼,消耗振动能量。同时,摩擦阻尼减振的效果抵抗外部环境影响的能力强,如温度等,而其能量的消耗程度可通过改变结合面的正压力等因素来控制。

图 5.77 锯齿冠

目前,涡轮转子叶片的叶冠设计通常为锯齿形预扭冠的形式(图 5.77),这是由于现代航空发动机涡轮叶片工作环境复杂,叶片会产生弯扭振动,锯齿冠相比于平行,其冠相邻的接触面更多,同时装配时即带有一定紧度提高了整体刚性及共振频率,即在各种工作条件下都能产生一定的接触摩擦,从而消耗能量,起到减振的作用。目前,国内外对带冠涡轮叶片的研究的重点主要体现在对叶冠摩擦减振特性研究及叶尖泄漏流对性能的影响分析等,然而,除了减振和提高性能的需求外,叶冠本身的结构强度设计要求同样也是叶冠设计的重要目标和基本要求。

事实上,目前,我国对于叶冠强度、阻尼特性与结构参数之间影响关系的研究仍在进行中,其重要结构参数的选取没有固定的标准。因此,叶冠的结构参数对其重要强度、阻尼特性的影响分析研究,以及相关的结构优化设计则具有十分重要的工程意义,并且对于发动机型号研制具有一定的价值。

1)叶冠结构的分类

(1)平行冠结构。

平行冠,顾名思义是指叶冠几何形状表现为平行四边形,其结构简单,加工、装配、拆卸都较为方便,如图 5.78 所示。而在实际工程应用中,整环平行冠装配完成后,部分相邻叶冠接触面存在一定间隙,而在叶片工作时,由于叶冠受温度载荷膨胀伸长,此间隙会随之缩小,以致相互顶紧,在此状态下,整环叶片的刚性得到提高,振动特性得到改善。然而,由于在工作状态下,叶身受到扭转应力,叶尖处的叶冠也有扭转变形的趋势,叶冠接触面会出现因两端顶紧造成两端接触应力水平较高的现象,这在持续工作中容易造成接触面两端磨损严重甚至掉块的故障。而事实上,采用无预扭平行冠涡轮叶片的

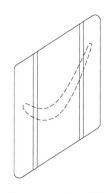

图 5.78 平行冠结构

在役发动机中,经常出现叶冠接触面两端掉块或断裂的
故障。

（2）锯齿冠结构。

锯齿冠是指几何形状呈现为 Z 字形的叶冠,如图 5.79
所示,其加工工艺较平行冠更为复杂,通常采用铸造成型,
磨削加工细节尺寸的工艺。由于相邻锯齿冠在装配状态
下存在啮合面和非接触面,且啮合面处存在一定接触应
力,在装配过程中通常需要采用整环装拆叶片的方式。对
于锯齿冠,依靠工作状态下相邻锯齿冠啮合面的干摩擦耗
能来吸收系统振动能量,有效地降低了系统的振动幅值,
因此为保证在工作状态下啮合面随时都存在紧度而不会
产生接触面脱开的现象,应设计预紧紧度,使其在装配状

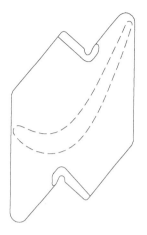

图 5.79　锯齿冠结构

态下即存在叶身恢复扭转变形的扭转应力,该弹性恢复力传递至锯齿冠啮合面处,
表现为相邻锯齿冠相互顶紧,提高整环叶片的结构刚性。

为避免工作时接触面两端挤压应力过大、磨损严重的问题,可采用锯齿冠,在
局部增加啮合面处的厚度(钎焊硬质耐磨合金),使得工作状态下的阻尼面接触充
分,增大接触面的面积,降低挤压应力水平。另外,在维修过程中,已经受到一定程
度磨损的接触面也可通过钎焊耐磨块来进行二次焊接,提高锯齿冠的使用寿命。
因此,锯齿冠在现代先进航空发动机中的应用越来越广泛。

2）锯齿冠结构设计要求

综合以上对于锯齿冠的介绍,从叶冠的结构功能和发动机工作安全的角度出
发,为保证涡轮叶片满足较高的气动性能、良好的抗振性能和结构可靠性,以及结
构轻量化等需求,涡轮结构设计者通常从以下几方面提出技术要求,对涡轮叶片进
行锯齿冠结构设计。

（1）叶冠顶面设置 1~2 道封严篦齿,加强叶尖间隙处的封严,以减小叶尖处
的气动损失,提高涡轮的效率。

（2）相邻锯齿冠接触面的法线方向与叶片主要振动模态的振动方向相近(一
般相差 5°~10°),依靠接触面之间的摩擦吸收叶片的振动能量,从而达到良好的抗
振性能。

（3）叶冠接触面具有一定的过盈量,即紧度。设计时需选择合适的紧度,既要
有一定的紧度,满足接触面之间摩擦耗能,以达到减振效果;又不至于产生过大的
紧度,导致该处材料储备不足。

（4）叶冠接触面通常采用钎焊耐磨合金,以降低接触面挤压应力,因为在长时
间工作中,相邻叶冠接触面始终处于相对运动摩擦的状态,应减小磨损,提高寿命
可靠性。

（5）设计叶冠时,尽可能减小其质心与叶尖截面的面心的偏移量,以减小叶冠自身对叶身的附加弯矩。

（6）重量控制。由于发动机工作过程中叶冠绕轴线高速旋转,其自身的离心力作用于榫底使该处的工作环境更加恶劣,叶冠设计应尽量轻量化。

3）锯齿形预扭冠结构设计要求

顾名思义,锯齿冠的预扭设计,是在设计过程中将一般的锯齿冠绕叶片的扭转中心旋转一定的角度,运用此设计思想的叶冠简称预扭冠,而本节研究对象即锯齿形预扭冠。加工叶冠时将叶冠预扭一定的角度,在装配过程中则为了保证装配性需要将叶冠反扭到原理论位置,因此叶身在初始装配状态下则产生了恢复变形的扭转应力,该弹性恢复力传递至相邻叶冠之间的接触面即表现为接触面紧度。显然,在初始装配状态下,接触面即产生紧度,这有利于保证各工况下叶冠之间都具有一定的紧度,以便接触面干摩擦耗能达到减振的效果。

而预扭方向、预扭角大小,都会对涡轮叶片的抗振性能、工作寿命、结构可靠性及气动性能产生相应的影响。因此,在设计锯齿形预扭冠的过程中,设计者要严格控制设计参数以把控风险,以下列出了锯齿形预扭冠设计的基本要求:

（1）预扭角不宜过大,接触面初始紧度与预扭角大小成正相关,过大的接触面挤压应力容易超过材料的许用应力;

（2）扭转后的锯齿冠一般需要包容叶尖截面的叶型,且前者的质心与后者的面心也应尽量重合,防止叶冠对叶身造成过大的附加弯矩;

（3）装配状态下,叶冠扭转后叶身型线与零件加工后原始尺寸不同,而气动设计人员需将扭转后的叶型作为设计叶型。

4）锯齿形预扭冠的设计方法

在工程设计中,锯齿冠结构设计可分为初步设计和详细设计,初步设计中可确定叶冠整体的特征几何尺寸,再经由强度验算符合设计要求后,转为详细设计,确定叶冠的局部几何结构尺寸。本节主要介绍锯齿冠的初步设计,相关强度计算将在后面进行介绍,其初步设计方法如下。

（1）叶冠设计中,首先需确定冠的形式,即锯齿冠或平行冠（本节仅介绍锯齿冠）,然后需在叶身与外流道的相交处取一个截面作为特征截面（图5.80中 A 视图为特征截面）,记录该截面流道侧的半径 R_0,并在该截面上确定锯齿冠的各个结构尺寸。

（2）确定锯齿冠的周向宽度 t_0。由航空发动机总体要求确定该型号低压涡轮转子叶片数 N, t_0 则可由式（5.50）得出:

$$t_0 = \frac{2\pi R_0}{N} \tag{5.50}$$

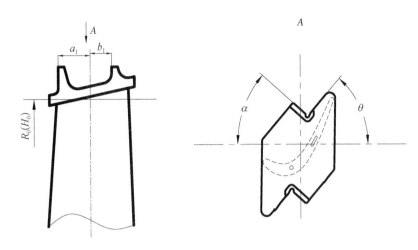

图 5.80　叶冠形式与特征截面

（3）确定锯齿冠轴向宽度 c。设计者可根据特征截面处的叶尖叶型,以包容叶尖且留有余量为原则,初步确定冠的周向宽度。

（4）确定锯齿冠的啮合角 β 和非啮合面偏转角 θ。啮合角 β 的选定是锯齿冠设计的关键,影响该尺寸的选定因素主要有啮合面的紧度、正压力及叶身的预扭角 $\Delta\alpha$,且在后续优化设计中需对该尺寸进行多轮强度迭代计算,结合啮合面处的材料许用应力最终才能确定。在初步设计中,设计者可取叶尖截面弦线连线的法线方向作为工作面啮合角 β,供后续强度的验算。另外,非啮合面偏转角 θ 的选定主要以较好地包容叶尖截面叶型为原则,后续再根据强度验算结果进行调整。

（5）确定锯齿冠的厚度 h、啮合面的厚度 g、宽度 f。首先,为满足锯齿冠的结构强度及发动机减重的需求,锯齿冠的厚度不宜过大以避免质量过大,对叶身及榫头处产生过大的弯矩,同时也不能过小,一般初始设计可取 $1\sim2$ mm。啮合面厚度 g 及该处的宽度 f 的选定需结合该处材料许用应力综合考虑,一般 g 初步选为 $3\sim4$ mm,f 选为 $4\sim5$ mm,供后续强度验算。

（6）确定叶尖叶型与锯齿冠的相对位置。一般来说,首先绘制特征截面上锯齿冠与叶尖叶型的叠加图,可忽略特征截面与叶尖叶型两者微小的高度差别,并可在叶身强度验算完成之前暂将叶尖叶型截面的面心作为叠加图的原点,待确定叶尖质心与叶根截面质心的偏移量之后,再确定叠加图的原点及相关尺寸,见图 5.81 和图 5.82。在初步设计过程中,应反复地调整周向长度的分配(t_1、t_2、t_3、t_4),轴向的分宽(a、b),两道篦齿与距原点的宽度分配(a_1、a_2),以及必要时应调整啮合角 β、非啮合面偏转角 θ、加强角 γ 等,保证锯齿冠的质心与叶尖截面的面心尽量重合。

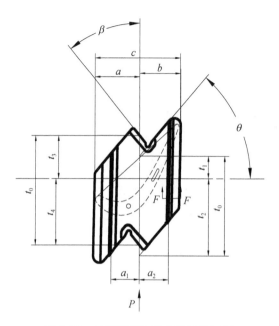

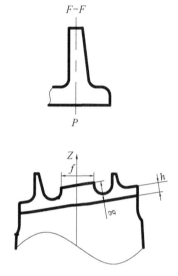

图 5.81 特征截面与叶尖叶型叠加图   图 5.82 锯齿冠相关剖视图

（7）强度验算。锯齿冠的初始相关尺寸确定后,进行强度验算,为满足相关强度准则,对各尺寸数值进行调整。若经反复调整各尺寸后仍难以达到强度的最低要求,则需重新调整叶片数,再重复以上设计步骤。

5.5.3 涡轮盘设计

航空发动机涡轮盘将直接影响发动机的性能及工作寿命,因此涡轮盘的设计一直是航空发动机设计中的一个重要课题,其功能需求和工作环境有如下特点:

（1）涡轮盘工作在高转速下,除承受自身载荷外,还需要承受叶片、挡板等外负荷;

（2）涡轮盘工作中,径向和轴向都有较大的温度差,将导致很大的热应力;

（3）由于传热冷却和结构设计的要求,大部分涡轮盘都开有中心孔或其他通孔,从而造成局部应力集中;

（4）涡轮盘还经受着发动机工作转速和温度循环变化的疲劳应力;

（5）为了保证转子和静子不相撞,盘和其他零件的配合不致松动而引起振动等问题,对盘（或其他安装边）的蠕变及其引起的永久伸长量也有限制。

1. 涡轮盘设计要求

1) 涡轮盘工作环境和载荷

涡轮盘为航空发动机关键零件之一,其体积大、质量大、转速高,在高速旋转过程中产生很大的离心力。涡轮盘的前后通常处在不同的空气流路中,承受压差载荷。典型的涡轮盘实体模型如图 5.83 所示。

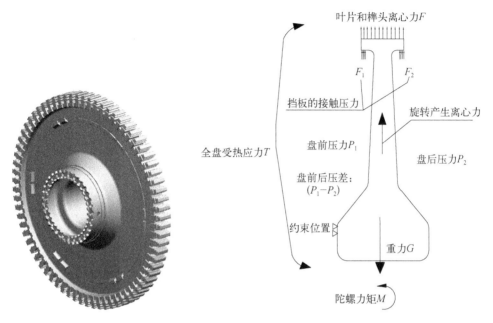

图 5.83　涡轮盘实体　　　　　图 5.84　涡轮盘所受载荷示意图

涡轮盘在工作状态下不仅要承受自身重量产生的离心载荷,还要承受来自叶片和上与榫头(包含轮缘凸块)的离心力 F。涡轮盘辐板前后腔压大小不同,因此涡轮盘还要承受辐板前后的气体压差引起的在涡轮盘上分布的气体压力,用 $P_i(i=1,2)$ 来表示。此外,涡轮盘还要承受由于飞机机动飞行产生的陀螺力矩 M、涡轮盘前后挡板与盘装配处在旋转状态下因接触挤压产生的接触压力 F_i $(i=1,2)$ 及涡轮盘上由于温度分布不均引起的热应力 T。涡轮盘所受载荷见图5.84。

一般情况下,涡轮盘前后的压差 $\Delta P = P_1 - P_2$ 对涡轮盘的强度影响较小,特别是在轮盘辐板上开有孔时,所以在对涡轮盘结构进行优化时可以不考虑其前后压差 ΔP 的影响。对于带有风扇叶片的大直径风扇盘,需考虑陀螺力矩对盘的弯曲应力和变形的影响,而考虑到涡轮盘的径向高度远大于其轴向长度,陀螺力矩对涡轮盘的结构优化设计影响也并不显著,此时也不考虑其影响。同样,对于流道中的燃气对叶片施加的轴向冲击力和切向力远小于叶片和盘缘凸块在工作状态下产生的离心力,基本上可以忽略不计,此时也不考虑其对涡轮盘强度的影响。综上所述,本节中的载荷只考虑由于转子旋转引起的叶片及涡轮盘等自身重量的离心力和因受热不均引起的热应力,其中热应力近似呈轴对称分布,此处仅需对安装在盘上的叶片和盘缘凸块等离心力进行简化。通常,轮盘外缘取在榫槽的槽底,对于位于轮盘外缘的零件,如安装在盘上的叶片、锁片、挡板等产生的载荷,可假设这些载荷是均匀分布于轮盘外缘的表面上,则此均布载荷 σ_{rb} 为

$$\sigma_{rb} = \frac{F}{2\pi RH} \tag{5.51}$$

式中,F 为所有外载荷的总和;R 为涡轮盘外缘半径,取前后缘榫槽槽底半径的平均值;H 为涡轮盘外缘轴向宽度。

经过以上处理后,涡轮盘的静强度问题已变为轴对称问题,此时可仅对其子午面形状进行处理,问题规模得到了控制。下面将对本节所述的涡轮盘子午面的静强度分析方法进行介绍,为后面涡轮盘的尺寸优化提供先决条件。

2)涡轮盘结构工艺性要求

航空发动机涡轮盘的结构设计,要求具有较好的工艺性,即在设计过程中,必须考虑到结构的可加工性和可装配性,如涡轮盘的基本轮廓形状不能太复杂。一般来说,常见涡轮盘形状主要有以下两种类型。

(1)双曲线形涡轮盘。

随着径向位置的降低,辐板的厚度按指数规律增长,这种形式的涡轮盘常用在涡轮转子的转速受到限制的涡轮组件中,且盘辐板的加工难度比较大,需要专门的数控机床。

(2)直线型涡轮盘。

这种涡轮盘辐板的厚度在所有径向位置上相等或者略有变化,与双曲线形涡轮盘相比,涡轮盘辐板加工难度大大降低。

涡轮盘与压气机后轴颈的装配一般通过圆弧端齿连接,与高压涡轮后轴的装配一般通过螺栓连接。因此,涡轮盘前后安装边长度与前后安装边内外径大小和厚度将直接影响到涡轮盘的传扭性能和刚性,在工程设计阶段,必须考虑这些细节问题。

3)涡轮盘强度设计准则要求

涡轮盘强度设计准则要求在涡轮盘设计过程中必须满足以下六个条件:

(1)足够的应力储备;

(2)防止涡轮盘破裂;

(3)防止产生有害变形;

(4)足够的低周疲劳寿命;

(5)有初始裂纹及内部缺陷后应能满足损伤容限设计要求;

(6)防止有害的盘片共振及振动。

防止破裂,主要考虑两个方面,分别为涡轮盘沿周向的破裂和沿径向的破裂,

工程上分别定义了两个考核指标,即轮盘的周向破裂转速和径向破裂转速。

首先是周向破裂转速,周向破裂转速储备系数应按式(5.52)计算,计算中应去除螺栓孔、偏心孔等不承受周向载荷或径向载荷的结构特征所占的面积。

周向破裂转速储备系数的计算公式:

$$n_p = \frac{\omega_p}{\omega_{max}} = \frac{\sqrt{\xi \int_{r_a}^{r_b} \sigma_b h \mathrm{d}r}}{\sqrt{\sigma_{rk} h_b r_b + \rho \omega_{max}^2 J}} \tag{5.52}$$

式中,ζ 为轮盘材料利用系数;J 为子午面对旋转轴线的惯性矩(mm^4);σ_{rk} 为最高允许稳态转速时的盘缘外载(MPa);σ_b 为材料的极限强度(MPa);ω_p 为破裂角速度($\mathrm{rad/s}$);ω_{max} 为最大角速度($\mathrm{rad/s}$);ρ 为材料密度($\mathrm{kg/mm}^3$);r_a 为轮心半径(mm);r_b 为盘缘半径(mm);h 为轮盘厚度(mm);h_b 为盘缘厚度(mm)。

在利用有限元进行应力分析时,采用式(5.53)和式(5.54)较为方便,轮盘破裂转速的计算公式如下:

$$\bar{\sigma}_{t/r} = \frac{\iint_A \sigma_{t/r} \mathrm{d}A}{\iint_A \mathrm{d}A} \tag{5.53}$$

$$\omega_p = \omega_{max} \sqrt{\frac{\zeta \bar{\sigma}_b}{\bar{\sigma}_{t/r}}} \tag{5.54}$$

式中,ζ 为轮盘材料利用系数;$\bar{\sigma}_b$ 为涡轮盘子午剖面或涡轮盘发生圆柱面脱开破裂截面平均工作温度下材料的拉伸强度;$\bar{\sigma}_{t/r}$ 为涡轮盘子午面平均周向应力或涡轮盘子午剖面平均径向应力;$\sigma_{t/r}$ 为涡轮盘子午面上一个单元的平均周向应力/径向应力;ω_p 为破裂角速度($\mathrm{rad/s}$);ω_{max} 为最大角速度($\mathrm{rad/s}$)。

可得到涡轮盘的径向(通过每个径向位置求平均径向应力进行优化)或周向破裂转速储备系数 n,$n = \dfrac{\omega_p}{\omega_{max}}$。

根据 GJB 241A—2010 中相关规定,在充分考虑各零件之间的变形协调后,涡轮盘在最高允许的工作温度下,其周向破裂转速一般不得低于最高允许稳态破裂转速的 1.22 倍,如果低于最高允许稳态破裂转速的 1.22 倍,则需要进行试验验证。

其次是径向破裂转速,同周向破裂转速一样,考虑各零件之间的变形协调后,在最高允许的工作温度下,径向破裂转速一般不得低于最高允许稳态转速的 1.22 倍,如果低于最高允许稳态转速的 1.22 倍,则需要试验验证。

径向破裂转速储备系数计算公式:

$$K_\Omega = \frac{\omega_p}{\omega_{max}} = \frac{\sqrt{\int_{r_c}^{r_b} \sigma_b h\,dr + \sigma_b r_c h_c \dfrac{1-zd}{2\pi r_c}}}{\sqrt{\sigma_{rb} h_b r_b + \rho \omega_{max}^2 J_c}}$$

$$J_c = \int_{r_c}^{r_b} r^2 h(r)\,dr \tag{5.55}$$

式中,σ_b 为材料的极限强度(MPa);σ_{rb} 为最高允许稳态转速时的盘缘外载(MPa);h_b 为盘缘厚度(mm);h 为轮盘厚度(mm);r_b 为盘缘半径(mm);ρ 为材料密度(kg/mm³);ω_p 为破裂角速度(rad/s);ω_{max} 为最大角速度(rad/s);r_c 为偏心孔处盘的半径(mm);h_c 为偏心孔处盘的厚度(mm);d 为偏心孔的直径(mm);z 为偏心孔个数。

4) 涡轮盘的变形协调要求

涡轮盘的变形协调主要包含工作状态下与前后挡板的变形协调、涡轮盘和叶片组合件与机匣的变形协调。在航空发动机工作过程中,涡轮盘的径向变形随着涡轮盘转速的提高及空气流路气体温度的升高而增大,其热容比机匣大,导致机匣与涡轮盘变形不同步。因此,涡轮盘的径向变形量是一个重要的评估和分析参数。

2. 涡轮盘设计流程

涡轮盘的设计流程如图 5.85 所示。

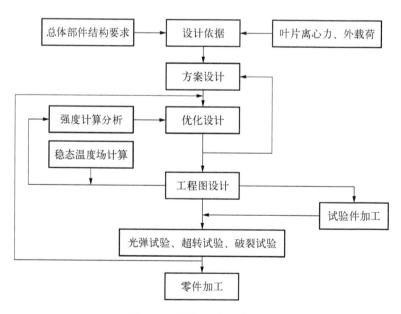

图 5.85 涡轮盘的设计流程

3. 涡轮盘强度计算

1）涡轮盘模型的简化和建立

工程中经常遇到这样一类实际结构问题,如果弹性体的几何形状、约束情况及所受的载荷都是对称于某一条轴线,则其所有的位移、应力和应变也相应地对称于这一轴线,这种问题称为轴对称问题。在空气系统边界一致的情况下,涡轮盘通过一定的简化后,也可作为轴对称问题来处理。同时,通过对细节结构的进一步处理和应用平面应力假设,涡轮盘的基本盘型设计可以简化为一维问题,可以在方案设计初期进行快速的强度评估和优化,从而建立参数化涡轮盘模型。

图 5.86　涡轮盘基本盘形盘体和实际盘体的对比

盘体作为涡轮盘的主体部分,可分为盘缘、辐板和盘毂三部分,本书的处理方式是将涡轮盘简化为基本盘形盘体后进行分析,此处的基本盘体指榫槽底部以下的涡轮盘体部分。典型的涡轮基本盘体如图5.86 所示,该方法主要基于以下两点:

（1）对榫槽凸块和叶片,其在盘体的强度计算中是作为外部载荷处理的,在涡轮盘方案设计阶段可对榫连接和盘体的结构分别进行考虑;

（2）对于涡轮盘上的细节结构,如引气沟槽、圆弧端齿和盘上的安装边等,由于均是根据结构需要而确定的,在方案设计阶段可以先设计基本盘体部分,待技术或工程阶段各零部件间接口确定之后再行详细设计。

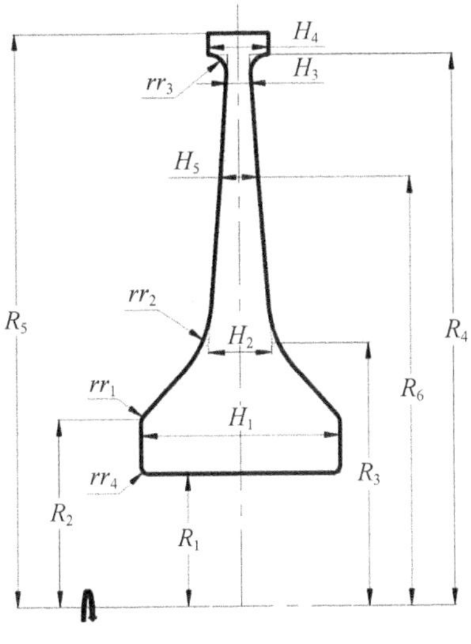

工程实践经验表明,经以上简化后的涡轮盘能很好地适应方案设计阶段的技术需求和时间节点要求,在技术设计和工程设计阶段,辐板及以下部分力学特性上基本保持原样,大幅减少了后期强度评估迭代所花费的时间,同时也利于通用设计程序的编制。

2）涡轮盘的参数化模型

涡轮盘简化后的基本盘体除满足轴对称特性外,还有一对称半径,如图 5.87 所示。盘体的形状由直线和圆弧组成,通过适当地简化辐板曲线,可由 6 个半径参数、4 个盘体轴向宽度参数和 4 个倒圆的半径尺寸建立涡轮盘结构的参数化模型,参数名称和尺寸示意见图 5.87,由

图 5.87　涡轮盘结构的参数化模型

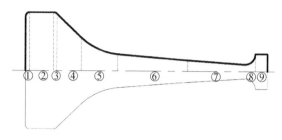

图5.88   涡轮盘解析几何模型分区示意图

图5.87可知,此涡轮盘参数化模型能很好地适应实际工程需要。

涡轮盘参数化模型是由一组关键点的坐标来定义的,由于盘体的形状仅包含直线和圆弧,盘轮廓曲线上的其他点可以通过解析几何算法求出。如图5.88所示,通过将涡轮盘参数化模型分割为9个区域,并通过布尔表达式,可以得到涡轮盘轴向长度和径向高度的关系式,以期为后面的强度计算提供所需的几何信息。

3) 涡轮盘载荷的简化

涡轮盘盘体在工作状态下,其主要载荷除了来自叶片和榫槽盘缘凸块及自身重量产生的离心载荷外,还受到因盘受热不均而引起的热载荷。相比于以上两种载荷,叶片传递给涡轮盘的气动力、涡轮盘辐板前后腔压大小不同产生的气体压力、飞机机动飞行产生的陀螺力矩、涡轮盘前后挡板与盘装配处在旋转状态下由于接触挤压产生的接触压力及涡轮盘与轴连接处的装配应力均较小,而且在方案设计阶段,有些载荷尚无法准确评估,在本节的一维强度计算快速评估中,对这些载荷均不考虑。

对于涡轮盘基本盘体受的离心载荷,通常可假设此载荷均匀分布于轮盘外缘的表面上,而轮盘外缘则取在榫槽的槽底。如图5.89所示,对于位于轮盘外缘的零件如安装在盘上的叶片或轮缘凸台等产生的离心载荷,则此等效均布载荷 σ_{rim} 为

$$\sigma_{\text{rim}} = \frac{F_{\text{b}} + \dfrac{F_{\text{g}}}{2} + \dfrac{F_{\text{g}}}{2}}{2\pi R_{\text{rim}} b/Z} = \frac{Z(F_{\text{b}} + F_{\text{g}})}{2\pi R_{\text{rim}} b} \tag{5.56}$$

式中,R_{rim} 为涡轮盘外缘半径,取前后缘榫槽槽底半径的平均值;F_{b} 为单个涡轮叶片作用在轮缘 R_{rim} 的离心力;F_{g} 为单个涡轮盘榫槽轮缘凸块作用在轮缘 R_{rim} 的离心力;b 为涡轮盘外缘的轴向宽度。Z 为涡轮叶片数。

涡轮盘的热载荷可近似为轴对称分布,同时对涡轮盘的基本盘体应用平面应力假设,可知温度场沿轴向不变,即本书中的涡轮盘温度分布仅沿径向变化。涡轮盘受到的热载荷仅与温度分布中的温度梯度引起,而不受实际温度影响。但涡轮盘的材料特性,如弹性模量 E、泊松比 ν 和线膨胀系数 α 均与温度相关,即这些参数均可写为与温度相关的函数,如弹性模量 $E(T)$、泊松比 $\nu(T)$ 和线膨胀系数 $\alpha(T)$。下面在计算涡轮盘应力时将同时考虑温度梯度及温度对材料特性的影响。

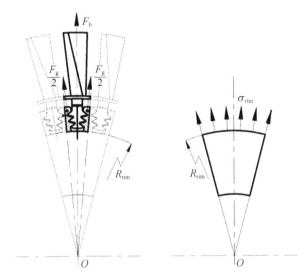

图 5.89　涡轮盘所受载荷示意图

4）涡轮盘静强度分析时的基本假设

对涡轮盘基本盘体的常规强度计算通常作如下假设：

（1）轴对称假设。轴对称假设包括几何形状、载荷分布及温度场。同时，几何形状还满足对称特性，有一个固定的对称轴。

（2）平面应力假设。当涡轮盘盘缘半径 R_{rim} 与周向最大长度 h_{max} 的比值 $\dfrac{R_{rim}}{h_{max}} \geqslant 4$ 时，可以将涡轮盘当成薄盘处理，此时应力与温度分布仅沿径向变化。事实上，即使该比值小于 4，在计算要求不高的情况下，相比周向和径向应力，涡轮盘的轴向应力仍较小，依然可当作薄盘处理。

（3）弹性假设。本书中涡轮盘材料处于弹性状态，不考虑塑性变形。

5）矩阵形式的等厚圆环法求解应力

工程上常采用的传统涡轮盘静强度分析方法称为等厚圆环法。等厚圆环法是采用一系列等厚圆环来代替任意变剖面盘的一种近似计算方法。用等厚圆环法计算时，先要把盘分成若干段，如图 5.90 所示。其分段的原则是使相邻两环的厚度差不大于 15%。分段

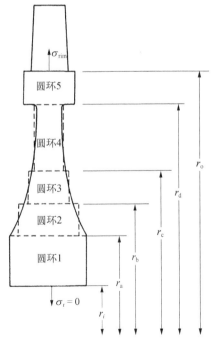

图 5.90　轮盘的圆环划分

的数目越多,计算的准确度也越高,但计算工作量也越大。该方法具有一定的计算准确度,能满足方案设计阶段的需要。为增加等厚圆环法分段数、提高计算精度,并同时提高计算速度,减少迭代,本节采用了矩阵形式的等厚圆环法,其主要步骤如下。

将轮盘沿径向分为 n 段等厚圆环,圆环的轴向宽度为其所在轮盘分段的中径处轴向长度。同时为方便程序的编制,各等厚圆环的径向高度差均相等。

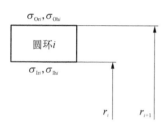

图 5.91　涡轮盘分割后第 i 个等厚圆环

建立单个圆环从内径至外径的应力递推公式。如图 5.91 所示,对于分割后的第 i 个等厚圆环,其边界条件为

$$\begin{cases} \sigma_r = \sigma_{\text{Iri}}, & r = r_i \\ \sigma_h = \sigma_{\text{Ihi}}, & r = r_i \end{cases}$$

则由等温空心等厚盘的计算通式可知,轮缘处的应力为

$$\sigma_{\text{Ori}} = a_i \sigma_{r0} + b_i \sigma_{h0} + c_{ri} \sigma_{ui}$$
$$\sigma_{\text{Ohi}} = b_i \sigma_{r0} + b_i \sigma_{h0} + c_{hi} \sigma_{ui}$$

(5.57)

其中,各系数如下:

$$a_i = \frac{1}{2}(1 + m_i^2)$$

$$b_i = \frac{1}{2}(1 - m_i^2)$$

$$c_{ri} = \frac{1}{8}\{2[1 + \nu(T_i)]m_i^2 + [1 - \nu(T_i)]m_i^4 - [3 + \nu(T_i)]\}$$

$$c_{hi} = \frac{1}{8}\{2[1 + \nu(T_i)]m^2 - [1 - \nu(T_i)]m_i^4 - [1 + 3\nu(T_i)]\}$$

$$\sigma_{ui} = \rho\omega^2 r_i^2$$

$$m_i = \frac{r_i}{r_{i+1}}$$

由前面叙述可知,式(5.57)中的各材料系数均与温度相关,但同一等厚圆环内温度是相同的,因此可以很方便地写成矩阵格式:

$$\sigma_{\text{O}i} = M_i \sigma_{\text{I}i} + C_i$$

(5.58)

式中,矩阵定义如下:

$$\sigma_{\mathrm{I}i} = \begin{bmatrix} \sigma_{\mathrm{I}ri} \\ \sigma_{\mathrm{I}hi} \end{bmatrix}, \quad \sigma_{\mathrm{O}i} = \begin{bmatrix} \sigma_{\mathrm{O}ri} \\ \sigma_{\mathrm{O}hi} \end{bmatrix}$$

$$M_i = \begin{bmatrix} a_i & b_i \\ b_i & a_i \end{bmatrix}, \quad C_i = \begin{bmatrix} c_{ri}\sigma_{\mathrm{u}i} \\ c_{hi}\sigma_{\mathrm{u}i} \end{bmatrix}$$

建立相邻两圆环交界面之间的径向力平衡和变形协调关系。如图 5.92 所示，由两个单元之间的径向力相等可得

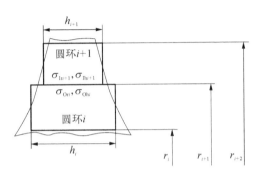

$$\sigma_{\mathrm{O}ri} h_i (2\pi r_{i+1}) = \sigma_{\mathrm{I}ri+1} h_{i+1} (2\pi r_{i+1})$$

$$\sigma_{\mathrm{I}ri+1} = \frac{\sigma_{\mathrm{O}ri} h_i}{h_{i+1}} \qquad (5.59)$$

由交界面处径向位移相等可得

图 5.92　涡轮盘的第 i 个分割圆环单元与其相邻的第 $i+1$ 圆环单元

$$\varepsilon_{\mathrm{O}ri} = \varepsilon_{\mathrm{I}ri+1}$$

$$\begin{cases} \dfrac{1}{E_i(T_i)} \left[\sigma_{\mathrm{O}hi} - \nu(T_i)\sigma_{\mathrm{O}ri} \right] + \alpha(T_i)T_i \\ = \dfrac{1}{E_{i+1}(T_{i+1})} \left[\sigma_{\mathrm{I}hi+1} - \nu(T_{i+1})\sigma_{\mathrm{I}ri+1} \right] + \alpha(T_i + 1)T_{i+1} \end{cases} \qquad (5.60)$$

由上述可知，相邻两圆环单元之间交界面处的应力关系为

$$\sigma_{\mathrm{I}i+1} = N_i \sigma_{\mathrm{O}i} + D_i \qquad (5.61)$$

式中，矩阵的定义如下：

$$\sigma_{\mathrm{I}i+1} = \begin{bmatrix} \sigma_{\mathrm{I}ri+1} \\ \sigma_{\mathrm{I}hi+1} \end{bmatrix}, \quad \sigma_{\mathrm{O}i} = \begin{bmatrix} \sigma_{\mathrm{O}ri} \\ \sigma_{\mathrm{O}hi} \end{bmatrix}$$

$$N_i = \begin{bmatrix} \dfrac{h_i}{h_{i+1}} & 0 \\ \nu(T_{i+1})\dfrac{h_i}{h_{i+1}} - \nu(T_i)\dfrac{E_{i+1}(T_{i+1})}{E_i(T_i)} & \dfrac{E_{i+1}(T_{i+1})}{E_i(T_i)} \end{bmatrix}$$

$$D_i = \begin{bmatrix} 0 \\ E_{i+1}(T_{i+1})(\alpha(T_i)T_i - \alpha(T_i + 1)T_{i+1}) \end{bmatrix}$$

建立整个轮盘的应力关系，并代入边界条件求解。假设盘心处应力边界已知，则可以通过前述单个圆环关系式和圆环交界处的关系式递推得到其他圆环分割截

面处的应力状态:

$$\sigma_{0i} = M_i \sigma_{1i} + C_i = M_i(A'_{i-1}\sigma_{11} + B'_{i-1}) + C_i = A_i \sigma_{11} + B_i \qquad (5.62)$$

$$\sigma_{1i+1} = N_i \sigma_{0i} + D_i = N_i(A_i \sigma_{11} + B_i) + D_i = A'_i \sigma_{11} + B'_i \qquad (5.63)$$

式中,矩阵 A_i、B_i、A'_i 和 B'_i 定义如下:

$$A'_i = N_i A_i$$

$$B'_i = N_i B_i + D_i$$

$$A_i = \begin{cases} M_1, & i = 1 \\ M_i A'_{i-1}, & i = 2, 3, \cdots, n \end{cases}$$

$$B_i = \begin{cases} C_1, & i = 1 \\ M_i B'_{i-1} + C_i, & i = 2, 3, \cdots, n \end{cases}$$

当 $i = n$ 时,轮缘处与盘心处的应力关系如下:

$$\sigma_{0n} = A_n \sigma_{11} + B_n \qquad (5.64)$$

一般情况下,涡轮盘的边界条件如下:

$$\begin{cases} \sigma_{1r1} = 0, & r = r_1 = R_{\text{hub}} \\ \sigma_{0n} = \sigma_{\text{rim}}, & r = r_{n+1} = R_{\text{rim}} \end{cases}$$

求解后即可得到涡轮盘基本盘体的内、外径上的应力,进而可求得各轮盘分段圆环的内、外径应力值。对于第 i 个等厚圆环,可用其平均半径处的应力代表等厚圆环的应力,即

$$\sigma_i = \frac{\sigma_{1i} + \sigma_{0i}}{2} = \begin{pmatrix} \dfrac{\sigma_{1ri} + \sigma_{0ri}}{2} \\ \dfrac{\sigma_{1hi} + \sigma_{0hi}}{2} \end{pmatrix} \qquad (5.65)$$

同时,由第 i 个单元处的径向应力和周向应力,可求得第 i 个单元的 von Mises 等效应力:

$$\sigma_{\text{voni}} = \sqrt{\left(\frac{\sigma_{1ri} + \sigma_{0ri}}{2}\right)^2 + \left(\frac{\sigma_{1hi} + \sigma_{0hi}}{2}\right)^2 + \left(\frac{\sigma_{1ri} + \sigma_{0ri}}{2}\right)\left(\frac{\sigma_{1hi} + \sigma_{0hi}}{2}\right)}$$
$$(5.66)$$

6) 涡轮盘温度场的预估与计算

要求得精确的涡轮盘应力场分布,可靠的温度场分布必不可少。这主要基于以

下两个原因:一是温度梯度引起的热载荷作为涡轮盘中的第二大载荷,准确预估温度梯度对涡轮盘的应力分布的准确性有很大影响;二是涡轮盘材料本身的物理特性与温度相关,若存在较大的温度变化,则温度本身的值将会影响强度评估的结果。本书中考虑的是涡轮盘在稳态下的工作状态,其温度场的求解问题也简化为稳态传热问题进行处理,即流入系统的热量加上系统自身产生的热量等于流出系统的热量,系统处于热稳态。本文给出了三种温度场估算方法,可根据不同的设计阶段、精度要求和边界条件选用不同的方法对涡轮盘上的温度场进行估算,下面将对这三种方法进行介绍。

(1) 插值法模拟涡轮盘温度场。

在进行涡轮盘的强度估算时,若已知最高热载荷状态下涡轮盘轮缘和轮毂的温度,这时可以通过中间点插值对温度场分布进行估算。对应的无冷却的涡轮盘温度场分布为

$$T(r) = T_{hub} + (T_{rim} - T_{hub}) \frac{\ln\left(\dfrac{r}{R_{hub}}\right)}{\ln\left(\dfrac{R_{rim}}{R_{hub}}\right)} \tag{5.67}$$

对应有强迫冷却时的镍基合金,此时涡轮盘上温度场分布的经验公式为

$$T(r) = T_{hub} + (T_{rim} - T_{hub}) \frac{(r^4 - R_{hub}^4)}{(R_{rim}^4 - R_{hub}^4)} \tag{5.68}$$

式中,$T(r)$ 为所求半径处的温度;T_{hub} 为涡轮盘中心孔处的温度;T_{rim} 为涡轮盘缘处的温度;r 为涡轮盘上任意半径;R_{hub} 为涡轮盘盘心半径;R_{rim} 为涡轮盘外缘半径,取前后缘榫槽槽底半径的平均值。

采用该方法得到的温度场沿涡轮盘子午面径向虽与真实温度场不符,有一定的误差,但其热负荷基本与实际情况相当,且所需的参数最少,即使在几何参数大幅变动的情况下,涡轮盘的边界条件仍可保持不变。在无涡轮盘盘体温度场分布的其他数据时,此种方法具有方便快捷的优势。

(2) 等厚圆盘法预估涡轮盘温度场。

对于新设计的发动机,在方案阶段涡轮盘的轮缘和盘心温度无法通过试验数据得到,此时就需要对涡轮盘的冷却模型进行定义并计算其温度分布。例如,图5.93 所示的辐板侧强迫冷却的涡轮盘,其常用的热边界条件为第三类边界条件。在已知涡轮盘轮廓的换热系数和冷气流量及温度后,就可以通过热平衡分析求得涡轮盘的温度分布。本节将用一个与涡轮基本盘体等体积且等内外径的等厚涡轮盘对其温度分布进行预估,即此方法将忽略涡轮盘轴向长度变化对温度场求解结果的影响。现在应用于发动机的涡轮盘轮廓都比较复杂,截面的变化比较大(图

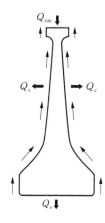

图 5.93 涡轮盘基本盘体的冷却模型

5.93）。但在方案阶段,等厚圆盘作为变截面涡轮盘的保守解,仍可用于涡轮盘温度场的预估。

对于盘心绝热的辐板强迫对流冷却等厚圆盘,为求得其温度分布,可以借用应力计算中的等厚圆环法,将等厚圆盘分割为有限个等厚圆环。若假设轮盘在同一分割圆环内的温度是相同的,则可通过等厚圆环温度分布的理论解,迭代求得等厚轮盘的温度分布。本节采用与变截面涡轮盘内外径相等且体积相同的等厚涡轮盘来预估温度场分布,得出的温度场轮缘温度比实际温度场要高,但对温度场的梯度影响较小,即对涡轮盘应力的幅值影响较小,具有一定的精度。相比插值法,此方法所需的参数有所增加,但其公式简单,无须迭代即可得到结果,有利于快速计算或编程实现。

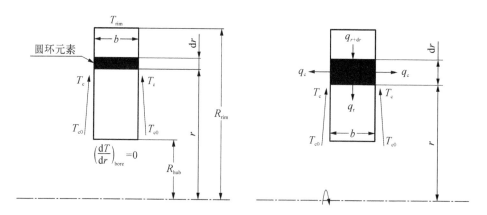

图 5.94 等厚轮盘中圆环单元的热平衡

（3）迭代法求解涡轮盘温度场。

本节中所述的迭代法与等厚圆盘法所需的参数一致,同样适用于涡轮盘轮缘和盘心温度未知的情况。不同的是,迭代法的精度更高,但计算方法较复杂,需要进行多次迭代。

对于两侧对流冷却的涡轮盘模型,与等厚圆盘预估涡轮盘温度场相同,迭代法求解涡轮盘温度场也需要将涡轮盘分解为有限个圆环。如图 5.94 所示的单个圆环的热平衡可知,与等厚圆盘预估方法中的圆环单元不同,迭代法中的圆环无理论解,需要通过迭代求解涡轮盘的温度分布。根据微分定义,可知对于上面的圆环单元,有

$$T_{i+1} = T_i + (r_{i+1} - r_i) \frac{\left(\left.\frac{\mathrm{d}T}{\mathrm{d}r}\right|_i + \left.\frac{\mathrm{d}T}{\mathrm{d}r}\right|_{i+1}\right)}{2} \tag{5.69}$$

式中，T_i 为半径 r_i 处的温度；T_{i+1} 为半径 r_{i+1} 处的温度；$\dfrac{\mathrm{d}T}{\mathrm{d}r}\Big|_i$ 为半径 r_i 处的温度梯

度；$\dfrac{\mathrm{d}T}{\mathrm{d}r}\Big|_{i+1}$ 为半径 r_{i+1} 处的温度梯度。

若已知盘心处的温度 T_1 和温度梯度 $\dfrac{\mathrm{d}T}{\mathrm{d}r}\Big|_1$，则可通过迭代法求得涡轮盘的整个

温度分布，包括轮缘温度 T_{rim} 和温度梯度 $\dfrac{\mathrm{d}T}{\mathrm{d}r}\Big|_{\mathrm{rim}}$。但在盘心处温度未知的情况下，

前述过程需要迭代多次，直到求解出满足轮缘热边界条件的盘心温度 T_1 为止。

本质上，盘心温度的求解过程为一个方程的求根过程。为减少迭代次数，应增加求解精读，将盘心温度的求解过程转换为最小值优化问题。假设每次迭代中盘缘求解的热流量与边界条件的差值为 ΔQ，则其应为盘心温度 T_1 的函数，即

$$\Delta Q = f(T_1) \tag{5.70}$$

通过平方求差，可以很容易变换为最小值优化问题：

$$\text{minimise}：g(T_1)：f(T_1)^2 = \Delta Q^2 \tag{5.71}$$

4. 涡轮盘尺寸优化

优化设计的理论基础是数学规划。一般的优化问题可以描述为，在满足一定约束条件下，选取适当的设计变量使得目标函数达到最小，其数学表达式为：

$$\begin{aligned}
&\text{find}\quad \bar{x} = (x_1,\ x_2,\ \cdots,\ x_n)^{\mathrm{T}} \in \mathbf{R}^n \\
&\min\quad f(\bar{x}) \\
&\text{s.t.}\quad g_j(\bar{x}) \leqslant 0,\quad j = 1,\ 2,\ \cdots,\ m \\
&\qquad\ \ h_k(\bar{x}) = 0,\quad k = m+1,\ m+2,\ \cdots,\ p
\end{aligned}$$

式中，$f(\bar{x})$ 为目标函数；$\bar{x} = (x_1,\ x_2,\ \cdots,\ x_n)^{\mathrm{T}}$ 是优化设计变量；$g_j(\bar{x}) \leqslant 0$ 和 $h_k(\bar{x}) = 0$ 分别是不等式和等式约束条件。

尺寸优化是设计人员对模型形状有了一定的形状设计思路后所进行的一种细节优化设计。而在现阶段，以涡轮组件中的典型零件为例，已经形成了经典的结构形式。几乎对于所有的涡轮（特别是同时代的），不管组件的结构形式如何变化，其同类零件的形状都是相似的，这个特点恰好适用于进行尺寸优化。同时，结合参数化建模技术，在结构拓扑形状确定的前提下，尺寸优化可通过建立参数化几何建模实现参数化分析与优化设计的自动化，结构设计人员可以在短时间内完成复杂结构多尺寸参数优选，对各处结构设计细节进行优化。

由于减重一直是航空发动机设计者们追求的目标，对于航空发动机的涡轮盘，优化的最终目的是在满足各项约束条件的前提下，使盘的质量最小。因此，本书中

尺寸优化的目标函数 $f(\bar{x})$ 为工程阶段最关心的结构质量 $m = \rho_0 \sum_{i=1}^{N} v_i$。本书所述的尺寸优化主要基于静强度分析结果，所以优化的约束条件除尺寸约束外还应包含强度准则约束。其中，强度准则一般由不等式表达，则由优化问题的一般数学表达式可知，尺寸优化的数学模型可表示为

$$\text{find}：\bar{x} = (x_1, x_2, \cdots, x_n)$$
$$\min：f(\bar{x}) = m = \rho_0 \sum_{i=1}^{N} v_i$$
$$g_j(\bar{x}) \geqslant 0, \quad j = 1, 2, \cdots, p$$
$$x_l^{\text{L}} \leqslant x_l \leqslant x_l^{\text{U}}, \quad l = 1, 2, \cdots, n$$

式中，N 为有限元单元数；v_i 为各单元体积；尺寸参数 x_l 约束主要取决于总体结构中对优化部件尺寸给定的移动限 $[x_l^{\text{L}}, x_l^{\text{U}}]$；$g_j(\bar{x}) \geqslant 0$ 对应不同的强度准则，其主要取决于尺寸优化设计流程中的静强度计算结果，一般取最大周向应力、最大径向应力、破裂转速储备和屈服转速储备等。

5. 涡轮盘工程图样设计

在工程设计阶段进行的就是细节的设计，主要需要完成的就是工程设计图样和图样说明书（请参照相关规范和标准）。但在工程设计阶段需要考虑的细节是特别值得注意的，主要包括以下几个方面。

1）盘体设计

在结构尺寸优化设计的基础上，盘的设计中主要控制中心孔、连接孔、盘辐面的尺寸公差、粗糙度和形位公差等。

（1）中心孔。通常都把盘的中心孔作为设计基准，它又是作超转、破裂试验的主要（变形）测量部位之一。因此，一般孔直径公差取为 0.005~0.01 mm，圆度取为 0.005~0.01 mm；

（2）盘辐面。盘辐板在标注结构尺寸时都应标盘实体厚度尺寸，即每注一个直径，对应标一个厚度尺寸，其公差一般取 0.03~0.05 mm。对盘辐面的粗糙度要求是很高的，通常为 $Ra0.8~1.6$，有些还要进行抛光，尤其在一些转角处。为了提高轮盘的抗疲劳能力，有些盘辐面还要进行喷丸处理，喷丸强度参照有关规范。

（3）连接孔。圆柱连接孔主要用于控制位置度，一般取 0.05，以保证盘的良好装配和平衡。对于用锥形螺栓连接的孔，孔锥度一般取 1∶50，其位置度可适当放宽到 0.1，因为转子加工时，所有盘、轴的连接孔要进行联合组铰以保证定心，并进行着色检查。

（4）盘鼓设计。鼓筒部分用来连接传扭，但必须要求鼓筒在工作时有足够的抗变形刚性。

（5）动平衡去料：除了在轮盘（或转子）上设动平衡安装边外，对于有些轮盘，还要考虑自身平衡去料的凸肩。

（6）篦齿环：为了封严或平衡转子轴向力，通常在盘上设有封严篦齿环。

2）圆弧端齿设计

在工程图中，必须画出圆弧端齿示意图并标注基本参数，如齿数、端齿的内径、外径、压力角等。在工程图的技术条件中，同时必须指出加工、检验按什么文件执行和齿面着色检查要求。

3）榫槽设计

（1）由方案优化设计中得到轮盘上装的叶片数和盘的厚度尺寸，然后决定采用哪种榫槽结构：① 锯齿形榫槽，工作面的接触面积相对大些，而且榫齿数多，一般在大发动机中常采用；② 圆弧形榫槽，工作面的接触面积较小，一般用于小发动机。

（2）榫槽对称中心平面：如果叶片周向安排相对不紧张，而且叶片扭角较大时，一般把榫槽对称中心平面设计为与发动机轴线呈一夹角，即称斜榫槽。

（3）榫槽设计必须严格控制标准跨棒的跨距尺寸、公差、齿形公差及节距公差，同时还要与叶片榫头协调设计，以保证与叶片榫头有良好配合及叶片周向摆动量。

（4）榫头在榫槽中的固定形式：通常的锁紧固定形式有锁片锁紧、前后挡板压紧、后挡片卡紧、空心锁杯铆紧等。

4）涡轮盘技术条件的确定

涡轮盘作为特殊的机械零件，还应对其提出下列内容加以质量控制，包括以下几方面：

（1）毛坯类型、等级及验收等级；

（2）机械加工过程中的各项处理、探伤、检验；

（3）对轮盘成品的各项指标的检验等。

5）关键和重要因素特性分析

涡轮盘的设计应按 GJB 190—1986 的要求，应根据关键和重要特性分析结果，确定关键和重要因素，并在其后面相应处标上"G"或"Z"字样。

关键因素——G，并按顺序标"（G1）""（G2）""（G3）"……"（Gn）"；

重要因素——"Z"，并按顺序标"（Z101）""（Z102）""（Z103）"……

对于一般要素，其后面不作任何标记，在设计中，通常把涡轮盘作为关键件。

5.5.4　涡轮轴

1. 涡轮轴设计要求

涡轮轴在发动机主要起着传递轴功的作用，还要起到连接压气机转子的作用，因此涡轮轴既要承受扭矩载荷，还要承受轴向载荷，此外还要承受由于飞机机动所产生的陀螺力矩。

涡轮轴的结构应保证在发动机工作包线范围内满足涡轮结构完整性要求,同时满足发动机总体对涡轮部件结构提出的要求,具体包括以下几个方面:

(1) 传扭等功能要求;

(2) 尺寸限制要求;

(3) 强度、寿命要求;

(4) 通风要求;

(5) 重量要求;

(6) 工艺性要求;

(7) 装配可行性要求。

涡轮轴应采用成熟的设计技术和合理的结构形式,且工作安全可靠。其结构设计准则有以下主要方面:

(1) 满足涡轮部件对涡轮轴的设计要求和约束;

(2) 应尽可能趋于对称体设计,以减少不平衡力和附加弯矩;

(3) 涡轮轴的设计及与相邻零部件连接设计应紧凑、可靠,零件重量应尽可能轻;

(4) 优先选用成熟或在役发动机上同类零件采用的材料;

(5) 涡轮轴应有足够的应力储备和足够的低循环疲劳寿命,必须满足发动机主轴静强度设计规范和寿命设计规范;

(6) 具有良好的加工工艺性和装配工艺性;

(7) 满足"六性"设计要求。

2. 涡轮轴设计流程

涡轮轴设计流程如图 5.95 所示。

1) 设计输入

设计输入条件包括以下几点:

(1) 发动机设计点或强度设计点的转速;

(2) 涡轮轴所处的工作环境温度;

(3) 二次流空气系统对涡轮轴的设计要求,如通气孔位置、大小等;

(4) 涡轮部件对涡轮轴的设计要求和约束:

(a) 功能要求:为转子系统提供轴承支点的功能要求、与转子系统的连接功能要求等;

(b) 尺寸要求:涡轮轴设计的最大允许尺寸、与其他零件相配合的相关尺寸要求等;

(c) 重量要求:涡轮轴允许的重量要求;

(5) 强度、寿命要求;

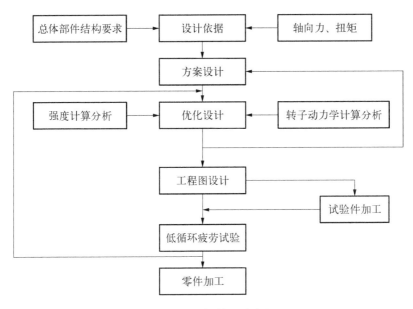

图 5.95　涡轮轴设计流程

（6）转子动力学要求；

（7）装在涡轮轴上的叶轮转子重量和重心位置；

（8）加在涡轮轴上的轴向力；

（9）涡轮转子传递的轮缘功；

（10）涡轮转子支承点位置。

2）涡轮轴方案设计

该设计过程中需要综合考虑涡轮各零件的安装及匹配,轴的结构形式尽量参照已有成熟的型号。需要考虑根据不同的使用条件选择不同类别的轴,同时考虑轴与其他零件的连接形式。

（1）涡轮轴类型及其选用范围：

（a）鼓筒轴,发动机直径尺寸大,多用于双转子或三转子发动机的高压涡轮轴；

（b）细长轴,轴的尺寸细而长,多用于低压涡轮或动力涡轮轴；

（c）轴颈型,通常用于连接高压涡轮中用于装轴承的短轴类零件。

（2）涡轮轴-盘连接结构形式选择：

轴与其他零件的连接结构形式主要有以下几种：

（a）锥形拉紧螺栓的轴-盘连接(多根锥形长拉紧螺栓轴向连接,螺栓作定心传扭用),见图 5.96；

（b）圆弧端齿加中心拉杆的轴-盘连接结构(这种结构靠圆弧端齿定心传扭、中心拉杆轴向连接),见图 5.97；

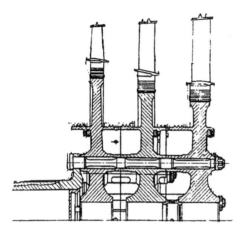

图 5.96   锥形拉紧螺栓连接

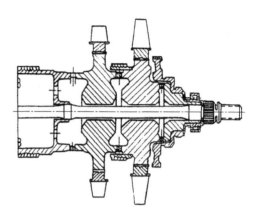

图 5.97   圆弧端齿加中心拉杆连接

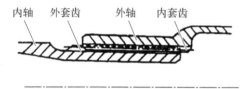

图 5.98   花键套齿连接

（c）花键套齿轴-轴连接（压气机轴与涡轮轴通常都用花键套齿连接），见图5.98；

（d）其他，如止口、螺栓连接等。

3）强度校核、动力学特性计算及优化

通过计算涡轮轴强度及其连接部位（连接孔、连接端齿、花键套齿）的强度和应力集中的计算，可以预估涡轮轴的强度储备。涡轮轴设计时输出的主要强度计算结果如下：

（1）给出涡轮轴最大当量应力及最小安全系数和相应位置；

（2）给出轴向的应力分布图及位移图；

（3）给出最大扭转角位置及扭角值；

（4）给出安装边、安装孔边的应力集中点的应力值；

（5）给出花键套齿（和圆弧端齿）的最大应力值及安全系数。

对于细长涡轮轴来说，必须进行动力学特性计算分析。通过对发动机高压联合转子（或低压联合转子）组合件进行动力学特性计算，得到其临界转速特性，为涡轮轴及其他零件的可靠性设计提供依据。

4）工程图样设计

在工程设计阶段，主要完成的就是工程设计图样和图样说明书（请参照相关规范和标准）。但在工程设计阶段需要考虑的细节是特别值得注意的，主要包括以下几个方面。

（1）轴的设计。

在结构尺寸优化设计的基础上，轴的设计主要控制中心孔、安装边的连接孔和轴承配合面的尺寸公差等。

轴承装配面,其尺寸、公差及形位公差要求是很高的。这主要是为了保证发动机转子支点的可靠工作。为了保证工作时它与轴承配合仍不松动,其圆柱度一般取 0.002~0.005 mm;直径公差取 0.005~0.01 mm。

(a)中心孔:对轴中心孔的中心跳动,内孔表面粗糙度和轴的壁厚要求都比较高。一般取中心跳动为 0.02~0.05 mm,粗糙度取 $Ra1.6$,壁厚公差取 0.05 mm以内。

(b)安装连接孔,圆柱连接孔,主要控制其位置度,一般取 0.05 mm,对于用锥形螺栓连接的孔,孔锥度一般取 1:50,其位置度可以适当放大到 0.1 mm。

(c)表面处理,无论是高压轴或低压轴,其主要功能是传递扭矩承受轴向力的。并承受着很大的循环疲劳应力。因此对涡轮轴内、外表面不但要求较高的粗糙度,并且也要进行抛光或喷丸处理。

(d)平衡去料,涡轮轴虽然最后要参加涡轮转子的动平衡。但是作为这种高速旋转体,首先应进行单独动平衡,并在设计上就考虑平衡用去料的凸台。

(2)圆弧端齿设计。

在"端齿示意图"上必须明确基本参数,如齿数、端齿内径、外径、压力角等。在技术条件中指出加工、检验按什么文件执行及齿面着色要求。

(3)连接套齿设计。

涡轮轴与压气机轴是通过渐开线花键套齿传扭的,它们之间必须协调设计。并应在套齿两端设前或后圆柱定心面,装配紧度一般取 0.005~0.015 mm,套齿参数及精度等级参照有关标准。

(a)涡轮轴技术条件的确定。涡轮轴作为特殊的机械零件,还应在以下诸方面提出要求加以质量控制,而这些要求通常是通过设计部门与专业厂家共同签订专门技术文件执行的,包括毛坯类型、等级及验收等级;机械加工过程中的各项处理、探伤、检验等要求;对涡轮轴成品的各项指标的检验。

(b)关键和重要因素特性分析。涡轮轴的设计应按 GJB 190—1986 的要求,在关键和重要因素后的相应处标上"G"或"Z"字样。

关键因素——G,按顺序标"(G1)""(G2)""(G3)"……"(Gn)";

重要因素——Z,按顺序标"(Z101)""(Z102)""(Z103)"……

对于一般因素,其后面不作任何标记。设计中一般都把涡轮轴作为关键件或重要件,也就是说该设计图上具有一个以上的关键要素或重要因素。

5.6 "六性"设计

可靠性、维修性、保障性、测试性、安全性、环境适应性合称为"六性",其贯穿发动机寿命周期,在设计阶段就必须做好这方面的工作。GJB 241—2010 中对涡扇发动机的"六性"设计做出了详细的要求,而对于涡轮部件来说一般根据发动机顶层文件中的"六性"设计要求来进行设计和分析。

5.6.1 可靠性要求

可靠性是指产品在规定时间和给定的条件下,无故障地完成规定功能的概率。涡轮部件作为航空发动机核心机三大部件之一,其可靠性直接影响到整个发动机的可靠性,因此提高涡轮部件的设计水平,把好设计这个第一道关口对整个发动机研制使用过程中显得十分重要。

例如,2010 年 11 月 4 日,装配 Trent900 发动机的 A380 在爬升 2 000 m 高度左右时,2 号发动机的中压涡轮盘突然爆裂击穿机匣造成飞机严重受损(图 5.99),幸运的是 A380 的其他 3 台发动机正常工作,其最终正常着陆,避免了人员伤亡。但是受损的飞机由于受损严重维修费用超过了 1 亿美元,维修时间历时 1 年半左右。

图 5.99 受损的 Trent900 发动机

可靠性设计是一项复杂的工作,进行可靠性设计的工具,主要有故障模式、影响及危害性分析、成功树分析、可靠性验证等。

(1) 故障模式、影响及危害性分析。

故障模式、影响及危害性分析(failure modes, effect and criticality analysis, FEMCA)是进行产品可靠性和维修性设计的重要分析方法之一。产品在设计阶段用以分析和检查潜在故障、影响与危害性,以便做到事先防止,使故障消除在设计阶段。

（2）成功树分析。

成功树分析是保证涡轮部件可靠性的另一种有效方法，它是通过对每一个零组件和每一个环节中制约正常工作的因素进行深入细致的分析，对发现的薄弱环节采取针对性的措施并进行有重点的试验验证，以达到确保各部件稳定可靠工作的目的。这是一种系统性强、涉及面广、对保证涡轮部件可靠性有重要意义的工作方法。

（3）可靠性验证。

通常涡轮部件需要进行多项可靠性试验，有些试验需在整机环境下进行，而有些则在零件级进行验证。以下列举了涡轮部件在定型前需要进行的部分可靠性试验。

（a）涡轮转子超转和超温试验：在发动机最高允许气体的测量温度和 115% 最高允许稳态转速下或者在不低于稳态最高允许转速且至少超过第一级涡轮转子进口稳态最高允许燃气温度 45℃ 的条件下至少稳定工作 5 min。试验后各零组件尺寸应在允许的极限范围内，并没有出现即将破坏的迹象，否则该涡轮转子被认为设计的可靠度不够高，需进行优化设计。

（b）轮盘破裂试验：涡轮所有的关键旋转轮盘构件需在旋转试验器上按照相关详细规范规定的方法和程序进行轮盘试验，试验转速至少达到稳态最高允许转速的 122% 后保持 30 秒，试验时内孔或盘心材料应达到最高设计温度，试验后轮盘不破坏表明该轮盘可靠性满足设计要求。

（c）其他可靠性试验，包括低周疲劳试验、高周疲劳试验、蠕变试验、包容性试验等。

涡轮设计过程中应根据 GJB 450A—2004 进行可靠性设计与分析，开展有关可靠性工作，并贯彻在具体设计和试验中。应尽可能采用成熟技术，满足可靠性设计要求，主要内容如下。

（1）根据发动机的特点建立了燃气涡轮、动力涡轮的可靠性模型。

（2）根据燃气涡轮、动力涡轮的故障模式及影响分析，完成了 FMECA 报告。在 FMECA 中通过定性分析，得出可靠性寿命控制件、重要件清单和 Ⅰ、Ⅱ 类故障模式清单，针对其危害性分别从设计、工艺及操作上采取补偿措施，为设计的综合评定、维修性、安全性等工作提供信息，并为诊断故障提供依据。

（3）在整个研制阶段，利用试验、试飞和故障等相关信息，每年对零部件的可靠性进行综合评价，跟踪可靠性增长的情况，同时，通过数据分析，发现薄弱环节，提出故障纠正的策略和设计改进的措施。

涡轮部件一般需完成了涡轮盘超转、破裂及低周疲劳试验、机匣静力试验、压力试验等，装整机完成了低循环疲劳、任务化持久等试验、设计定型试飞试验和部队试验等。

利用整机试验时数和故障数评估平均故障间隔时间,算法如下:

$$平均故障间隔时间 = \frac{整机试验时数}{累计故障次数}$$

利用上述算法计算年度平均故障间隔时间和累积平均故障间隔时间,需满足研制要求。

5.6.2 维修性要求

涡轮部件的维修性是指涡轮部件在规定的时间内,按规定程序与方法进行维修时,能使其保持或恢复到规定状态的能力。维修性是设计时赋予涡轮部件的直接影响维修的固有属性,反映其维修难易程度的特征,体现了设计者的设计思想和使用者对维修有关的可靠性、安全性和经济性的要求;并在使用过程中从维修频数、维修时间、维修强度、维修费用、维修物资保障、对维修人员技术水平要求以及维修安全方面反映出来。而维修工作的质量好坏、效率高、低在很大程度上取决于发动机的结构及总体布局是否易于维修,归根结底是发动机的维修性设计问题。

随着对航空发动机维修重要性的认识和维修性设计的发展,世界各国航空动力界逐步形成了一系列评定航空发动机维修性设计的指标,并在很大程度上形成了国家或行业标准,成为维修性设计的控制指标。通常一般维修性的控制指标主要包括平均修复时间、维修间隔时间、平均故障间隔飞行时间、飞行小时平均维修工时、更换时间、故障检测率、故障隔离率、虚警率、每飞行小时的维修费用和全寿命维修费用。

为了充分体现维修性控制指标,使其所设计出来的涡轮部件具有优秀的维修性,综合多年积累的维修性设计及发动机使用经验,涡轮设计工程师在设计方案时,要充分考虑如下几个方面:

(1)"单元体"设计。涡轮部件一般采用单元体设计,如高压涡轮静子单元体、高压涡轮转子单元体等。单元体设计是为了在发动机维修时采用单元体装拆,而且各单元体之间不会互相影响,只对发生故障的单元体进行维修,这样就使得维修工作大大简化,从而提高维修性。

(2)"简单化"设计。发动机设计得越复杂,零件数目越多,在进行维修时的工作量就越大。因此,为了减少工作量尽量,应将涡轮部件设计得简单易拆装。例如目前很多型号上使用的涡轮盘前后挡板的固定方式采用卡扣式装配,避免使用螺栓连接既降低故障发生率又使维修性得到了大大的提高。但是需要提出的是,简化零件数量的同时必须考虑涡轮部件的强度问题及换装零件的成本。

(3)"通用性"设计。通用性是指按照关于标准化的概念,任何一个给定的零件、部件或器材能和其他同类的零件、部件或器材进行互换和通用。将发动机的各零部件设计成标准件具有互换性和通用性,对涡轮部件的维修性具有十分积极的作用。例如,在满足结构强度的情况下螺栓螺母等紧固件尽量和其他部件选择成同一种规格,这不仅方便组织生产,还可以减少工具的数量。

(4)"可达性"设计。"可达性"是指设计的结构保证在维修涡轮部件时,能够迅速方便地达到维修部位的特性。维修部位看得见、够得着,而不需要拆装或拆装简便。可达性好则维修迅速、简便,而且差错、事故减少,费用也少。因此,要合理布置装备各组成部分及检测点、润滑点、维护点,要保证维修操作有足够的工具空间。

(5)"防错"设计。防错即保证发动机装配时只有一种正确的方法才能进行装配。在进行维护时具有防错功能的部件可以减少工人识别装配位置的时间,并且能避免因装配错误而返工而浪费的大量时间。例如,图 5.100 中某发动机涡轮机匣上的引气座,如果安装边螺纹孔设计为完全对称,容易装错导致引气座口方向错误。而按图 5.101 进行不对称设计时,引气座的装配只能有唯一一种装配方式才能进行装配,从而避免了引气座方向错误而影响发动机总装周期。

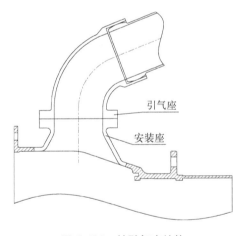 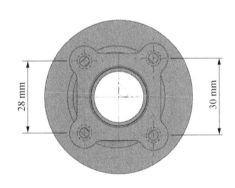

图 5.100　某引气座结构　　　　　图 5.101　安装边螺纹孔不对称结构

(6)"人机工程"设计。判断涡轮部件维修性是否优良的另一个重要方面则是对其维修人员的友好性。这里说的友好是指使维修人员在体力上、感官上、耐受力上以及维修人员的心理素质和人体量度等与所维修的涡轮部件的关系是合理的、科学的,借以提高维修工作效率和质量,以及减轻维修人员的疲劳感等。目前,国内已经有数家公司进行人机工程的软件开发,通过建立人体模型进行维护场景模拟,目的即是在设计阶段让设计人员考虑到维修性中的重要元素——"人"。

维修性设计是确保发动机结构完整性的一项重要工作,国外技术先进的航空发动机制造厂商非常重视维修性设计,对发动机维修性设计做了大量的研究,并取得了相当大的成果,他们在发动机设计过程中严格控制维修性指标,采用了许多便于维修的措施和结构特点,设计制造出较多具有成功维修性设计,且性能优良的高可靠性航空发动机。相比较而言,我国应该广泛搜集相关资料,汲取国外的先进维修性设计经验,根据具体的机型情况,使之充分应用到自主研制的新型号发动机上。

5.6.3 保障性要求

保障性是系统的设计特性和计划的保障资源能满足平时战备及战时使用要求的能力,其满足使用要求的综合描述被称为保障性参数。产品的保障性主要目标是以最少的寿命周期费用达到规定的战备完好性。

保障性是影响航空发动机的作战效能和全寿命费用的关键因素。提高对设计人员保障性设计工作重要性的认识,为保障性设计落实到发动机产品中奠定了思想基础;成立专门的组织、细化保障性要求、包括保障性的综合评审与折衷等管理措施,为保障性设计落实到发动机产品中奠定了管理基础;采用简化设计、防错设计、结构优化设计、工具优化设计、易于维护设计和故障诊断与健康管理设计等技术措施,使保障性设计真正落实到涡轮部件中。

(1) 转变在涡轮结构设计完成后再考虑保障性问题的观念,建立全寿命保障性设计与管理的观念,并将其与性能、质量、研制费用和研制周期同等考虑。

(2) 建立科学合理的模型与方法,全面进行航空发动机的保障性管理计划、综合性保障分析、综合后勤保障管理,以使保障性工作与整个武器系统的研制工作协调开展。

(3) 开发包括设备的可靠性及维修性数据、计划的任务、维修人员数量及技术等级、维修车间的能力,以及机内测试的虚警、维修时间、行政管理延误等的保障性数据库,为进行保障性分析与设计提供基础保障。

设计人员应当深入发动机维修现场,与一线保障人员进行深入交流,听取他们对保障性方面的意见与建议,为涡轮部件保障性设计提供必要的工程实际支撑。

根据《装备综合保障通用要求》(GJB 3872—1999)中的有关要求和工作项目开展工作,以保障发动机具有较好的保障性。在研制过程中,需配合发动机总体编写《××发动机图解目录》《××发动机安装手册》《××发动机维护手册》《××发动机培训手册》《××发动机技术说明书》和《××发动机随机备件、随机工具、随机资料目录》等资料,根据标准化、通用化、系列化的原则,规定用户可选购的保障设备。

为了提高发动机的设计质量,确保设计人员快速获取技术资料信息,使使用者更快、更准确地接受发动机的技术信息且减少培训时间,目前,一般要求编制交互式电子技术手册,为设计、保障及维护提供技术支持。

5.6.4　测试性要求

测试性是指通过特定的仪器或装置对发动机状态或者参数进行监测来判断发动机的可靠性衰减程度的一种功能特性,根据《装备测试性大纲》(GJB 2547—1995)的要求开展涡轮部件测试性设计工作。

由于涡轮部件的恶劣工作环境,一般对涡轮部件设置的监测参数较少。涡轮部件一般在设计过程中需考虑以下测试能力。

(1) 设置 T_{45} 探针以测试燃气涡轮出口温度场。

(2) 在动力涡轮传动轴上一般设计测扭轴,输出扭矩电信号,并设计有转速传感器,实时监控发动机的输出功率及动力涡轮的转速情况。

(3) 通过一些间接参数来判断涡轮部件的工作状态,如利用发动机排气温度来计算涡轮进口温度。

(4) 为了可以在不拆装发动机的情况下对涡轮部件的实物状态进行判断,需设计孔探结构,通常要求孔探仪能够观察到涡轮静子和工作叶片。

5.6.5　安全性要求

涡轮部件的安全性设计主要是为了最大限度地降低由于发动机故障引起的飞机严重损失率。在设计与试验中,贯彻《系统安全性通用大纲》(GJB 900—1990)、《航空涡轮喷气和涡轮风扇发动机通用规范》(GJB 241A—2010)及《航空涡轮螺桨和涡轮轴发动机通用规范》(GJB 242—1987)中有关要求,完成涡轮部件的安全性设计、危险分析等相关工作内容。

发动机发生以下任一类危险性失效状态的概率应小于 10^{-6} 次/飞行小时:

(1) 轮盘等高能碎片飞出;

(2) 座舱引气中有毒物含量浓度足以使机组人员或乘员失去能力;

(3) 发动机安装系统失效,导致发动机意外脱开;

(4) 完全失去发动机停车能力。

针对涡轮部件的设计,涡轮机匣的强度和包容性应满足要求,即在最高允许稳态条件下,燃气涡轮叶片和动力涡轮叶片在叶身与榫头连接部位断裂时,涡轮机匣能完全包容;合理地设计各处的储备系数,涡轮叶片应比叶轮盘更早断裂,保障涡轮盘不会发生破坏。

5.6.6　环境适应性要求

在涡轮部件的设计过程中,环境适应性设计一般需考虑以下方面。

(1) 涡轮部件应具有良好的环境适应性,能在砂尘、雨、雪环境和中等结冰条件下使用;

(2) 具有抗霉菌、湿热和盐雾的能力。

　　具体来说,涡轮叶片一般采用渗铝、渗铝铬、喷涂热障涂层等,提高抗高温氧化、防腐蚀的性能;通用件以 GH4169 为主,因为其强度高,又有较高的防腐蚀能力。

　　航空发动机涡轮部件通过开展充足的整机试验来验证其环境适应性。一般通过随整机完成超温试验、高原试验、高寒试验、吞冰试验、吞鸟试验、吞入大气中的液态水试验、高空模拟试验等试验来验证其满足环境适应性要求。

　　针对海军型航空发动机,需要对材料试样(含涂渗层)、连接结构、部分真实零件等进行盐雾、湿热、霉菌等三防试验,验证其在舰载环境下的安全使用性能。

5.7　结构强度仿真技术

1. 应力分析

1) 涡轮叶片的应力分析

　　为保证航空发动机的结构强度、寿命及可靠性,涡轮叶片应有足够的静强度、蠕变/应力断裂寿命和低循环疲劳(包括热机疲劳)寿命等。在设计阶段,则需通过仿真获得涡轮叶片在发动机环境下的应力状态。

　　(1) 涡轮叶片蠕变/应力断裂。

　　涡轮叶片应不出现应力断裂,因而必须对局部应力断裂给予考虑。在冷却叶片中,应力和温度梯度引起的蠕变率在相当大的范围内变化,而应力断裂裂纹仅在局部开始出现。非冷却叶片应力断裂可始于整个危险横截面上,最大的局部蠕变,从分析上看,它应与叶片的伸长和一个允许的最大伸长极限值有关,并以应力断裂裂纹刚开始时的蠕变为根据。

　　涡轮叶片的蠕变/应力断裂准则针对叶片长时间工作的情况主要包括:① 蠕变/应力断裂寿命(或持久强度)满足规范要求;② 蠕变变形满足规范要求,包括保证叶片的蠕变变形伸长得到合理控制,评估蠕变对叶冠/缘板及相互接触可能造成的影响。

　　在涡轮叶片应力分析时要求结构细节全面,材料及工艺确定,材料数据要包含全面力学性能数据和物理性能数据,要有能进行弹塑性分析的材料应力应变数据。载荷要充分考虑离心载荷、气动载荷和温度载荷。强度分析采用三维有限元模型进行弹塑性应力和蠕变寿命等分析,其主要分析流程如图5.102。

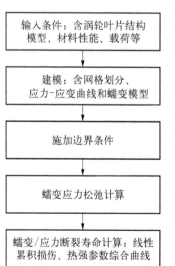

图 5.102　涡轮叶片蠕变/应力
断裂寿命分析流程

（2）涡轮叶片低循环疲劳（热机疲劳）寿命。

涡轮叶片作为航空发动机的耐久关键件，为防止恶性故障的发生，其结构必须保证高度的完整性。在高温下的高应力区，叶片的低循环疲劳寿命成为叶片使用寿命的一个主要限制。

涡轮叶片的低循环疲劳寿命关注的部位有叶身最高温度区域、叶身上最大应力区域、叶身屈服强度储备系数最小区域、叶片根部倒圆位置、叶片伸根和叶片榫头部位。

热疲劳过程一般比机械疲劳过程复杂，因为在热疲劳过程中，既有交变的温度作用，又有热应力的作用。低循环疲劳与热疲劳的区别体现在应力（应变）循环同时，温度是否也发生循环，本质相通。

对涡轮叶片的低循环疲劳寿命的精确预测，需要对叶身根部截面、叶身和榫头之间的过渡段以及榫头本身的局部最大温度梯度和稳态应力分布进行完整的描述。为了确保叶片寿命，应当计入局部应力集中后的叶片应力限制在叶片材料的最小低循环疲劳强度以下。

计算循环寿命时，应考虑的应力集中区包括：① 对于冷却叶片叶身，应考虑内部加强肋、缝、小孔等附近的机械应力集中及温度应力集中；② 榫头连接应考虑枞树形榫齿槽处的应力集中；③ 从叶身到叶冠、缘板过渡处的应力集中等。

另外，需要对叶片在各种状态下的应力-应变状态进行准确计算，这包括稳态和过渡态工作过程中叶片的局部温度或整体温度分析，以及在各种飞行载荷谱下的应力-应变历程，通常采用有限元方法进行分析。

为了确定或预测低循环疲劳寿命，叶片材料除了要求提供一般的机械性能和物理性能外，应提供足够的关于低循环疲劳及热疲劳的材料数据。这些数据包括单轴的材料应变范围与寿命关系、不同加载方式、平均应力及温度对材料低循环疲劳寿命的影响等。另外，也必须提供蠕变-低循环疲劳交互作用寿命预测方式所需的方程参数。对热疲劳要考虑非等温、非比例加载对寿命的影响，主要确定热载荷和机械载荷同相和反相加载时材料的寿命方程，其主要分析流程如图 5.103 所示。

2）涡轮盘的应力分析

航空发动机在正常加速过程中的瞬间超转，燃油调节器失灵、加力燃烧室故障或轴破坏脱开等其他异常条件下，均会引起轮盘超转。这时如果轮盘材料中有缺陷或结构尺寸设计不合理，就会出现轮盘超转破裂故障。轮盘超转破裂故障可以分为周向破裂与径向破裂，轮盘周向破裂是沿轮盘子午截面裂开，径向破裂多是沿轮盘辐板的喉部圆周截面分开。

在航空发动机工作中，轮盘主要承受离心应力和热应力作用，两者均随发动机工作状态变化而循环变化。另外，对于部分轮盘还有较大的残余应力作用。由于轮盘形状比较复杂，故在工作中经常出现一些局部应力集中的高应力部位，如轮盘

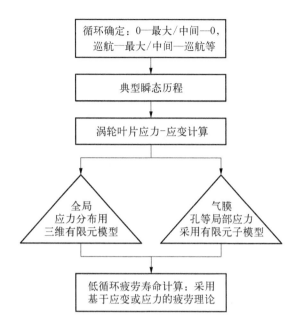

图 5.103　涡轮叶片低循环疲劳寿命分析流程

榫槽槽底、榫齿齿根及偏心孔、中心孔等部位,应力变化幅值足够大,在达到设计使用寿命之前,就可能在这些应力集中部位出现裂纹,从而有可能引发故障。

为了避免轮盘的上述失效模式,在进行涡轮盘结构强度设计时,要求涡轮盘具有足够的强度储备、足够的低循环疲劳寿命及足够的蠕变/应力断裂寿命等。

(1) 涡轮盘破裂转速。

防止轮盘破裂包括防止轮盘周向和径向破裂。防止轮盘在超转情况下的破裂,首先必须确定轮盘在周向和径向破裂时的转速。对于防止轮盘周向破裂,即防止轮盘子午截面破裂,广泛采用的是平均周向应力法。对于防止轮盘径向破裂,即防止轮盘辐板喉部径向截面破裂,或防止轮盘辐板特殊径向截面(如含偏心孔)破裂,广泛采用的是平均径向应力法。

现代轮盘破裂转速分析时通常采用轴对称有限元对整个转子进行应力计算,计算中应考虑热载荷、离心载荷和气动载荷的综合影响,考虑轮盘及相关零件连接止口的配合公差,获得鼓筒、挡板等零件对轮盘最严重的削弱,即鼓筒、挡板等零件传给轮盘的最大径向载荷,也能获得轮盘对鼓筒、挡板所提供的最低限度的加强,即轮盘传给鼓筒、挡板等零件最小的径向支持力。计算中还应采用整个转子在最高稳态工作温度时的轴对称温度场,并选取相应温度下材料的性能参数。根据轴对称应力计算结果,可以求得轮盘子午面上的平均周向应力和轮盘辐板喉部圆柱截面上的平均径向应力,也就可以求得轮盘的周向破裂转速和径向破裂转速。

（2）涡轮盘低循环疲劳寿命。

轮盘在飞机的起飞-工作-着陆的复杂循环中，其工作温度和应力（包括热应力）也随着循环变化，正是由于这些变化载荷的作用，随着循环次数的增加，在轮盘的薄弱部位（应力集中处），如轮盘榫槽、通气孔、螺栓孔、中心孔及其他型面突变的拐角处等产生高应力的低循环疲劳裂纹。疲劳裂纹的萌生不仅与载荷、材料有关，而且对轮盘表面形状、表面工艺状态、环境条件都非常敏感。

轮盘的寿命决定发动机的安全寿命，轮盘的寿命取决于低循环疲劳寿命，高温时则是与蠕变交互作用下的低循环疲劳寿命。蠕变是在高温环境下固体受恒定外力作用时，其应力与变形随时间变化的现象，此时变形、应力与外力不再保持一一对应关系，这种变形即便在应力小于屈服极限时仍具有不可逆的变形性质。

为了得到最合理的轮盘安全寿命，在设计阶段就要有明确的设计使用寿命和设计用法（载荷谱）要求。设计使用寿命应明确规定总的使用寿命小时和飞行次数这两个指标；而设计用法应明确规定主循环和各种次循环以及在高温状态下持续工作的时间。以上要求是由飞行任务剖面和包含有发动机非使用情况下转场任务混频来确定的。在设计阶段，往往不能明确规定的具体的实际用法，可根据类似的已使用过的机种的飞行任务循环数加以修订来确定，或者是根据军标中建议的通用数据通过修订和补充来确定。在轮盘结构设计中特别重视可能成为结构性危险部位的细节设计，避免不必要的应力集中和设法减小应力集中。

设计阶段一般采用轴对称有限元与循环对称有限元相结合的方法进行涡轮盘应力-应变分析与低循环疲劳寿命预测，并验证是否满足设计要求。按给定设计用法的载荷谱，考虑温度应力及温度影响进行有限元分析，获得各类循环时峰值点和谷值点轮盘的转速与温度场，在峰值点和谷值点对轮盘进行全面的应力-应变分析，确定控制轮盘低循环疲劳寿命的关键部位，并确定该关键部位的应力-应变历程。根据轮盘材料在峰值点温度下的应变-寿命曲线，就可以获得轮盘低循环疲劳寿命的估计值。

（3）涡轮盘蠕变/应力断裂寿命。

涡轮盘有蠕变寿命限制，而轮盘的轴向榫连接部位有应力断裂寿命限制，应确定满意的蠕变/应力断裂寿命下的设计工作应力。涡轮盘的蠕变寿命是指在给定的工作温度和工作应力下，涡轮盘径向相对蠕变变形超过规定值所对应的临界工作时间。涡轮盘榫连接部位应力断裂寿命是指在给定的工作温度和工作应力下，涡轮盘正常工作而不发生应力断裂的时间。通常涡轮盘轮缘凸块有可能发生应力断裂，所以应力断裂寿命的主要计算对象是轮缘凸块。

蠕变寿命计算时，可采用轴对称有限元蠕变分析，在设计用法中各主要工况的不同高温、应力与对应工作时间下分别计算各工况的蠕变寿命损耗后合成；应力断裂寿命计算时，用持久应力-寿命曲线或热强参数方程，需在各工况分别计算后按等损伤原则合成,或按等损伤原则将各状态折合为同一温度与应力状态后计算,确定寿命储备。

下面将分别介绍涡轮盘轴对称有限元和循环对称有限元的分析过程。

a) 涡轮盘轴对称有限元应力仿真

由于涡轮盘的几何形状、约束及载荷均为轴对称分布,其应力、应变和位移也为轴对称分布,通常可采用轴对称有限元法分析。对于安装边螺栓孔、轮盘上的通气孔、轮缘凸块及叶片等经过简化和载荷等效后,可近似作为轴对称问题处理。

涡轮盘轴对称有限元分析时的主要步骤为:① 建模,将轮盘子午面形状轮廓建模,得到轮盘子午面平面模型,再将轮盘子午面模型离散为若干单元;② 接触处理,对于考虑与涡轮盘相连零件的组件模型,在两零件配合面需建立接触单元模拟相互间的传力关系;③ 材料参数输入,主要是涡轮盘及相关零件所涉及的零件材料的密度、热膨胀系数、弹性模量、泊松比等,对于弹塑性分析还需输入材料的应力-应变曲线,对于蠕变分析还需输入材料的蠕变曲线;④ 施加载荷,主要是由离心力、温度、气体压力等引起的体积力;⑤ 施加位移约束。

b) 涡轮盘循环对称有限元应力仿真

涡轮盘轴对称模型的计算量小,但具有近似性,当需要分析涡轮盘榫槽附近、辐板孔边等应力集中问题时,轴对称模型无能为力。鉴于整盘三维模型计算量大,工程中常采用循环对称模型,取涡轮盘的循环对称周期角所对应的部分结构进行建模。循环对称体切割的表面一般为平面或曲面。涡轮盘循环对称分析时的主要步骤与轴对称有限元分析类似。

2. 振动设计

振动是指物体按照一定的轨迹做重复性运动。涡轮叶片工作环境温度极高、稳态机械载荷较强、激振载荷形成因素复杂,通常难以通过频率优化实现完全的振动隔离,较高的稳态应力也明显降低了涡轮叶片的许用振动应力,因此涡轮叶片/叶盘成为涡轮部件中最易产生振动故障的结构。

1) 涡轮叶片/叶盘的振动分析

涡轮叶片/叶盘模态分析通常采用有限元方法,在结构、载荷、材料等输入条件具备的情况下,将涡轮叶片结构离散成有限元网格,保证网格的结构刚性和质量与实际结构相当,通过矩阵计算获取涡轮叶片的多自由度振动特征值和特征向量,其中特征值为涡轮叶片的频率,按质量归一化的特征向量即为涡轮叶片的振型。

涡轮叶片/叶盘共振分析通常采用共振频率裕度和共振转速裕度的方式进行计算与评价,并将其一定裕度范围内的共振点分别列出,并以坎贝尔图的方式将共振特性进行呈现。裕度计算过程中用到了固有频率、激振阶次、工作转速等参数。固有频率为涡轮叶片非工作状态下的静频和工作状态下的动频,以及通过动频系数方法或者过渡态方法获得随转速变化的涡轮叶片动频曲线。激振阶次为涡轮叶片受到的发动机低阶次激励和燃烧室喷嘴、临近叶片、临界支板等结构因素的激励。工作转速为涡轮叶片在全包线范围内可能短时或长时停留的转速,以及在状态变化过程中的过渡态转速。

颤振虽然在现役发动机的涡轮叶片上少有发生,但随着涡轮级负荷的逐步增大以及减重要求的进一步提升,涡轮叶片颤振风险已不可忽视。目前涡轮叶片颤振分析主要采用单参数法,也可采用流固耦合计算方法进行颤振分析,但计算规模非常庞大,在工程中难以广泛推广。

2) 涡轮叶片的阻尼减振设计

涡轮叶片缘板阻尼减振分析可分为时域法和频域法,工程中为了控制计算成本,通常基于频域法进行设计。该方法是基于谐波平衡原理将涡轮叶片实际承受的不规则激励简化为谐波激励,通过谐响应分析获取带阻尼器涡轮叶片振动系统的响应特性,进一步与干摩擦阻尼功模型进行迭代,以获得涡轮叶片缘板阻尼减振特性的工程简化算法。涡轮叶片缘板阻尼减振设计方法主要由阻尼器结构设计、干摩擦阻尼减振参数优化和阻尼减振效果验证三部分组成。

涡轮叶片叶冠阻尼减振设计方法与缘板阻尼减振设计方法具有较多相似之处,同样基于频域法进行工程设计,对不规则激励也按照谐波平衡原理进行简化,但带叶冠的涡轮叶片振动系统表现出更强烈的非线性特征,特别是在叶冠挤压力较大时,该系统还会出现类似混沌的强非线性特征。涡轮叶片叶冠阻尼减振设计方法主要由叶冠结构设计、叶冠减振参数优化和阻尼减振效果验证等三部分组成。图 5.104 经过初步优化的叶冠减振规律。

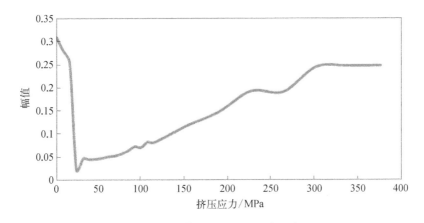

图 5.104　干摩擦阻尼减振规律示意图

航空发动机低压涡轮叶片有时既带叶冠又设置缘板阻尼器,因此对其减振分析时需要同时考虑两种阻尼结构对叶片振动的影响,对同时带叶冠及缘板阻尼器的叶片进行耦合状态下的建模、模态分析、谐响应分析和减振分析。由于叶冠减振分析时存在飘频现象,叶片由悬臂弯曲振型转化为简支弯曲振型,其最优叶冠正压力一般都出现在飘频之后,而缘板阻尼减振效果与缘板处的相对振幅大小有关,飘频后振型的改变会导致缘板阻尼减振效果改变,因此叶冠阻尼减振效果与缘板阻尼减振效果难以同时达到最优状态,只能通过耦合分析,给出相对最优的叶冠正压力与缘板阻尼器质量组合。

参考文献

[1] 田大山.涡轮喷气发动机的发明和发展[J].自然辩证法通讯,1988(5):58-64.
[2] 王心悦,辛丽,韦华,朱圣龙,王福会.高温防护涂层研究进展[J].腐蚀科学与防护技术.2013,25(3):9.
[3] 黎明,索建秦,吴二平.国外先进航空发动机技术带给我们的启示[J].航空制造技术.2013(9):6.
[4] 李学娇,张骋,张娜.热障涂层研究进展[J].中国陶瓷,2013(3):1-4,12.
[5] 张晓兵.激光加工涡轮叶片气膜孔的现状及发展趋势[J].应用激光,2002(2):227-229,246.

第6章

涡轮试验验证

6.1 试验验证规划

在发动机型号研制中,为评估涡轮部件的性能、功能等要求是否达到预期目的,一般通过两种方式进行验证:计算分析和试验验证。作为发动机的核心部件之一,涡轮部件需要开展大量的试验研究工作,试验研究在涡轮技术发展乃至航空燃气型号研制中具有举足轻重的地位和作用。鉴于涡轮试验研究的重要性,世界著名的航空公司和科研机构,如英国的罗·罗公司、美国的 GE 公司和普惠公司等均拥有一整套完备的涡轮部件试验设备及一流的试验、测试技术[1-3]。

针对涡轮零件、组件及部件开展的试验项目种类众多,按专业学科可分为气动试验、冷却传热试验、结构强度试验等;按试验用途可分为基础试验、设计验证试验、检验性试验、考核性试验等。具体试验项目详见表 6.1。

表 6.1 涡轮部件的试验项目

序号	试 验 项 目	专 业	试 验 用 途	试 验 对 象
1	平面叶栅试验	气动	技术验证性试验	典型截面叶栅
2	环形/扇形叶栅吹风试验	气动	技术验证性试验	叶片、导向器组件、过渡段、排气机匣
3	涡轮级性能试验	气动	技术验证性试验	单级/双级/多级涡轮
4	涡轮叶片流量特性试验	冷却传热	技术验证性试验	叶片
5	涡轮叶片冷却效果试验	冷却传热	技术验证性试验	叶片
6	超转试验	结构强度	考核性试验	涡轮盘、挡板
7	超温试验	结构强度	考核性试验	涡轮盘、挡板
8	破裂试验	结构强度	考核性试验	涡轮盘

序号	试验项目	专业	试验用途	试验对象
9	刚度试验	结构强度	技术验证性试验	涡轮轴
10	静力试验	结构强度	考核性试验	涡轮机匣、涡轮轴
11	持久试验	结构强度	技术验证性试验	涡轮叶片
12	低周疲劳试验	结构强度	考核性试验	涡轮盘、涡轮轴
13	高周疲劳试验	结构强度	技术验证性试验	涡轮叶片、涡轮轴
14	热机疲劳试验	结构强度	技术验证性试验	涡轮转子叶片
15	热疲劳试验	结构强度	技术验证性试验	涡轮导向叶片
16	模态试验	结构强度	技术验证性试验	涡轮叶片
17	动应力测量试验	结构强度	考核性试验	涡轮叶片
18	阻尼减振试验	结构强度	技术验证性试验	涡轮转子叶片及阻尼结构
19	机匣包容试验	结构强度	考核性试验	涡轮机匣
20	转子稳健性试验	结构强度	技术验证性试验	涡轮转子及支承系统(含安装节、轴承等)
21	抗腐蚀试验	"六性"专业	考核性试验	涡轮部件
22	吞砂试验	"六性"专业	考核性试验	涡轮部件

1. 气动试验

气动试验的目的是研究叶片(截面叶型、叶栅)的气动特性,以及全新设计或改进设计的涡轮部件性能与特性。试验结果用于验证叶栅、叶型、涡轮设计是否满足预期指标的要求,同时可用于校验涡轮气动设计程序和 CFD 数值计算。涡轮气动试验项目有平面叶栅试验、环形/扇形叶栅吹风试验、导向器流量函数试验、涡轮部件性能试验(部分未在表 6.1 中列出)等。

对于涡轮部件性能试验,试验涡轮可以是单级涡轮,也可以是双/多级涡轮;可以是单转子涡轮,也可以是双转子涡轮;根据试验车台的设备能力,有时采用全尺寸涡轮进行试验,有时采用缩小型涡轮或放大型涡轮进行试验(简称模型涡轮试验);根据试验涡轮进口温度与压力,可分为中温中压试验和高温高压试验。

上述涡轮气动试验的理论基础为相似原则,即几何相似、运动相似、动力相似。

2. 传热试验

传热试验的目的是获得零件表面流动换热特性、验证设计的有效性及校验设计分析程序;试验类别包括冷效特性试验、涡轮叶片流量特性试验、旋转盘腔流动换热试验和机匣内腔流动换热试验等。

所有传热试验均应遵循相似准则,根据试验台能力和测试需求,可对试验模型的尺寸进行相似缩放。

3. 结构强度试验

涡轮部件的结构强度试验是发动机研制中的关键环节,其目的是评价涡轮部件零、部件的结构完整性、寿命和可靠性。涡轮部件结构强度试验包括超转试验、超温试验、破裂试验、刚度试验、静力试验、持久试验、低周疲劳试验、高周疲劳试验、热机疲劳试验、热疲劳试验、模态试验、动应力测量试验、阻尼减振试验、机匣包容试验、转子稳健性试验等。

在结构强度试验中,一般按设计要求及试验目的分为两类:考核性试验与研究性试验。考核性试验的主要目的是考核零件结构强度是否满足设计要求;研究性试验的主要目的是验证零件的设计薄弱部位,以及计算方法、新设计结构的合理性和新材料、新工艺应用的可行性等。

4. 环境适应性试验

针对航空发动机涡轮部件,在发动机整机试验的同时应完成环境适应性试验验证及考核,试验内容主要包括抗腐蚀试验、吞砂试验等。

6.2　涡轮气动试验

6.2.1　平面叶栅试验

叶轮机内部气体的实际流动是非常复杂的,它通常具有三维黏性非定常(包括随时间及静子、转子周期性相互干扰)性质。在叶轮机理论分析和试验研究过程中,通常把涡轮内部复杂的三维黏性问题简化,分解成简单的二维问题,即把叶片等半径的回转面展开成平面,变为平面叶栅流动问题。

平面叶栅是叶轮机的基础,叶栅流动反映了基元叶栅槽道内的气流加速、转折特性。其主要特性表现为叶栅的损失特性、出口气流角特性、攻角特性等。

1. 试验目的

涡轮平面叶栅试验工作是涡轮部件研制过程中的重要环节,可以通过试验件设计和加工周期相对较短的涡轮平面叶栅试验,快速获取涡轮叶栅的气动性能,判定叶栅的设计质量。大量的叶栅气动试验数据不仅可对理论研究结果起到验证的作用,而且还能提供修正理论方法的可靠依据,使理论方法不断改进。尽管叶轮机CFD,特别是三维 CFD 技术在近年来有了较大进展,但对于计算复杂的跨声速、超声速叶栅绕流,还存在着一定的误差。研究跨、超声叶栅绕流特性较好的方法是在平面叶栅风洞上测定叶片表面的速度分布,并用纹影仪观察波系的形状、位置、强度,用录像机记录各波系产生和演变的动态过程。

平面叶栅试验是基于相似理论的原则,通过试验叶型与原叶型之间的几何相似、运动相似、动力相似来进行气动模拟试验的。

平面叶栅试验目的如下:

(1) 研究叶型和叶栅几何参数对叶栅性能的影响;

(2) 探索和研究叶轮机叶片槽道内气流的流动现象、流动机理和规律;

(3) 评定叶型气动性能和验证设计方法。

2. 试验要求

必须严格遵循几何相似准则,即保证试验叶栅与原型叶栅几何相似。因此,多数试验平面叶栅是按比例放大的。

在风洞稳定工作的时间内,抽气系统稳定工作,保证流场均匀稳定。在风洞的超、跨声速工作范围内,对不同的工作马赫数,抽气系统要能满足超声速流场建立、均匀性调节、边界层抽吸和变轴向速度密度比的要求。抽气系统可对模型进口流场上、下、左、右侧壁分别进行抽气及抽气量调节,抽气管道密封性良好。

3. 试验件要求

试验件交付使用后,对试验件上的各测压管进行通气和密封性检查,然后按试验大纲的要求进行试验件安装和调试,使之进入待试验状态。

6.2.2   导向器环形叶栅吹风试验

涡轮导向器的排气面积大小及通道流动的顺畅程度均影响着涡轮的流量和效率,进而影响发动机的整机匹配性能。

涡轮导向器的研制过程包括设计、制造、验证及维护使用。导向器的验证环节包括零件级验证、部件级验证及整机级验证,针对导向器部件级验证,需要进行涡轮导向器环吹试验工作,从而验证导向器的气动性能,而导向器环吹试验分析工作对涡轮部件性能的评估具有非常重要的意义。

从航空涡轮发动机诞生至现在,尽管涡轮气动设计水平有了很大提高,但导向器环吹试验在当今工程设计中仍具有不可替代的地位。一方面,导向器气动性能对涡轮的气动性能和匹配具有重大影响;另一方面,整机环境下导向器的通流能力对整机涵道比及涡轮前温度等参数的影响至关重要,然而要在整机中准确测量涡轮导向器的通流能力几乎不可能实现,目前比较成熟的做法是在部件状态下进行导向器模拟吹风试验,从而获得导向器流量特性。

1. 试验目的

在保证涡轮导向器进出口条件接近真实的条件下(保证其出口的径向压力梯度),通过导向器的环吹试验,获得其三维流动结构、损失特性、流通能力及其他方面的大量的试验数据。一方面,可进一步准确地评价导向器的性能指标;另一方面,可进一步验证涡轮二维和三维气动设计模型,提高设计水平。通过录取涡轮导向器的流量、损失等特性参数及流场,可为整机调试试验提供技术支持。

试验的主要目的如下:

(1)获取涡轮导向器性能参数,检查导向器的流通能力,验证导向器设计指标;

(2)研究冷气流量对导向器特性的影响。

2. 试验要求

环形叶栅试验首先必须遵循相似准则,保证试验叶栅与原型叶栅几何相似。

在满足复合探针结构及强度设计的要求下,尽量使复合探针测量孔的位置在沿导向器出口气流平均方向上与探针支杆的距离大些,以削弱冲击波对测量参数造成的影响。

进出口测量段与导向器子午流道光滑转接,要尽量减小导向器出口处的轴向间隙,避免测量段对测量参数造成大的影响。

3. 试验件设计要点

在工程研制中,试验模型、试验条件、实物运动无法达到与真实工作状态下完全相同,相似理论便是解决该矛盾的理论基础。相似理论指出,若要实物流动与模型流动可以比拟,则它们必须是力学相似的,而满足力学相似必须满足几何相似、动力相似和运动相似。

(1)几何相似:模型试验件应保证几何相似,即在设计导向器的基础上进行缩放,缩放原则为根据需求对试验件直径、叶型进行等比例缩放。对于发动机用导向器,需要冷热态换算时,几何不完全相似,需要在试验后将试验结果与热态使用状态进行关联。

(2)动力相似:对于涡轮导向器,动力相似的约束条件为对应的马赫数 Ma 和雷诺数 Re 相等。当雷诺数处于自模区($Re \geqslant 5 \times 10^4$)时,可不考虑雷诺数约束;当试验条件不能满足雷诺数要求时,需对雷诺数影响进行分析。

(3)运动相似:当导向器环吹试验件的几何相似、动力相似条件满足后,运动相似的条件便自动满足。

6.2.3 涡轮级性能试验

航空燃气涡轮运行在高温、高压、高转速下的恶劣工作条件中,承受了很大的气动力、热应力、惯性力和振动力。燃气在涡轮中的流动为非定常流动、有黏流动、三维复杂流动。根据理论计算和设计经验所设计的涡轮,通常要在涡轮试验器上进行涡轮的气动性能试验。试验涡轮可以是单级涡轮,也可以是多级涡轮。对于尺寸不大的涡轮,可以进行全尺寸涡轮试验;而对于尺寸较大的涡轮,则进行缩型试验,即模型涡轮试验。应根据试验台条件(气源条件、水力测功器功率和转速范围等)进行涡轮部件气动模拟试验,气动模拟试验的理论基础为相似原理。

1. 试验目的

设计涡轮试验件并进行试验,是为了研究涡轮的基础性能,以及验证先进的涡轮设计技术。积累的试验数据为整机匹配和整机试验分析提供支持,同时为专业设计分析软件的校核和开发提供试验支持。

试验目的具体如下:

(1) 在设计状态下,测量涡轮的流量、功率、效率,以及涡轮出口马赫数和绝对气流角,考察设计状态气动性能是否达到设计要求;

(2) 获取涡轮在非设计状态下的流量、功率和效率,得到涡轮试验特性;

(3) 测量各参数沿叶高的变化,以了解二次流等对涡轮性能的影响。径向分布参数也可为专业软件的校核提供更为细致的试验数据。

2. 试验要求

对涡轮级性能试验提出必要的要求,以保证足够的测量精度和试验件的安全。关于试验件安全,必须包括外部振动、内部振动、超转、轴向力平衡、滑油、各腔室、轴承及其他关键件的测量。

3. 试验件设计要求

遵循相似准则:首先要进行模拟计算,即根据试验器的能力(进口总温、总压、功率、转速、流量和进出口的安装尺寸能够达到的数值范围),确定试验涡轮的模拟比,再根据模拟比的大小来设计试验涡轮。试验件设计时,要严格保证试验涡轮与原型涡轮之间几何相似,还应保持相同的流道尺寸公差等级和相同的表面粗糙度。

在进行试验件设计时,应保证在前测量段流场尽量均匀。为此,进口前转接段、前测量段和导向器子午流道应光滑转接,并经气动验算预测进口的不均匀程度。进口不均匀程度越大,测点覆盖范围应越大,测点密度也应越大。

为保证试验涡轮进出口气动参数测量的准确性,在进行试验件设计时,必须在其进出口各设置一个平直段。进口平直段的长度一般不小于进口导叶中径弦长的两倍或叶高的两倍并取数值较大者,试验涡轮进口的测量截面应设置在该平直段内;出口平直段的长度一般不小于出口动叶中径弦长的三倍或叶高的三倍并取数值较大者;试验涡轮出口的测量截面应设置在该平直段内。

涡轮出口测量截面应布置在出口平直段中。由于动叶叶尖间隙及二次流的影响,涡轮出口气动参数的径向分布十分不均匀。因此,径向测量必须有足够的覆盖密度。

对于多级涡轮级间截面,应布置壁面静压、总压、总温及方向探针。对于冷却涡轮,还要满足导向叶片和工作叶片的冷气进气方式和流量,并安排冷气参数测量。

在进行试验件设计时,必须保证流道间接触面的密封,防止气体泄漏。为此,除了确保加工质量,在试验件装配时,在各接触面上应选择可靠的密封件或涂合适的密封胶。

6.3 涡轮传热试验

6.3.1 涡轮叶片流量特性试验

涡轮叶片流量特性试验是涡轮叶片生产过程中必不可缺的关键工序之一。在给定的压比状态下,获取涡轮叶片内冷通道的冷气总流量及叶片各内冷通道的流量分配特性,以检测该涡轮叶片内冷通道的流通能力是否满足设计要求,为挑选装机叶片及零部件试验叶片提供依据。

1. 试验目的

试验目的是获得不同压比状态下涡轮叶片内冷通道的冷气总流量及叶片各内冷通道的流量分配特性,以检测该涡轮叶片内冷通道的流通能力是否满足设计要求,为挑选装机叶片及零部件试验叶片提供依据。

2. 试验原理

根据质量流量连续原理,在保证气流管道无泄漏的条件下,通过涡轮叶片内部冷却通道的空气质量流量等于通过流量测量装置的空气质量流量,从而测量出涡轮叶片内部冷却通道的空气质量流量。

3. 试验设备、试验件及试验夹具

1) 试验设备

涡轮叶片流量特性试验需要试验设备提供可调压力的常温清洁空气,并完成流量测量及数据获取。试验设备一般由供气系统、管路系统、电气控制系统、流量测量装置、压力测量装置、温度测量装置、试验数据采集系统等组成。

2) 试验件及试验夹具

试验件即被试验的涡轮叶片。试验前需根据试验叶片的气动叶型和内冷通道的结构特点,设计相应的试验夹具。试验时,冷气从试验夹具流入试验叶片并排入大气。试验夹具设计应保证夹具(含进口)气流流通面积大于叶片内冷通道进口面积,夹具气流通道不允许存在节流部位。夹具内部流道应尽可能减小气体总压损失,并保证叶片进口与夹具接触位置的有效密封,在试验工况下不发生漏气现象。试验夹具不得遮挡或堵塞尾缝、叶尖除尘孔、气膜孔等气流出口,同时试验夹具设计应考虑拆装便捷性、可靠性及叶片安装定位基准,以减少人为因素对试验重复性的影响。

4. 试验测试方案

1) 测量参数要求

涡轮叶片流量特性试验测量参数主要包括以下几种。① 进口总温:常温,单位为 K;② 进口总压:根据具体试验要求确定,单位为 kPa;③ 环境压力:大气压力,单位为 kPa;④ 压比:进口总压/环境压力,根据具体试验要求确定;⑤ 叶片流量：质量流量，单位为 g/s。

2）测点布置要求

涡轮叶片流量特性试验测点布置应满足试验要求。① 进口总压：测点位置应尽可能接近试验夹具进口位置，应位于气流中心位置，测量截面与夹具进口截面之间的管路应为直管；② 进口总温：与进口总压测点位置在同一气流截面，若无法满足时，在确认试验厂房为常温、恒温环境后，允许以试验厂房的环境温度近似代替；③ 环境压力：测量位置应位于试验所在厂房内；④ 叶片流量：在流动稳定处安装流量测量装置，具体安装位置需满足流量测量装置的安装要求。

涡轮叶片流量试验件装配及测点布置示意图如图 6.1 所示。

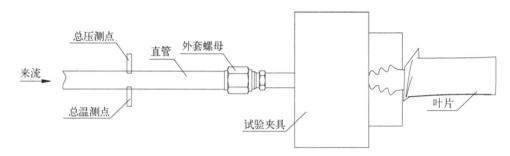

图 6.1 涡轮叶片流量试验件装配及测点布置示意图

3）测量精度要求

涡轮叶片流量特性试验中对测量参数规定相应的精度要求。

5. 试验内容及试验步骤

1）试验内容

在给定压比状态下，测量涡轮叶片的内部冷气质量流量。对于包含多个独立腔室的涡轮叶片，还应分别测量每个独立腔室的冷气质量流量，试验压比状态点通常不少于 3 个。

2）试验步骤

涡轮叶片流量试验应按照试验流程规范，按步骤有序实施。① 逐项对试验设备各系统进行检查并记录，检查结果汇总显示试验设备正常方可开展试验。② 逐步启动试验设备的水、油、电、气供给及测试系统等，检查运行状态是否正常。③ 通气进入试验器相关系统管道，检查管道接口处是否存在泄漏，若发现泄漏应及时处理后方可继续进行试验。④ 每班次试验开始或试验设备重新启动时，应首先使用检验叶片进行流量试验，综合检查试验设备及试验夹具的稳定性。检验叶片流量试验测量值与其标定流量的相对偏差是否满足规定要求，若满足要求，方可进行正式试验。⑤ 安装叶片夹具和试验叶片，记录试验叶片编号，并通气检查是否泄漏，若发现泄漏应进行处理。⑥ 调节管路进气阀和排气阀的开度，调节试验叶片进口总压,以达到试验状态点,获得压比与流量的对应关系;应确认试验状态稳定后方可采集数据,叶片进口总压的波动范围与当前值的相对偏差应满足规定要求。⑦ 试验过程中,严密监视试验设备的关键状态参数,保证试验过程安全。⑧ 按照规定的试验内容,调节进口总压,完成不同压比下的流量测量。试验状态调节应进行上下行两次测量,先由低压比逐步提升为高压比,完成一次测量后,再由高压比逐步降低为低压比,完成第二次测量。在各个相同压比状态下,两次测得流量的偏差与两次测得的流量平均值的比值应满足规定要求。对于流量偏差较大的叶片,应拆装后进行重复性试验,并对试验数据进行确认。⑨ 试验内容完成后,更换叶片,进行流量测量。

6. 试验数据分析及试验结果评定

1) 试验数据分析

涡轮叶片流量试验数据应记录完整的试验信息,包括试验状态参数、试验叶片批次、试验叶片编号、试验时间等。试验状态参数应包括试验叶片进口总温、进口总压、压比、叶片流量、环境压力、环境温度。其中,试验叶片进出口测量参数应满足规定的类型和数量。

对录取的试验数据和原始资料进行整理,规定数据整理要求。使用规定的参数单位整理试验原始数据;剔除坏点和粗大误差点,分别保存原始数据和整理后的数据;按照给定的计算公式计算换算流量,绘制换算流量与压比对应关系的特性曲线,编制每件试验叶片换算流量与平均值相对偏差的统计分析表格。

换算流量 $\overline{W}$ 计算可按式(6.1)进行:

$$\overline{W} = W\sqrt{T_{t,\,in}}/P_{t,\,in} \tag{6.1}$$

式中,W 为质量流量(kg/s);$P_{t,\,in}$ 为进口总压(Pa);$T_{t,\,in}$ 为进口总温(K);$\overline{W}$ 为换算流量。

2) 试验结果评定

涡轮叶片流量试验结果的评定,主要包括以下内容: ① 检查规定的试验及测试内容是否全部完成;② 根据仪器仪表量程、精度并结合实际测量参数的量值,评定试验数据的准确性是否满足规定;③ 根据试验数据处理分析结果,评定试验目的是否达到。对每个试验批次的涡轮叶片,给定流量合格的判据,以评定每件叶片的流量是否满足要求。

6.3.2 涡轮叶片冷却效果试验

涡轮叶片的实际冷却效果,是检验涡轮叶片冷却设计的重要指标之一。涡轮叶片的冷却效果是否满足设计要求,直接影响到整个涡轮部件乃至整台发动机的试车安全。通过涡轮叶片的冷却效果试验,可以直观获得涡轮叶片的表面温度分布和平均冷却效率,检验涡轮叶片的实际冷却效果,为涡轮叶片冷却设计提供参考依据。

1. 试验目的

通过涡轮叶片冷却效果试验,获取涡轮叶片表面温度分布及平均冷却效率,检验涡轮叶片的实际冷却效果,为涡轮叶片的冷却设计提供参考依据。

2. 试验原理

涡轮叶片在发动机工作状态下处于高温、高压环境。受试验设备能力和测试能力的限制,无法在发动机工作状态下进行涡轮叶片的冷却效果试验,直接获得发动机工作状态涡轮叶片的冷却效果。因此,现有的涡轮叶片冷却效果试验是依据相似原理,采用试验器的中温、中压环境代替发动机的高温、高压环境,建立模化关系式,推算出涡轮叶片在发动机工作状态的冷却效果。

为了在试验时模拟发动机叶片设计点参数,除了要保证几何相似、流动相似和热相似,还需要保持燃气落压比、换算流量、燃气与冷气的温比和冷气流量比相等。试验时用真实涡轮叶片组成叶栅通道,以保证几何相似;固定栅前燃气压力、燃气温度,通过调节栅后燃气压力、冷气温度和冷气流量来保持发动机设计点和试验状态设计点的落压比、温比和流量比相等。由于试验时不能保证动力相似(即不能保证燃气雷诺数相等),必须对试验结果进行修正,修正燃气雷诺数的影响,将试验器上获得的冷却效果换算到发动机工作状态。

3. 试验设备、试验转接段及试验件

试验设备由主气系统、冷气系统、水系统、燃油系统、电气控制系统等组成。主气系统为叶片冷却效果试验提供主流,在进入燃烧室前对主流流量进行测量,压缩空气进入燃烧室进行加温,加温后的高温燃气进入冷效试验舱、冷效试验转接段,试验后对燃气进行降温,最后将废气排入排气道。冷气系统为试验叶片提供冷气,分为试验叶片冷气管路和陪衬叶片冷气管路,两路气体分别测量流量后,进入电加温炉进行加温,最后供入试验叶片。水系统为冷效试验舱和排气冷却器提供冷却水,保证设备在安全温度范围内工作。燃油系统为燃烧室加温提供燃油,通过调节燃油流量的大小来控制燃烧室的温度。电气控制系统为阀门、电加温炉、流量计等提供动力电源并对设备进行控制,以实现对试验参数的控制。

试验转接段根据涡轮叶片的真实叶型结构、性能参数及具体技术要求进行设计,包括进气测量段、叶栅试验段、排气测量段,叶栅试验段应保证试验叶片特征截面进出口气流角和叶片安装角与技术要求参数一致。应对试验转接段采取密封措施,避免漏气或燃气倒灌;试验转接段应具有测量栅前燃气总温、栅前燃气总压、栅前燃气静压,栅后燃气静压和叶片表面温度的功能,并能够为试验件提供冷却气流通道。试验时将涡轮叶片(中间一个叶片为试验叶片,其余为带气冷的陪衬叶片)安装到叶栅试验段中,组成叶栅通道,通过调节冷气流量、温度及栅后静压进行冷却效果试验。

　　试验件为真实涡轮叶片,为尽可能避免涡轮叶片本身的个体差异导致试验结果的偶然性,检验试验数据的重复性,对于同一冷却方案的涡轮叶片冷却效果试验,通常加工两个试验叶片,开展两次冷却效果试验。

　　4. 试验测试方案

　　试验测试系统通常由计算机、硬件模块、测试系统软件等组成,具有实时监视和稳态、瞬态数据采集功能。数据采集系统所使用的软件应具有采集参数的设置、数据即时处理、数据回放等功能。

　　试验时,对栅前燃气总压、栅前燃气静压、栅后燃气静压、栅前燃气总温、冷气温度、主气流量、冷气流量、叶片表面温度等参数进行测量,并采用高精度气压计测量当地大气压力,为试验提供气压变化情况,经计算机处理完成试验状态监视和数据采集。

　　涡轮叶片冷却效果试验中,进行转接段设计时的测量截面定义示意图见图6.2。

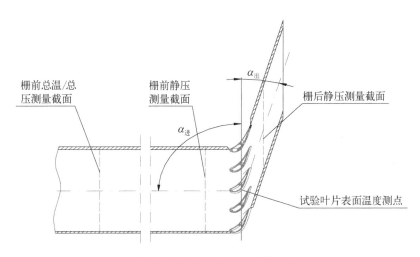

图 6.2　涡轮叶片冷却效果试验测量截面定义示意图

　　栅前总温/总压测量位置、栅前静压测量位置位于进气测量段,且总温/总压测量截面位于同一截面,而栅后静压测量位置位于排气测量段。

　　涡轮叶片冷却效果试验通常采用热电偶测温方式获取叶片表面温度。根据技术要求文件,进行试验叶片表面温度测点加工。通常在试验叶片中截面表面布置测点,获取中截面表面温度和平均冷却效率。测点布置应尽可能均匀,需避开气膜孔。视情在叶片根、尖截面表面或其他特征位置布置测点,以进行监测。图 6.3 为涡轮叶片中截面表面温度测点编号示意图,图 6.4 为涡轮叶片径向热电偶走向示意图。

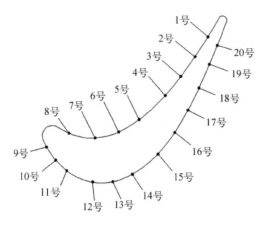

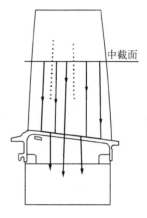

中截面

图6.3   涡轮叶片中截面表面温度测点编号示意图   图6.4   涡轮叶片径向热电偶走向示意图

5. 试验步骤及试验内容

进行涡轮叶片冷却效果试验时,首先应根据试验状态,采用加温器对主气供气进行加温,确保主气供气状态满足试验需求;然后根据不同状态下的参数设定,进行冷气流量、温度、压力调节,以满足试验各项需求。对每次叶片冷效试验的试验状态通常要求如下:

(1) 根据技术要求文件和设备能力范围,固定栅前总压,保证流量比、落压比和温比与发动机设计状态相同,获取叶片表面温度及中截面表面平均冷却效率;

(2) 根据技术要求文件和设备能力范围,固定栅前总压,将流量比、落压比和温比中的两个值固定不变,调节另一个值变化,获取叶片表面温度及中截面表面平均冷却效率的变化曲线;

(3) 根据技术要求文件和设备能力范围,进行燃气恢复温度试验,关闭冷气,待试验状态达到稳定后,获取叶片表面温度,以检查热电偶是否正常。

6. 试验结果分析及评定

试验完成后,对试验结果进行评定。对照试验技术要求文件检查是否完成规定的试验内容,对试验数据的有效性和重复性进行评定;对试验过程、方法正确与否进行评定,判定试验是否成功。

试验结果评定完成后,对试验数据进行整理分析,主要内容包括:不同流量比、落压比和温比状态下的叶片表面温度分布、叶片中截面表面平均冷却效率分布、叶片表面燃气恢复温度分布。

将试验结果模化到发动机工作状态,给出发动机状态的叶片表面温度分布、叶片中截面平均冷却效率分布,并给出叶片冷却效果是否满足设计指标的分析结论。

6.4　涡轮结构强度试验

涡轮是航空发动机工作环境最为苛刻、承受载荷最大的部件,易发生强度寿命故障,且一旦发生故障,将严重影响飞行器的飞行安全。为了尽量保证涡轮安全服役,国军标严格规定了涡轮结构完整性的试验验证标准。涡轮结构强度试验主要包括静强度试验、疲劳试验、包容性试验等。

6.4.1　静强度试验

国军标明确规定:为了提供转子结构完整性的必要储备,转子应有足够强度承受下列非正常状态的载荷。

(1)转子转速为稳态最高允许转速的 115%,并在最高允许测量燃气温度下持续工作 5 min。

(2)燃气温度至少比发动机工作包线内稳态最高允许涡轮转子前燃气温度高 45℃,并在稳态最高允许转速下持续 5 min。

(3)当轮盘材料承受最大温度梯度和最高工作温度时,轮盘的设计破裂转速不低于稳态最高允许转速的 122%。

上述三项要求应分别通过转子超转试验、转子超温试验和转盘破裂试验予以验证。

1. 转子超转试验

1)试验目的

通过试验验证发动机转子及轮盘具有足够的静强度储备,满足型号规范要求;对超转转速下的计算结果进行试验验证,并评价计算方法的准确程度。

2)试验设计

(1)试验件的选择。选择试验件时应满足结构形状相同、材料相同、热处理及加工工艺相同,在一批轮盘中综合分析选取材质性能较差、加工尺寸偏差最大的一件,以其试验结果代表该批轮盘的强度特性。

(2)试验参数的确定。试验参数主要包含转速、温度、力的边界条件,应尽量模拟轮盘在超转时的实际工作条件。

(a)转速。国军标对转子结构完整性提出了超转要求,转子应有足够强度承受这样的非正常载荷,即转子转速为稳态最高允许转速的 115%,并在最高允许测量燃气温度下持续工作 5 min。通常在确定试验件结构、试验温度后,通过调整试验基准转速,来保证试验能够模拟最高允许测量燃气温度和稳态最高允许转速下的破裂储备,该转速即为试验的 100% 转速。

(b)温度。温度指在最高允许测量燃气温度下持续工作 5 min 轮盘所达到的温度。针对各类轮盘的需要,对试验温度进行调整。对于机械性能在工作温度范围内变化很小的,如风扇或低压压气机等工作温度不高的轮盘,试验可以在常温下进行。对于涡轮盘和某些高压压气机,当其材料性能(屈服强度、拉伸极限)在较宽的温度范围内变化不大,且发动机上轮盘部位的工作温度可能落在这一性能变化平坦的范围内时,可用常温试验代替热超转试验。当必须考虑盘材机械性能随温度的变化时,应进行加温条件试验。

(c) 力的边界条件。进行超转试验时,被试轮盘应该装上发动机台架状态下的全部配挂零件,转接段的刚度不应该对轮盘有明显的加强或削弱作用。在某些情况下,轮盘的外缘负荷可以采用假叶片或配重块。对所有的陪试件都应进行强度分析,确定其安全性,以说明其对试验结果的影响是可以忽略的。

3) 试验分析

国军标对超转试验的合格标准为:试验后,零、组件尺寸在允许的极限内,且没有出现即将破坏的迹象。该极限没有具体量化,可按式(6.2)计算残余变形量:

$$\delta_b = \left[(D_{use} - D_{pp})/D_{pp} \right] \times 100\% \qquad (6.2)$$

式中,D_{use} 为使用后的轮盘中间平面的外径;D_{pp} 为轮盘中间平面原来的外径。

对军用机来说,交付试车后 $\delta_b \leqslant 0.08\%$;初期规定寿命的当量循环后,$\delta_b \leqslant 0.1\%$。

根据实测数据分析残余变形随试验转速的变化关系,如果残余变形随转速变化的曲线的切线已接近垂直,则说明即将出现破坏的迹象。进行每个试验转速下的二维弹塑性有限元分析,并与试验结果进行比较,提出各类材料轮盘达到破裂转速时的残余变形参考标准。

2. 转子超温试验

1) 试验目的

通过试验验证发动机转子及轮盘(一般是涡轮盘)具有足够的工作温度储备,满足型号规范要求;对超温情况下的破裂转速储备计算结果进行试验验证,并评价计算方法的准确程度。

2) 试验设计

(1) 试验件的选择。选择试验件时,应满足结构形状相同、材料相同、热处理及加工工艺相同,在一批轮盘中综合分析选取材质性能较差、加工尺寸偏差最大的一件,以其试验结果代表该批轮盘的强度特性。

(2) 试验参数的确定。试验参数主要包含转速、温度、力的边界条件,应尽量模拟轮盘在超温时的实际工作条件。

(a) 转速。国军标提出超温试验要求,在满意地完成超转试验后,进行超温试验。试验应在不低于稳态最高允许转速下至少进行 5 min。

(b) 温度。温度指在燃气温度至少比发动机工作包线内稳态最高允许涡轮转子前燃气温度高 45℃ 的情况下,轮盘持续工作 5 min 所达到的温度。实际操作时轮盘不同部位的温度会有不同,超温试验应尽可能模拟这一点。

（c）力的边界条件。被试轮盘应该装上发动机台架状态下的全部配挂零件，转接段的刚度不应该对轮盘有明显的加强或削弱作用。在某些情况下，轮盘的外缘负荷可以采用假叶片或配重块。对所有的陪试件，都应该专门进行强度计算分析，确定其安全性，以说明其对试验结果的影响是可以忽略的。

3）试验分析

国军标对超温试验的合格标准为：试验后零件和组件尺寸在允许的极限内，且没有出现即将失效的迹象，该极限没有具体量化。

残余变形分析方法同超转试验。

3. 轮盘破裂试验

1）试验目的

通过试验验证发动机转子及轮盘具有足够破裂转速储备，满足型号规范要求；对轮盘破裂转速计算结果进行试验验证，并评价计算方法的准确程度。

2）试验设计

（1）试验件的选择。选择试验件时，应满足结构形状相同、材料相同、热处理及加工工艺相同，在一批轮盘中综合分析选取材质性能较差、加工尺寸偏差最大的一件，以其试验结果代表该批轮盘的强度特性。

（2）试验参数的确定。试验参数主要包含转速、温度、力的边界条件，应尽量模拟轮盘在破裂时的实际工作条件。

（a）转速。试验转速至少应达到稳态最高允许转速的 122% 后保持 30 s。

（b）温度。试验时内孔或盘心材料达到最高设计温度。

（c）力的边界条件。被试轮盘应该装上发动机台架状态下的全部配挂零件，转接段的刚度不应该对轮盘有明显的加强或削弱作用。在某些情况下，轮盘的外负荷可以采用假叶片或配重块。对所有的陪试件，都应该专门地进行强度计算分析强度，确定其安全性，以说明其对试验结果的影响是可以忽略的。

3）试验分析

（1）残余变形分析。《航空涡轮喷气和涡轮风扇发动机通用规范》（GJB 241A—2010）和《航空涡轮螺桨和涡轮轴发动机通用规范》（GJB 242A—2018）对破裂试验的合格标准为：发动机所有关键的旋转轮盘构件，在旋转试验器上进行轮盘破裂试验，其试验转速至少应达到稳态最高允许转速的 122% 后保持 30 s，试验时内孔或盘心材料达到最高设计温度，试验后轮盘不破坏，即认为试验满意地完成。残余变形分析方法同超转试验。

（2）破裂转速分析。应注意到轮盘破裂的两种形式，一是子午面形式的破裂，如图 6.5 所示；二是圆柱面形式的破裂，如图 6.6 所示。可进行每个试验转速下的三维弹塑性有限元分析，运用局部应变法、局部应力法和平均应力法等对轮盘进行破裂转速预测和起裂位置预测。

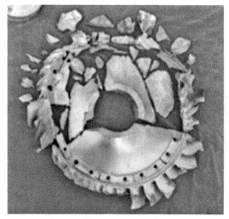

图 6.5　子午面破裂

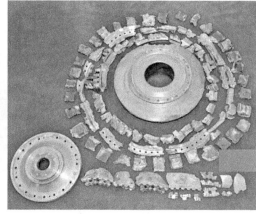

图 6.6　圆柱面破裂

4. 低压涡轮轴刚度试验

1）试验目的

试验目的如下：

（1）测量低压涡轮轴在给定载荷下的变形；

（2）对刚度计算结果进行试验验证。

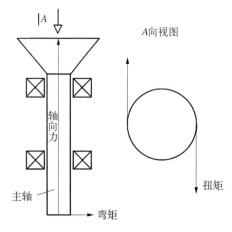

图 6.7　低压涡轮轴刚度试验原理示意图

2）试验设计

低压涡轮轴刚度试验应模拟边界条件，与试验段直接连接的盘、封严衬套等应使用原件或模拟件。试验段与转接件的安装方式、配合要求、变形协调要求、支撑方式及拧紧力矩等均应模拟发动机上的实际工况，试验原理示意图见图 6.7。

试验时将低压涡轮轴试验件通过试验转接段、连接件等固定安装在试验设备上，对低压涡轮轴试验件分步骤施加试验载荷并按规定保载，测量在各种载荷状态下低压涡轮轴试验件考核部位的弹性变形量。

3）试验分析

试验数据处理方法：绘制载荷-变形（位移）曲线，曲线中为测得的低压涡轮轴上位移最大点的位移值。将此曲线用最小二乘法进行拟合，即可得到低压涡轮轴的刚度。计算刚度时所用的载荷是对应于所测变形点的载荷，但该载荷不一定是载荷施加点的载荷。

5. 低压涡轮轴静力试验

1）试验目的

静强度试验包括屈服强度试验和极限强度试验,两种试验的目的分别如下:

（1）屈服强度试验的目的是验证低压涡轮轴在所有正常工作状态的工况下,其最大可能的当量应力不超过规定值或者其屈服安全系数不小于规定值。

（2）极限强度试验的目的是验证低压涡轮轴在极限载荷下具有抵抗整体破坏的能力。

2）试验设计

航空发动机低压涡轮轴需要在高温环境中承受扭矩、轴向力和弯矩等静载荷,其中弯矩由陀螺力矩、不平衡力和 $1 \times P$ 载荷（$1 \times P$ 载荷仅适用于涡轮螺桨发动机桨轴）产生,但其静力试验是一般只施加扭矩载荷,以简化试验,除非其他载荷所产生的应力较大时,才进行复合加载的静力试验。

试验时应模拟的实际工况条件,包括低压涡轮轴在发动机上的支承条件、安装方式、配合要求、变形协调要求及拧紧力矩等。

3）试验分析

静力试验按下述原则进行评定:

（1）屈服强度试验时,试验件在未保载条件下经过 30 s 就产生了超过 0.1% 的永久变形,表明试验件未通过屈服强度试验;

（2）屈服强度试验时,试验件在保载条件下经过 30s 未产生超过 0.1% 的永久变形,表明试验件通过屈服强度试验;

（3）极限强度破坏试验时,试验件在未保载条件下经过 3 s 就已破坏,表明试验件未通过极限强度破坏试验;

（4）极限强度破坏试验时,试验件在保载条件下维持 3 s 而没有破坏（允许产生永久变形）,表明试验件通过极限强度破坏试验。

6. 叶片持久试验

1）试验目的

涡轮叶片持久寿命指在给定工作温度和应力条件下,叶片持久（转子叶片叶身蠕变伸长和叶片局部蠕变应变）达到规定值时对应的时间。持久寿命是确定和限制航空发动机涡轮叶片使用寿命的重要指标之一,目前对涡轮叶片持久性能的评估主要基于铸造试样的持久试验数据。

2）试验设计

（1）试验方案。通过构型、载荷和必要的结构连接模拟服役环境下涡轮叶片的真实应力状态,测试涡轮叶片的持久寿命;通过影响因素及其敏感性分析建立涡轮叶片持久寿命模型。

（2）发动机状态模拟。

（a）叶片构型模拟：叶片材料和试样构型与真实涡轮叶片一致，包括叶尖、叶身、叶根、前缘、尾缘及冷却通道等结构特征。

（b）载荷环境模拟：离心力和温度载荷是影响涡轮叶片持久寿命的主要因素，试验中离心力等效为拉伸载荷。温度载荷可分以下两种情况开展：均温环境，模拟涡轮叶片某危险截面温度；温度梯度环境，在空心涡轮叶片内通入冷气，模拟涡轮冷却叶片的气膜冷却温度分布。

（c）结构连接：良好的结构连接是保证载荷传递的前提，叶片应通过转接夹具连接至试验机，保证结构的连接状态和陪试件的安全性。

3）试验分析

试验结果分析主要包括：① 涡轮叶片持久寿命及其影响因素，包括温度、载荷、温度梯度和叶片构型等影响因素；② 通过分析涡轮叶片持久寿命影响因素的敏感性，建立叶片持久寿命模型，用于预测给定叶型在给定载荷下的涡轮叶片的持久寿命。

7. 静力试验

1）试验目的

通过静力试验考核机匣类零件能否满足设计要求的屈服条件及破坏条件。试验中分别按工作载荷、限制载荷和极限载荷进行加载。

2）试验设计

将涡轮机匣安装在试验器上，如图6.8所示，通过多路液压作动筒等加载装置在机匣各个位置施加试验载荷，主要包括：① 温度载荷（机匣温度）；② 轴向力载荷（机匣安装边承受的轴向力）；③ 扭矩载荷（机匣安装边承受的扭矩）；④ 压力载荷（机匣

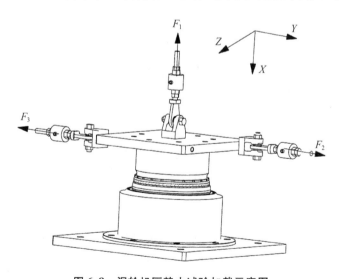

图6.8 涡轮机匣静力试验加载示意图

内部和外部壁面承受的压力）；⑤ 机动载荷,选择应力较大的部位贴应变片,测量静力试验下机匣的变形。试验中,分别按工作载荷、限制载荷和极限载荷状态进行。

3）试验分析

试验合格的判据如下：

（1）完成工作载荷、限制载荷试验后,被试件不产生永久变形;

（2）完成极限载荷试验后,被试件不发生破坏。

6.4.2　疲劳试验

1. 轮盘低循环疲劳试验

1）试验目的

鉴于轮盘材料疲劳性能的分散性,工艺、载荷、环境的复杂性及低循环疲劳寿命预测方法的局限性,轮盘寿命的预测存在较大的误差。因此,采用实际轮盘在模拟工作条件下进行低循环疲劳试验以验证寿命预测的精确性。

2）试验设计

真实轮盘在旋转试验器上的低循环疲劳试验,应采用设计用法谱将轮盘试验到两倍设计寿命或直至破坏,为实现上述要求,应将设计用法谱转换成标准循环,或者将飞行使用循环转换成标准循环。该项工作大体上可以分解为如下几步：① 获得轮盘的载荷谱与飞行应力剖面;② 将飞行应力和温度剖面转换成一定温度下的应力剖面;③ 将应力剖面分解成单个应力循环;④ 将"S_1—S_h—S_1"型次循环转换成"0—S_{max}—0"型循环;⑤ 将任意"零—最大"型循环转换成标准循环。

通过应力计算和低循环疲劳寿命分析出在标准循环时控制涡轮盘寿命的关键部位,关键部位一般在榫槽、偏心孔、中心孔、销孔等处,该关键部位即为低循环寿命试验的考核部位。当有多个关键部位的应力水平相当时,可能会有多个考核部位。在试验器上进行试验时,按需用加温装置对试验件进行加温,模拟发动机轮盘关键部位的应力和温度,即进行标准应力循环试验,确定轮盘的低循环疲劳寿命,典型的试验曲线见图 6.9。疲劳试验方案的制定应遵循以下原则：

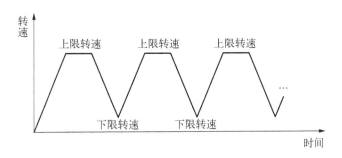

图 6.9　典型低循环疲劳试验载荷谱

（1）应能模拟关键部位的应力和应力分布；

（2）应能模拟装配应力和边界条件；

（3）在同一个试验中同时对多个关键部位进行疲劳试验时，各个关键部位的应力系数应该合理取值，以缩短试验时间；

（4）应保证非关键部位不先于关键部位破坏。

3）试验分析

轮盘的低循环疲劳寿命试验结束可以采用英国国防标准 DEF SIAN00‒971 的规定，按下述方法确定试验循环次数 N：

（1）裂纹出现前，或出现用常规的检测方法可以检测出来的长度不大于 0.8 mm 裂纹时所达到的试验循环次数；

（2）用试验至破坏或出现一条长裂纹的试验循环次数除以 1.5 的系数得到；

（3）若在出现长裂纹前进行了阶段性检查，应将最后一次阶段性检查时累计循环次数与出现长裂纹时的试验循环次数除以 1.5 以后的值进行比较，取数值较大者作为计算安全寿命的试验循环次数；

（4）采用安全寿命除以一个散度系数，则为对最小疲劳强度轮盘的寿命保证，其成活率为 99.87%。

根据试验数据的处理结果和对试验结果的分析，评定试验是否达到预期目的；在标准应力循环条件下，轮盘低循环疲劳寿命是否满足设计要求。

2. 涡轮轴高循环疲劳试验

1）试验目的

发动机转子的转速很高，存在比一般飞行状态高得多的机动过载和陀螺力矩，导致发动机轴承受较大的弯矩，飞机在做大过载机动时有可能在以转速为交变频率的弯曲应力下发生高循环疲劳断裂。因此，轴的设计应提供足够的高循环疲劳安全裕度。

设计高循环疲劳试验的目的如下：

（1）确定轴的疲劳寿命是否满足设计要求；

（2）在发动机改进改型及更新工艺时，通过疲劳强度试验，验证轴的疲劳寿命的可靠性及其变化；

（3）进行飞行故障再现试验，为查找轴的故障原因提供依据；

（4）通过疲劳强度试验暴露轴的薄弱部位，给设计部门提供更改依据，使轴获得较轻重量，同时满足强度要求；

（5）研究影响主轴疲劳寿命的其他因素，如装配效应、温度和腐蚀的影响等。

2）试验设计

一般对全尺寸的真实轴进行高循环疲劳试验考核，可根据具体情况决定试验的数量。对于不同的试验数量，试验的强度缩减系数是不同的。轴的高循环疲劳试验一般是以弯矩为主载荷的疲劳试验，轴向力和扭矩作为恒定载荷，以提高高周交变应力的平均应力。疲劳试验过程应体现最低疲劳强度的主轴和使用中最差条件的模拟,从而取得最差主轴在考核部位也能承受的标准应力循环次数。在主轴的疲劳试验中,一般要实现以下三种模拟:

(1)主轴在发动机支承与连接处的边界条件;

(2)主轴在飞行中的载荷谱;

(3)主轴在使用中的物理和化学状态,如温度、腐蚀介质等。

3)试验分析

国军标中对高循环疲劳寿命做了两种规定:一种是当主轴承受绕垂直于转子平面内任一轴线以 3.5 rad/s 的稳态角速度和 1 g 或 -1 g 的垂直载荷系数持续工作 15 s;另一种是当主轴承受绕垂直于转子平面内任一轴线,以 1.4 rad/s 的稳态角速度和最大载荷系数工作,有无限寿命。

针对第一种规定,需要将 15 s 转化为具体的循环次数,当试验件发生破坏时,试验寿命超过设计循环次数,试验考核成功;根据试验寿命和裂纹萌生位置对疲劳寿命理论计算方法进行验证并修正。针对第二种规定,钢零件试验循环次数要求大于 10^7 次,有色金属零件要求大于 3×10^7 次。如果试验循环次数未达到设计循环次数,必须对轴重新设计,或按试验过程的实际情况确定一个比较恰当的循环次数作为目标使用寿命,按此寿命重新确定相应的散度系数,并计算出试验载荷与载荷谱参数,另取一根试验轴进行试验,直至达到理想的试验结果。

3. 涡轮轴低循环疲劳试验

1)试验目的

低循环疲劳一般是结构在承受幅值较大但频率较低的交变载荷时发生的。对发动机轴,发动机每一次"起动—停车"或"起飞—降落",其主扭矩经历了一次从零到最大再到零的循环,其中低循环载荷为主轴所承受的扭矩,高循环载荷为扭矩的波动值。而此过程中,轴的振动扭矩循环次数可能数以万计,因此目前所说的低循环疲劳寿命指的是包括正常工况高循环载荷(不包括陀螺力矩之类的特定工况下的高循环载荷)影响的以低循环次数计的循环寿命。低循环次数可以通过飞行换算率直接与使用小时寿命相关联,因此在设计时必须保证轴具有足够的低循环疲劳寿命。设计低循环疲劳试验的目的如下:

(1)确定并验证主轴疲劳强度设计的危险截面;

(2)确定轴的疲劳寿命是否满足设计要求;

(3)在发动机改进改型及更新工艺时,通过疲劳强度试验,验证轴的疲劳寿命的可靠性及其变化;

(4)进行飞行故障再现试验,为查找轴的故障原因提供依据;

(5)研究轴的裂纹扩展速率,从而确定轴的剩余寿命及疲劳强度储备;

(6)通过疲劳强度试验暴露轴的薄弱部位,给设计部门提供更改依据,使轴获

得重量较轻而又满足强度要求的合理结构;

(7) 研究影响主轴疲劳寿命的其他因素,如装配效应、温度和腐蚀的影响等。

2) 试验设计

轴的低循环疲劳试验一般是以扭矩为主载荷,轴向力作为与主扭矩同步变化的低循环载荷,同时还在低频的交变主扭矩上叠加高频的振动扭矩。由于弯矩与振动扭矩没有关联,且它们在轴上引起的高应力区也往往不在同一部位,目前在轴的低循环疲劳试验中一般不施加弯矩。试验时,低循环载荷的试验循环次数由要求的低周循环寿命确定,高循环载荷的试验循环次数应不低于相当于无限寿命的循环次数(如钢制轴为 10^7 次)。为正确模拟主轴考核部位的载荷循环和温度状态,应保证主轴具有实际工作时的边界条件和温度分布。疲劳试验过程应体现最低疲劳强度的主轴和使用中最差条件的模拟,从而取得最差主轴在考核部位也能承受的标准应力循环次数。在主轴的疲劳试验中,一般要实现以下三种模拟:

(1) 主轴在发动机支承与连接处的边界条件;

(2) 主轴在飞行中的载荷谱;

(3) 主轴在使用中的物理和化学状态,如温度、腐蚀介质等。

3) 试验分析

主轴的低循环疲劳寿命为发动机设计要求的冷件寿命,疲劳试验中,在主轴上产生长度为 0.75 mm 的表面线裂纹时,定义该试验件已产生疲劳破坏。此时获得的疲劳寿命为裂纹萌生寿命 N(低循环次数)。当试验载荷已考虑了载荷散度系数及材料的极限拉伸强度修正系数时,即把使用载荷用这两个散度系数人为地加大后作为试验载荷,认为用此试验载荷进行循环疲劳试验得到的疲劳寿命代表了最差试验件的使用安全循环寿命。必须说明的是,当试验件产生破坏时,试验件所经历的高循环次数未达到 10^7 次,所得到的低循环次数不能用来计算安全寿命,在这种情况下,认为试验件疲劳强度不合格,必须对轴重新设计,或按试验过程的实际情况确定一个比较恰当的循环次数作为目标使用寿命,按此寿命重新确定相应的散度系数,并计算出试验载荷与载荷谱参数,另取一根试验轴进行试验,直至达到理想的试验结果。如果试验循环次数超过规定的设计寿命,则应根据试验寿命和裂纹萌生位置对疲劳寿命理论计算方法进行验证并修正。

4. 叶片高循环疲劳试验

1) 试验目的

涡轮叶片高循环疲劳试验的目的是获取叶片的高循环疲劳性能;发现叶片结构的薄弱环节,以便修改设计;确定许用的古德曼图和试验件上应变片的监测位置及监测应力值。

2) 试验设计简述

高循环疲劳试验的种类较多,有如下几种:疲劳极限和 $S-N$ 曲线测定;升降法测定(可比较精确地测定疲劳极限);安全寿命和 P - S - N 曲线测定;疲劳对比试验;筛选试验;振动环境考核试验;程序加载疲劳试验等。实际试验中,应根据工程目的来选择试验种类。

涡轮叶片的工作温度往往较高,温度对涡轮叶片的高周疲劳性能影响较大,因此,涡轮叶片的高循环疲劳试验必须在工作温度下进行。试验时,首先通过数值仿真分析结果或应变片振动应力分布测定法确定预计的主要振型的最大振动应力点,然后按"升降法"进行疲劳试验,确定叶片在指定循环基数下的疲劳极限。涡轮叶片通常采用高温合金、单晶等材料,循环基数通常定为 1×10^7 次循环。

3) 试验分析简述

高循环疲劳试验不仅应用于发动机的各个研制阶段,也会延伸到使用中的排故及延寿阶段。试验结果分析主要包括:① 分析涡轮叶片的高周疲劳极限;② 通过分析涡轮叶片高周疲劳裂纹位置,从而发现涡轮叶片结构的薄弱环节,以便于后续改型设计。

5. 叶片热机械疲劳试验

航空发动机工作时,涡轮转子叶片受到离心载荷、气动载荷、温度载荷及振动载荷的共同作用。随着发动机工作状态的变化,机械载荷与温度载荷呈现出交替变化的特征,特别是在发动机起动和停车时,其载荷变化尤为剧烈。在发动机使用过程中,每经历一次"起动—工作—停车"的工作循环,涡轮叶片上就会出现一次交变循环的应力和应变,除了上述主循环,涡轮叶片还要经受发动机加减速带来的各种各样的次循环。这种机械载荷与温度载荷共同循环变化造成的损伤,往往比恒定工作温度下因单纯机械载荷循环造成的低循环疲劳损伤更为严重,称为热机械疲劳。

为了考核涡轮转子叶片抵抗热机械疲劳损伤的能力,并对热机械疲劳寿命分析方法进行验证,涡轮设计中需要开展转子叶片热机械疲劳试验,试验系统原理示意图见图 6.10。

涡轮转子叶片热机械疲劳试验中首先要合理地选择考核部位。叶片伸根和榫头温度在起动和停车过程中逐渐上升或下降幅值变化较大,除此之外,在发动机使用循环过程中,伸根和榫头的温度循环基本保持在一个比较稳定的范围内,其变化比较缓慢,近似认为是在等温环境下承受离心载荷与气动载荷的低循环疲劳;但是叶身处于燃气流道内,除了在起动、停车过程中温度迅速上升或下降,在发动机加、减速过程中,叶身温度变化也非常剧烈。因此,热机械疲劳试验考核部位通常取叶身某一截面,具体位置可以根据数值仿真计算结合外场故障位置统计确定。

除了考核位置的选取,热机械疲劳试验的重点是载荷模拟。目前,航空发动机行业内通常使用材料拉伸试验机改造后进行热机械疲劳试验,试验系统一般包括机械力加载、加热、冷却、载荷监测及控制、显微观测等多个子系统。试验件叶尖位置通过特殊设计的夹具与试验机连接,实现拉伸应力和弯曲应力的模拟。加热系

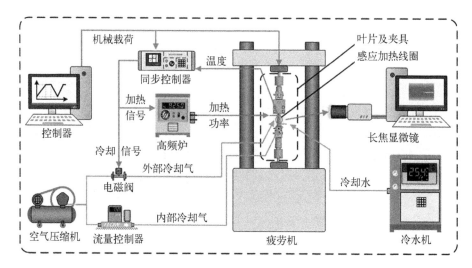

图 6.10 叶片热机械疲劳试验系统原理示意图

统可以采用高频电磁感应线圈或者石英灯辐射加热,通过加热装置的定制化设计实现对温度梯度的模拟。

完成叶片热机械疲劳试验后,需对试验件进行无损检测,对于出现裂纹的试验件,应对裂纹位置、长度及断口组织进行分析,并将疲劳寿命与理论分析结果进行对比。试验件数量较多时,可以采用概率统计方法进行数据处理和分析。一般先对数据进行分布检验,确定适合的概率分布函数,再利用相应的概率分布函数得到一定置信度下的叶片安全寿命。

6. 叶片热疲劳试验

航空发动机工作时,涡轮导向叶片主要受到温度载荷、气动载荷与振动载荷的共同作用,其中温度载荷造成的损伤对涡轮导向叶片起主要作用。温度载荷对叶片强度的影响,一方面是高温下材料力学性能的急剧降低,另一方面是叶片上剧烈的温度梯度产生的热应力。随着工作状态的变化,涡轮叶片承受的温度载荷随时间快速变化,增大了叶片上的温度梯度。这种循环变化的热载荷造成的热疲劳破坏是涡轮导向叶片失效的重要原因。

与热机械疲劳试验相比,涡轮叶片热疲劳试验缺少了机械载荷的影响,其他试验条件基本相同。试验系统一般包括加热、冷却、载荷监测及控制、显微观测等多个子系统。加热系统可以采用高频电磁感应线圈或者石英灯辐射加热,通过加热装置的定制化设计实现温度梯度的模拟。热疲劳试验中也可以通过燃气发生装置对叶片加热,但这种试验方式要求的试验设备比较复杂,成本较高,一般仅在考核性试验中采用。

完成叶片热疲劳试验后,需对试验件进行无损检测,对于出现裂纹的试验件,应对裂纹位置、长度及断口组织进行分析,并将疲劳寿命与理论分析结果进行对比。试验件数量较多时,可以用概率统计方法进行数据处理和分析。一般先对数据进行分布检验,确定适合的概率分布函数,再利用相应的概率分布函数得到一定置信度下的叶片安全寿命。

6.4.3　包容性试验

1)试验目的

依据相关适航标准和设计规范,需要保证发动机在叶片丢失的情况下满足以下条件:碎断件被包容且不导致二次破坏;发动机保持悬挂于机翼,不发生着火,能维持运转。机匣包容性试验主要考核涡轮机匣对涡轮转子叶片飞失而引起的破坏的包容能力,确定由于涡轮叶片飞失而产生的飞出相应机匣之外的碎片的能量水平和轨迹。

2)试验设计

国军标要求涡轮转子在最大允许瞬态转速下,叶片飞失时,不应引起发动机非包容起火;转子、轴承、轴承座或安装节不产生灾难性破坏;避免发动机超转;不引起易燃液体管路的泄漏或避免使发动机丧失停车能力等问题。叶片断裂以后,发动机必须具有足够的结构完整性,以便有一个不产生非包容性、灾难性破坏的稳定时间,允许飞行员有时间察觉并采取适当动作。单个叶片断裂后,由于随后的二次损伤,单个叶片断裂引起的叶片飞出载荷等于两个叶片的离心力。对于普通叶片,丢失载荷计算应以两个叶片在固持部位以上的最小榫头颈部截面破坏产生的不平衡量为基础。对于整体叶盘涡轮转子,叶片丢失载荷应以两个叶片,包括圆角材料下方至轮缘直径处飞出的不平衡量为基础。

试验件设计时,在涡轮叶片伸根等部位预制缺口,使得叶片断裂转速达到设计值。将叶片和盘等零件与试验转接段装配成试验涡轮转子,在高速旋转试验器上进行试验。

3)试验分析

试验合格判据如下:

(1)涡轮叶片在目标转速范围内从设计的叶片断裂位置处断裂;

(2)叶片初始撞击位置为涡轮动叶前后两级静子导叶之间的机匣区域;

(3)试验后,无叶片碎片击穿并飞出机匣。

6.5　涡轮环境适应性试验

针对航空发动机涡轮部件,环境适应性试验主要随发动机整机完成验证及考核,主要相关的试验内容有抗腐蚀性试验、吞砂试验等。

6.5.1　抗腐蚀性试验

涡轮部件随发动机按要求的循环进行抗腐蚀性试验,每个循环时间为 24 h,共 50 个循环,总持续时间为 1 200 h,其中包括 150 h 的发动机工作时间。试验开始前,彻底分解发动机,检查暴露在大气条件下的所有零件的表面状况,并拍摄这些零件的详细照片。在重新装配并进行性能检查后,按表 6.2 的要求进行试验。在试验过程中,发动机的性能一旦比初始校准时所确定的性能降低 5%,则对发动机进行冲洗(不应对发动机外部进行冲洗)。冲洗后,如果性能得不到恢复,则分解检查发动机,以确定腐蚀试验对性能损失的影响。如果一切正常,则在试验过程中每第 10 个循环之后,对发动机进行内部检查,以发现内部零件的所有腐蚀或腐蚀发展的痕迹。如果需要,还可以进行附加检查。

表 6.2　盐雾喷射耐久性循环程序

阶段[c]	阶段持续时间/h	试验发动机运转情况	盐含量(质量分数)/10^{-12}	发动机环境空气	
				温　度	相对湿度
1	3[a, e]	运转	(200±40)[d]	10℃(最小)	73%(最小)
2	2	不运转	0	大气	大气
3	7	不运转	200±40[b, d]	10℃(最小)	73%(最小)
4	12	不运转	0	43℃±5℃	90%(最小)

注 1:将下列材料充分溶解于蒸馏水中,配制成 1 L 的盐溶液,一旦需要,可在盐溶液中增加蒸馏水,从而使通过发动机横截面的盐雾均匀。

化学名称	每升喷液含量
NaCl(化学纯)	23 g
$Na_2SO_4 \cdot 10H_2O$	8 g
原料溶液(见注 2)	20 mL

注 2:将下列材料充分溶解于蒸馏水中,配制成 1 L 的原料溶液:

化学名称	每升原料溶液含量
KCl(化学纯)	10 g
KBr(化学纯)	45 g
$MgCl_2 \cdot 6H_2O$(化学纯)	550 g
$CaCl_2 \cdot 6H_2O$(化学纯)	110 g

a 停车期间,当发动机从慢车逐渐减速时,盐溶液不断地喷入发动机,直至转子停转;

b 试验装置的吹风系统提供含盐的空气通过发动机燃气流路和发动机的外表面;

c 发动机进气口和排气口在试验循环的所有状态下都敞开;

d 发动机吞入的盐液要与注 1 的规定相一致,并且在吞盐液的每个循环状态中,使空气中的盐含量稳定在 $200/10^9$(质量比);在每个循环操作中要取样,以确定盐的浓度;

e 发动机运转循环应至少包括 6 个功率水平,每个功率水平至少驻留 5 min 的任务混频,此循环中的各个功率水平应大致等间距;如果不能确认适宜的循环,则可采用图 6.11 所示的工作循环;在构成的循环中,应使燃气流路涡轮进口温度在 760℃~最高温度之间变化。

在试验完成后,清洗发动机,并重新校准。在重新校准过程中,在每一规定状态下,对发动机规定的功率变换性能进行验证。重新校准后,分解发动机并检查有无腐蚀痕迹。将所有腐蚀的零件详细拍照,并提供判断腐蚀类型特性的试验样品实物或冶金分析。当重新校准时得到如下结果,可认为成功地完成了试验。

(1)与初校相比,发动机在规定的最大连续及以上稳态测量温度下的不可恢复的性能恶化(功率或推力总损失)不超过 5.0%;

(2)与初校相比,慢车及以上状态下发动机耗油率的增加值不大于 5.0%;

(3)所进行的瞬变过程符合型号规范要求;

(4)在试验结束时发动机所有零件腐蚀痕迹满足下列准则:

(a)所有暴露于燃气通道中的内部零件经清洗后未显示出因腐蚀引起的功能损伤,只有不影响零件设计准则(如耐疲劳性)的较小腐蚀侵袭;

(b)在清除防腐层后,所有防腐零件没有腐蚀迹象,零件重新涂敷后能恢复到全新状态;

(c)所有其他零件不出现会影响组件的完整性或规定维修程序的腐蚀。

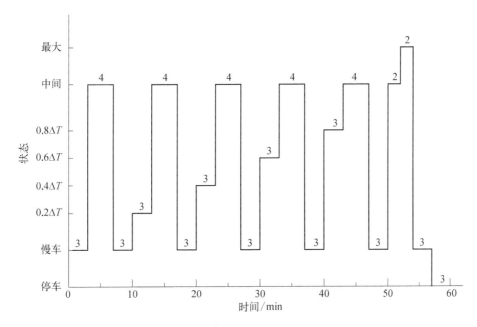

图 6.11　发动机腐蚀工作循环

ΔT. 中间状态和慢车状态之间的温差

6.5.2　吞砂试验

涡轮部件装整机进行吞砂试验,在空气含砂尘浓度为 53 mg/m³ 的地面环境条件下,应能随发动机在整个工作范围内正常地工作。发动机及其附件应能在表 6.3 规定条件的最大连续功率状态下工作,吞咽粗砂和细砂后,其功率损失和耗油率增加应不超过表 6.3 的规定,并且不影响功率瞬变的能力。

表 6.3   砂尘污染浓度和颗粒尺寸分布情况

浓度要求		
参　数	固定翼机	旋翼机
吞咽浓度/(mg/m³)	53	53
粗砂时间/h	0.5	50
细砂时间/h	1.5	54
功率损失/%	5	10
耗油率增加/%	5	10

颗粒要求		
砂尘类型	颗粒尺寸/μm	质量百分比/%
粗砂[a]	900~1 000	1~2
	600~900	2~5
	400~600	11
	200~400	36
	125~200	28
	75~125	15
	0~75	3~7
细砂[a]	40~80	9±3
	20~40	18±3
	10~20	16±3
	5~10	18±3
	0~5	39±2

a 粗砂和细砂成分均为碎石英(SiO_2)。

涡轮部件随发动机吞咽浓度为 53 mg/m³,大小为 0~80 μm 的细砂尘 54 h,以及吞咽 0~1 000 μm 的粗砂 50 h 后进行分解检查,应无即将破坏的迹象。

参考文献

［1］ 白水.罗-罗公司新建的航空发动机试验设施落成[J].国际航空,1994(2):54.

［2］ 秦臻,张波.美国阿诺德工程发展中心发展战略浅析[J].燃气涡轮试验与研究,2015,28(1):60-62,6.

［3］ 瞿立生.既熟悉又陌生的达比和布里斯托尔——访罗-罗公司的所见所闻[J].国际航空,1996(11):7-10.

第7章

涡轮先进设计技术展望

更少的级数、更高的效率、更强的耐温能力、更轻的重量始终是航空发动机的发展方向。以 F119 为代表的第四代航空发动机的高、低压涡轮均为单级,负荷水平大幅提高;涡轮进口温度达到了 2 000 K 左右,超过了目前涡轮叶片单晶材料的温度使用极限;涡轮部件重量控制的要求,以及频繁的加减速和热负荷变化对材料与结构设计提出了挑战。先进的气动设计技术、冷却设计技术、结构设计技术、多学科耦合设计技术的采用是对涡轮部件性能、可靠性和长寿命等指标实现的重要保障。

在涡轮气动设计方面,军机的高压涡轮的级负荷系数达到了 2.0 左右、民机低压涡轮的级负荷系数达到了 3.0 以上、国外预研计划中的单级高压涡轮落压比达到了 5.0 以上、叶型载荷系数达到了 1.3 以上,上述技术指标以及变循环发动机、齿轮驱动风扇发动机的高转速低压涡轮等新布局对涡轮气动设计技术提出新的挑战。与上述气动设计要求及发展趋势相适应,气动设计技术的发展方向是: 高载荷叶型设计技术、高载荷叶栅设计技术、超跨声速叶型设计技术、超跨声速叶栅设计技术、高性能宽工况三维叶片设计技术、高效端区流动控制与设计技术、采用非定常效应的高载荷叶片设计技术、考虑冷气与主流相互影响的冷气与主流一体化设计技术等。

在涡轮冷却设计方面,冷却设计技术从单一的对流冷却、冲击冷却、气膜冷却发展到复合冷却技术。此外,更为高效、精细的双层壁层板复合冷却技术大大提高了叶片的冷却能力,并在发动机型号中得到了工程应用。然而,在较大的冷却结构尺度下,无论是外部气膜冷却还是内部扰流强化换热冷却,都存在冷气利用率不高的现象,而微尺度($100 \sim 1\,000\ \mu\mathrm{m}$)结构被认为是用于产生大密度热流器件的主要冷却结构形式。采用微尺度冷却的涡轮叶片冷却技术的发展方向是: 微尺度气膜冷却技术、微尺度通道冷却技术。

在涡轮结构与强度设计方面,新构型对结构设计提出了新的技术需求,其中对转涡轮结构设计技术、变循环发动机中的涡轮喉道调节设计技术、变几何涡轮设计技术是重要的发展方向。在强度设计方面,存在着涡轮叶片抗高周疲劳能力不足、寿命评估方法和评估准则不够精准、热障涂层复合损伤失效模式分析手段缺乏等问题,在此方面的重要发展方向是:涡轮叶片抗高周疲劳设计技术、单晶/定向结晶涡轮叶片数值仿真及寿命预测技术、高温机匣包容性和强度寿命分析技术、热障涂层复合损伤失效模式分析技术。此外,随着新材料与新工艺的出现及发展,陶瓷基复合材料热端结构强度分析技术、3D 打印技术也是重要的发展方向。

7.1　多学科耦合设计技术

航空发动机涡轮是旋转的热端部件,承受高温、高压、高转速,这决定了涡轮的设计和研制中会涉及气动热力学、传热学、气动声学、结构力学、强度理论(疲劳/蠕变损伤、断裂力学理论等),以及材料、工艺等众多学科。一般的涡轮设计可以分成气动设计、冷却设计、结构设计等部分,而单独的气动设计或者结构设计已经接近优化的最佳值。随着发动机功重比的提高,涡轮部件的气动设计、冷却设计、结构设计及其相互影响需要精细考虑。涡轮的设计必须考虑多学科的耦合设计,典型的学科耦合有:涡轮通道中高温气体与涡轮叶片进行的气-热耦合;涡轮叶片表面的高气动负荷与涡轮叶片强度的气-固耦合;涡轮冷气与主流气体的耦合计算;涡轮叶片和涡轮盘腔气动和热力间的气-热耦合;热力和变形间的热-固耦合及气-热-固耦合等。此外,对于民用涡扇发动机的涡轮设计,还涉及气动与噪声的耦合。在高热力循环参数的先进航空发动机涡轮设计中,学科间的耦合尤为突显。只有采用多学科耦合和综合优化技术,才能更准确地获得涡轮(包括压力场、温度场、变形和应力场等在内)的各物理场,并实现各专业的协同与综合最优。

7.1.1　涡轮多学科耦合问题

航空发动机涡轮部件中的多学科耦合问题见图 7.1,主要包括气-热耦合问题、气-固耦合问题和气-声耦合问题。

1. 涡轮气-热耦合问题

涡轮前温度每增加 40 K,燃气涡轮发动机的输出功率可增加 10%,热效率可提高 1.5%,因此,提高涡轮前温度是增大航空发动机循环功并提高热效率的重要手段。现役的军用航空发动机的涡轮前温度已达到

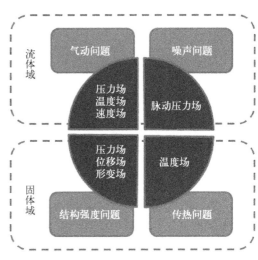

图 7.1　涡轮部件中的多学科耦合问题

2 000 K;现役的民用航空发动机的涡轮前温度因寿命和可靠性要求受到限制,低于军用航空发动机,但也达到 1 600 K。在如此高的涡轮前温度下,耐高温金属材料已不能承受,不得不采用冷却技术。据统计,涡轮前温度平均每年提高 22 K,而材料的耐温水平平均每年提高 8 K,剩下的 14 K 是通过冷却技术实现的。图 7.2 和图 7.3 分别给出了航空发动机燃气涡轮前温度发展趋势和叶片冷却技术的发展历程。

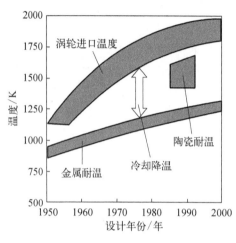

图 7.2　燃气涡轮前温度发展趋势　　　图 7.3　燃气涡轮叶片冷却技术发展历程

随着涡轮前温度的提高,涡轮部件冷却所需的冷气流量也不断增大,目前航空发动机高压涡轮的冷气流量甚至超过涡轮进口流量的 20%。冷气流与外部燃气的流动状态及其相互作用共同决定着叶片内部的温度分布及其热应力,而固壁边界层的热传导现象又会影响到当地换热参数和流动特征,冷却出流与主流的相互作用还将改变涡轮内气动掺混损失,这种流体域与固体域之间的相互作用构成了气动传热耦合问题。

2. 涡轮气-固耦合问题

涡轮的做功原理决定了其内部固体与流经其中的流体之间存在强烈的相互作用,流体与固体之间存在必然的耦合。由于涡轮内部流场本质上是非定常的,其加载于叶片等固体部件表面的作用力也是非定常的,有可能引起叶片等的振动。反过来,叶片的变形或振动会使流场的边界条件发生非定常的改变,从而改变流动状态,进而改变流体与固体之间的相关作用。

从学科分类的角度来看,与涡轮气-固耦合问题相对应的学科分支通常称为涡轮气动弹性力学。根据叶片的响应规律,涡轮气动弹性问题主要分为静态气动弹性、强迫响应、颤振等。

静态气动弹性主要是指弹性结构体,如叶片在离心力和气动力的作用下偏离其原始的冷态形状,且变形是弹性变形。这种变形是静态的,一般不涉及振动问题,可以通过反推冷态几何参数,并结合加工和装配等手段抑制其对涡轮部件性能的影响。例如,对于典型的大展弦比低压涡轮叶片,经常通过安装时加预扭等手段在一定程度上消除这种影响。由于不同转速时的变形幅度并非呈线性变化,在非设计转速下进行性能评估时应考虑叶型变形量的影响。

强迫响应是指叶片经过上游叶排尾迹区或上、下游叶排位势区时,周期性非定常气动力会作用于叶片导致结构产生振动。该周期性外力的频率与叶片的固有频率重合时,振幅将急剧增长,即发生共振。在强迫响应问题中,引起叶片振动的外力与叶片自身的振动是无关的,外力随时间变化可以是简谐的、阶跃的或随机的,这类气动弹性问题也可称为气动弹性动力响应问题。

颤振通常定义为结构与气流交互作用下的非稳定自激振动。当颤振发生时,非定常气动力、叶片的惯性和阻尼及叶片的弹性力不是处于相互平衡的状态,而是气动力对叶片做功,导致叶片振动振幅增大,振幅的增大导致更强的非定常气动力。颤振与强迫振动的根本区别在于振动过程中起着气动弹性交变作用的作用力只与叶片本身有关,而不是由外界施加的。颤振问题研究的核心是颤振是否发作,故又称为气动弹性稳定性问题。

3. 涡轮气-声耦合问题

随着涡轮气动性能、可靠性和可维护性等的长足发展,其噪声问题也日益受到关注。由于航空发动机是飞行器噪声的主要来源,西方各航空强国均制定了针对性的研究计划,以实现航空发动机噪声污染的大幅降低。早期的涡轮喷气发动机,其噪声主要是喷流噪声。随着现代民用航空发动机涵道比的不断增大,喷流噪声已显著降低,大尺寸风扇成为发动机噪声的另一主要来源。因此,从 20 世纪 70 年代开始,航空领域围绕风扇的降噪问题开展了大量的研究,大大降低了风扇引起的噪声。因此,在这种情况下,早期被忽略的涡轮噪声问题开始凸显。目前,典型民用客机在起飞和着陆过程中,涡轮部件的噪声已经接近风扇噪声的水平,并超过喷流噪声成为发动机噪声的第二大来源。

涡轮的降噪手段可分为两大类:一类是针对声源自身的降噪方法,主要是通过对涡轮的优化设计,从根本上降低噪声的产生;另一类是针对噪声传播路径的降噪方法,主要是在噪声的传播途径上设置具有吸声功能或能影响声音传播路径的装置,即声衬。由于涡轮部件的工作温度很高,可能超过声学处理材料的温度承受能力,从而使声衬在涡轮中的应用受到一定的限制。因此,对涡轮进行考虑声学问题的气动优化设计成为降低噪声的关键手段之一。

由于涡轮噪声源产生的噪声大小与涡轮部件的几何参数相关,而涡轮部件的几何参数又与涡轮部件的气动性能相关,涡轮的噪声问题与气动问题是相互耦合的。涡轮部件的降噪手段必须考虑其对气动性能的影响,涡轮的气动设计需考虑气动噪声问题,即需进行气-声耦合设计。

7.1.2 多学科耦合问题的求解方法

多学科耦合问题的求解方法主要分为两大类：全耦合方法和离散耦合方法。

全耦合方法着眼于构造统一的物理模型来求解耦合系统,计算量大,并且需要重新开发计算工具。离散耦合方法以现有的学科理论为基础,将耦合系统分解成一系列的子系统,根据各子系统间的耦合关系,利用耦合信息传递技术进行系统的重新构建,迭代实现耦合系统的求解。离散耦合方法由于有效利用了现有的学科理论和软件资源而得到了广泛应用,并且大量的研究集中于气-热-固耦合系统的稳态响应和动态响应。据所采用的迭代方式,离散耦合方法又可分为松散耦合方法和紧密耦合方法。

1. 气-热耦合问题的求解方法

气-热耦合问题求解的主要目标之一是准确掌握热端部件的温度分布。预测涡轮等热端部件温度分布的传统方法是：先计算热端部件的流场,通过经验公式计算它的热边界条件,然后用有限元等方法分析其温度分布,这种方式的计算精度较差。随着 CFD 技术和计算机的飞速发展,利用气-热耦合计算方法(共轭传热)进行全三维耦合计算已经成为准确预测涡轮等热端部件温度的有效方法。全三维气-热耦合问题求解一般分为两种方法：第一种方法是整场离散、整场求解,对应于紧密耦合方法;第二种方法是分区求解、边界耦合,对应于松散耦合方法。

第一种方法是把不同区域中的热传递过程组合成一个统一的换热过程来求解,流体域和固体域采用通用的控制方程,区别仅在于广义扩散系数(黏性系数和热传导系数)及广义源项不同,流体和固体的交界面成为计算域的内部。采用有限体积方法来求解离散方程时,界面上的连续性条件原则上都能满足。采用这种方法求解流-热耦合问题可以省去不同区域之间反复迭代的过程,理论上来说可以节省计算时间。但是由于流体和固体交界面两边物理量值可能相差几千倍,在有限体积法的框架中计算该交界面的通量和梯度时将会难以处理,处理不当则容易导致计算不易收敛,甚至导致计算不稳定。而且对固体域采用与流体域相同的控制方程求解,这无疑增加了计算所需要的内存和计算时间。

第二种方法则是在流体和固体两个不同的计算域内分别求解,即在流体域求解 N-S 方程,在固体区域用热传导方程求解温度场。然后通过流体域和固体域的交界面来交换温度与热流量等信息,由此来使流体域和固体域耦合起来。由于该方法在不同的计算域求解不同的控制方程,不存在第一种方法所遇到的交界面通量处理和计算稳定性等问题。在涡轮的气-热耦合数值模拟领域中,第二种气-热耦合计算方法的应用较为广泛。图7.4 给出了采用这种方法进行气-热松散耦合求解的简单实例。

2. 气-固耦合问题的求解

气-固耦合求解方法可分为整体耦合求解方法(对应于紧密耦合方法)和分区耦合求解方法(对应于松散耦合方法)。

1) 整体耦合求解方法

整体耦合求解方法是在同一个时间步中使用统一的求解器同时求解固体域和流体域,保证计算的稳定性和精确性。目前,常用的整体耦合求解方法是任意拉格朗日-欧拉(arbitrary Lagrangian-Eulerian,ALE)方法。ALE

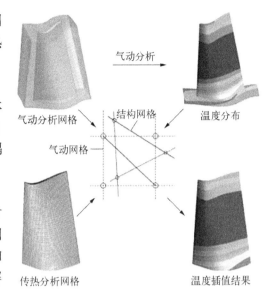

图 7.4　气-热松散耦合求解实例

方法提出了一种将固体中拉格朗日坐标系与流体中欧拉坐标系相联系的方法,可以用来处理界面协调及自由面的问题,并且适用于有限元方法及边界元方法。但在 ALE 流固耦合计算中无法避免因网格运动导致的单元拉伸和扭曲,需要在每个计算步骤网格变形的过程中对新的网格进行规整化,这意味着可能带来较大的数值扩散误差。而在大变形问题中,网格重新划分也会导致物理参数在新旧网格之间的传递,从而引入插值误差。目前,还未有在三维情况下用 ALE 方法来解决复杂结构的大变形问题以及复杂几何条件下的流固耦合问题的相关文献报道。国外学者新近发展了一种拉格朗日整体求解方法,采用粒子有限元法对流体域进行求解,结合有限单元法对固体域的进行求解的策略,实现在每个时间增量下同时对流固耦合控制方程进行求解,然而网格的存在限制了其应用范围。

2) 分区耦合求解方法

分区耦合求解方法按时间序列相继分步分析流场和固体结构,首先将固体域视为不动,在欧拉坐标系中求解流体域的运动方程,获得流体中瞬态的压力与速度分布;然后将流场分析结果作用于固体域与流体域的交界面,作为固体域的边界条件,在拉格朗日坐标系中单独分析固体域的变形;最后将固体域分析的结果作为边界条件反馈给流场,从而进一步计算流体的力学响应,通过反复地迭代,直至子步的结果值趋于稳定。这种方法的优势是:既可以利用成熟的流体分析软件和叶片结构分析软件,又考虑了流体-叶片间的相互作用。但分区耦合求解方法在离散的时间域上,对固体和流体的两次计算是先后进行的,时间相位不同,将导致计算的不稳定性和不收敛性。同时,对于涉及大变形的固体结构,在分区耦合求解方法中需要在每个子步通过复杂的计算来确定流体域和固体域的交界面,再通过插值来交换界面上的压力与位移的信息,从而引入极大的数值误差,导致计算的复杂性和不精确性。对于强流-固耦合问题,两相界面的动态变化变得更加复杂,分区耦合求解计算过程因数值误差的不断累积而发散,甚至最后导致计算失败。

由于松散耦合方法实现起来较为简单,是目前较为常用的方法。国内外很多学者采用松散耦合方法进行了涡轮叶片等零部件的气-热-固耦合分析,在开展气动、传热、强度等各学科分析的基础上,研究学科间的耦合关系,利用插值传递方法进行耦合信息传递,不断迭代,以实现气-热-固耦合分析。

7.1.3　涡轮多学科优化设计

由于涡轮的设计是一项涉及气动、传热、结构强度多学科耦合的复杂系统工程,但受限于技术与工具,长期以来,涡轮设计依然是通过各个学科独立的设计、校验、修改的迭代过程来完成的。在这种各学科相关孤立的设计体系下,涡轮各方面的性能难以达到最优,也延长了涡轮部件的研制周期。

随着工业界对于涡轮部件,包括气动性能、寿命、可靠性、使用与制造成本在内的综合指标及研制周期要求的不断提高,研究者开始考虑涡轮部件所涉及的各个学科之间的相互影响,并在此基础上研究和发展适用于涡轮设计的多学科设计优化(multidisciplinary design optimization, MDO)技术。

1. MDO 的基本概念

MDO 是一种通过充分探索并利用工程系统中各学科间相互作用的协调机制来设计复杂系统和子系统的方法。它在设计过程中"同步"考虑各学科间的耦合作用,"实时"平衡各学科间的冲突,利用先进 MDO 策略及先进优化算法来寻求系统最优解,从而提高产品的综合性能水平,缩短研制周期并降低成本。

MDO 是一项新兴的前沿技术,最早出现于美国航空航天领域,是追求高综合性能且低成本的飞行器的必然产物。图 7.5 给出了 MDO 技术的发展历程[1]。MDO 有其巨大的优越性,同时也面临着分析、计算及数据交换高度复杂的困难。航空发动机每一学科本身的设计计算复杂性往往就已很高,若考虑多学科综合及各学科间的耦合性,并在此基础上进行优化设计,其设计分析工作量就不是简单的线性叠加,而是呈指数关系增长。若不采取相关的先进方法及技术手段,MDO 就无法成为实用的技术。

为克服以上困难,研究者逐步开展了一系列的研究工作,突破了大量关键技术。

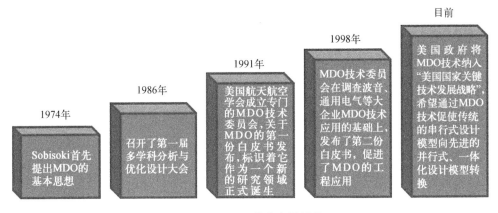

图 7.5　MDO 技术发展历程

2. MDO 的关键技术

MDO 的关键技术主要包括三个方面：MDO 系统分解技术、MDO 系统建模技术（含 MDO 策略技术）、MDO 系统求解技术（含 MDO 优化算法技术、MDO 计算框架技术）。

MDO 系统分解是指通过改变多学科设计优化问题的结构，在保证合理性的前提下降低问题的复杂性，以此来减少总的设计计算分析时间。系统分解是进行多学科设计优化的基础，具有很重要的意义，其实质是利用多学科设计优化技术中关于组织安排复杂性问题的手段，来解决计算分析复杂性问题，从而提高计算分析效率、节省计算分析成本。

MDO 系统物理建模是指在系统分解的基础上，考虑尽可能多的学科，以达到降低产品全寿命周期费用的目的，并合理进行计算保真度和成本之间的权衡，建立适当的系统模型。目前，主要有两大类 MDO 建模技术：一是可变复杂度建模（variable-complexity modeling，VCM）技术，研究在优化设计过程中，如何根据不同的保真度需求，采用不同复杂度及成本的模型；二是代理模型技术，即以降低一定精度为代价，如利用一个拟合的多项式函数来描述多学科分析中原本复杂的输入、输出响应关系，以降低计算成本。

MDO 策略从包含多级、多个子系统的大型复杂系统设计问题优化的角度，表述系统寻优的总体结构，如各学科间的耦合关系及其处理方式、信息组织形式、优化器布局等。多学科设计优化技术发展至今，已产生了一系列多学科设计优化策略，如标准优化策略、协作优化策略、并行子空间优化策略及二级集成系统综合优化策略。

MDO 优化算法即求解多学科设计优化问题时所使用的各种寻优算法，包括传统的梯度类算法和新兴的智能算法等。优化算法被集成到各级优化器中，与各级分析模块一起构成相应的系统级及子系统级优化问题求解器。与一般优化算法研究不同的是,MDO环境下的优化算法的研究及应用更注重于在某系统、子系统或学科中,采用什么样的优化算法更适宜,对于某种优化模型,何种优化算法更适宜。

MDO计算框架是指能实现MDO策略且包含硬件和软件体系的计算环境,在这个计算环境中能够集成和运行各学科的计算分析,实现各学科之间的高效通信,其主要研究内容包括:如何进行流程管理,如何进行数据管理和提取,如何集成各学科专用程序和可采用的商用软件,如何进行分布式并行计算,如何支持代理模型的生成,如何实现设计过程可视化和监控技术等。

3. MDO在涡轮中的应用

MDO在涡轮中应用的研究是从20世纪90年代开始的,目前已受到国内外很多研究机构和研究人员的高度重视,并取得了一定的研究成果。

涡轮工作叶片(包括高压涡轮气冷叶片和低压涡轮带冠叶片)是航空发动机的核心关键部件,在高温、高压、高转速的恶劣工作环境中工作,涉及气动、传热、强度等学科,学科间耦合和相互影响强烈,因此涡轮工作叶片的设计是一个典型的多学科综合、复杂的系统工程,是MDO的主要应用对象。

1) 涡轮工作叶片MDO的设计流程

传统的涡轮工作叶片设计是一个串联过程,流程一般为:先由总体性能部门定出叶片所要达到的性能指标,然后由涡轮结构及气动设计部门进行设计,达到性能要求后,移交强度计算部门进行强度、振动、寿命计算。若满足了强度等方面的要求,则叶片设计结束,否则,由涡轮结构及气动设计部门重新进行设计,再由强度计算部门进行计算,如此循环,直至达到设计要求。这样的设计不仅周期长,而且很难找到叶片的最佳设计,不符合现代航空发动机研制发展的要求。

涡轮工作叶片的MDO设计则是一种并发过程,其流程如图7.6所示[1]。在涡轮工作叶片MDO设计中,将不同部门的各个学科的设计分析软件集成在优化平台下,通过统一各软件之间的数据接口,根据信息传递顺序调用各学科设计分析软件。在各学科分析完成后,将各个学科的分析结果输入优化器中,进行优化分析以判断本次分析结果是否满足所规定的约束条件,目标函数是否最优,在未达到最优状态时,通过所采用的优化算法来确定下一次在设计空间中进行搜索的方向和步长,以进行下一方案的设计。相对于传统设计,涡轮工作叶片的MDO设计可在较短时间内进行大量设计方案的比较,从而寻找出最优的设计方案,这大大缩短了设计周期。另外,通过涡轮工作叶片的MDO设计,在大量的设计方案中不仅可找到问题的可行解,而且可从众多的可行解中找到最优解,从而充分挖掘材料的潜力。传统解是仅仅满足各方面要求的可行解,即使是在某一学科内进行了优化设计,所找到的优化解也只是单一学科的优化解,并未找到满足各方面要求的最优解。

2) 涡轮工作叶片MDO的关键技术

涡轮工作叶片的MDO首先是一个优化问题,因此需要用足够少的变量来表达

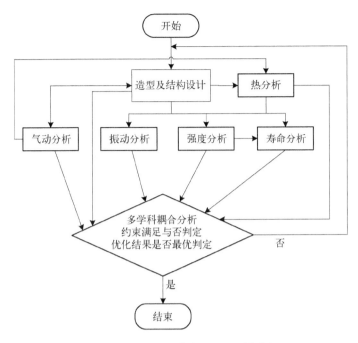

图 7.6　涡轮工作叶片 MDO 设计流程

涡轮工作叶片形状,这就涉及叶片的参数化建模技术。另外,在涡轮工作叶片的 MDO 设计过程中,涉及大量的气-热-固多物理场耦合分析。可以说,MDO 工作的时间周期长短直接取决于气-热-固多物理场耦合分析的效率,故高效的气-热-固耦合计算分析是 MDO 的又一关键技术。

　　涡轮工作叶片的几何结构是相当复杂的,典型涡轮工作叶片结构见图 7.7。高压涡轮工作叶片可以分为叶型、叶身内冷结构、缘板、榫头、伸根段、叶顶等部分。叶身冷却结构是冷气流经叶片内部的部位,包括内腔型面、冷气回路、气膜孔、粗糙肋、扰流柱等局部冷却特征的设计。由于缘板和榫头沿径向方向的截面形状变化剧烈,为了尽量减小结构应力集中,需要进行伸根段设计。低压涡轮工作叶片通常无内部气冷结构,但在叶尖处带有形状复杂的叶冠,能减小叶片的振动,并在一定程度上减小叶尖泄漏损失。涡轮工作叶片的参数化建模即指用尽可能少的参数来表达叶片形状,以此来减小 MDO 设计过程中的优化变量数目,使优化问题的求解成为可能,并减小优化问题的规模。复杂形状叶片的参数化建模这一关键技术是目前 MDO 研究中的难点和热点。

　　在涡轮工作叶片的 MDO 中,目前气-热-固耦合分析通常是采用松散耦合方法,即通常利用流体计算软件、有限元分析软件,分别进行气-热耦合分析和结构强度分析,然后将气-热耦合分析获得的温度场、压力差插值传递给结构强度分析,并将结构变形插值传递至气-热耦合分析模型,通过反复调用,直至收敛。由于单次

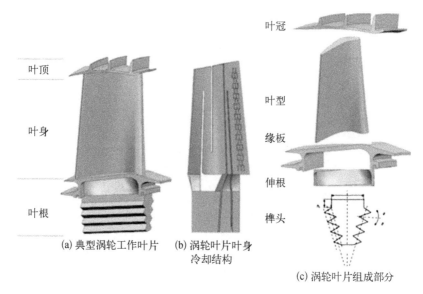

(a) 典型涡轮工作叶片　　(b) 涡轮叶片叶身冷却结构

(c) 涡轮叶片组成部分

图 7.7　典型涡轮叶片结构图

气-热耦合本身就需要消耗大量的计算时间,且大量的网格间耦合信息的插值传递也需要消耗大量的时间,因此,针对涡轮工作叶片,如何开展高效气-热-固耦合分析以缩短 MDO 过程周期成为需要解决的关键技术问题。

7.2　先进气动设计技术

7.2.1　先进叶型设计技术

1. 高载荷叶型非定常设计技术

部件及叶片排之间的非定常相互作用是涡轮通道内固有的流动本质。传统的涡轮设计体系大多基于定常假设,忽略了涡轮内部的非定常相互作用。随着设计技术的不断发展,基于定常假设的设计体系的潜力已被充分挖掘,在定常框架下进一步提升涡轮叶型的负荷或者气动性能的难度不断增大。同时,发动机及涡轮部件结构的持续紧凑化也使涡轮内的非定常效应变得更加显著,这为高负荷涡轮气动设计带来了新的自由度和潜力[2]。

上游尾迹与下游吸力面边界层的相互作用及由之带来的寂静效应的应用是目前研究最为广泛且取得了显著成效的一种非定常设计技术。剑桥大学的 Hodson、Hodson 和 Howell 在该领域进行了二十余年的持续研究,做出了杰出贡献[3, 4]。罗·罗公司在此基础上先后发展了多套高负荷低压涡轮叶型,通过尾迹与边界层相互作用及寂静效应的有效利用,在满足气动性能要求的前提下将叶型升力系数提高 25% 以上,并成功应用于 BR710/BR715、Trent500、Trent900 等发动机[4, 5]。公开数据表明,BR715 发动机低压涡轮采用超高升力叶型后,其效率仍较设计目标高 0.5%,而叶片数进一步减少约 11%,这验证了计及尾迹非定常效应的气动设计技术的优势。

国内,北京航空航天大学、西北工业大学、中国科学院工程热物理研究所等单位也相继通过高精度数值模拟、非定常试验研究等手段探讨了尾迹与边界层的相互作用机制[6]。北京航空航天大学的邹正平团队通过大涡模拟和非定常试验等手段获得了尾迹与边界层非定常相互作用过程的精细流动结构(图 7.8)和损失特征[7-9]。尾迹折合频率是决定其非定常作用效果的重要参数,最佳尾迹折合频率可以在有效控制尾缘分离的前提下尽量抑制湍流浸湿面积,将寂静区的有利作用最大化,从而实现高负荷叶栅性能的最优化。进一步的研究还表明,最佳尾迹折合频率随叶型负荷的增大或雷诺数的降低而增大(图 7.9),典型高负荷低压涡轮的最佳折合频率一般在 0.7~1.0。此外,为了能将非定常效应的有利影响充分利用,高负荷叶型的负荷分布形式也需重点关注。首先,吸力面尾缘的逆压梯度必须控制在尾迹能够抑制分离或使分离泡再附的范围内,避免了开放式分离的出现;在此基础上,应尽量保持叶型前缘附近的加速性,抑制尾迹诱导边界层转捩的发生,减小摩擦损失。上述设计思路决定了高负荷/超高负荷叶型(Zweifel 载荷系数 Z_w 为 1.1~1.35)一般采用均匀加载的形式能获得更好的性能,而更高负荷的叶型则需要采用前加载形式设计。在获得尾迹折合频率、流量系数、负荷分布、雷诺数等对寂静区演化及边界层损失的影响的基础上,邹正平团队[10]对非定常条件下高负荷叶型的损失构成进行了定量研究,初步发展了计及非定常寂静效应的高负荷叶型设计技术,成功设计了 Z_w 为 1.35~1.5 的超高负荷叶型。叶栅试验表明,这些叶型能充分利用尾迹的非定常作用,不会发生尾缘开放式分离,具有较高的气动性能。

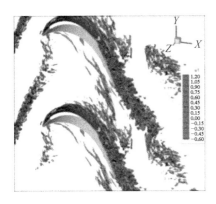

图 7.8 尾迹与边界层相互作用
过程中的精细流动结构

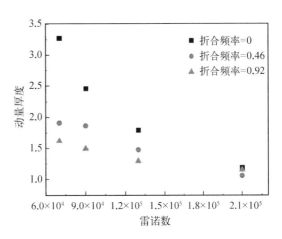

图 7.9 尾迹折合频率对不同雷诺数条件下
叶型尾缘动量厚度的影响

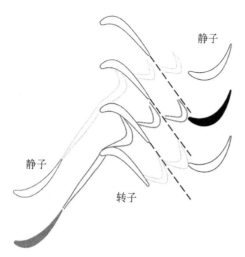

图 7.10   多级涡轮时序效应示意图

除了相对运动的叶片排之间的非定常相互作用,多级涡轮内相对静止的转子叶片或静叶之间也有非定常相互影响,即时序效应。上游叶片的尾迹被下游相对运动的叶片切割为片段之后,会周期性作用于下游相对静止的叶片或通道(图7.10),如果转子/静子周向位置发生相对变化,上游尾迹周期性作用的位置就会发生变化,从而改变下游叶片排内部的流动。一般认为,当上游静叶(或动叶)叶片的尾迹打在下游静叶(或动叶)叶片的前缘时,涡轮气动效率增加;当上游静叶(或动叶)叶片的尾迹打在下游静叶(或动叶)叶片通道中间时,涡轮气动效率可能下

降[11]。有研究表明,对于多级低压涡轮,改变静叶周向相对位置可以使效率变化0.5%[12],这验证了时序效应的应用在涡轮气动设计中的潜力。

2. 超跨声速叶型设计技术

在跨声速及超声速的情况下,激波的出现增大了叶型损失[13-17]。图 7.11 为叶型损失随出口马赫数的变化曲线,由图中可以看出,当出口马赫数约大于 0.9 时,叶型损失随着出口马赫数的增大而急剧增加。研究发现,跨声速涡轮叶栅中,激波损失和尾迹损失比摩擦损失大得多,尾缘损失约占总损失的 1/3。当出口马赫数高于 1.3 时,涡轮叶栅的损失相对较高,传统的渐缩型叶栅流道已经无法满足需求,由此衍生出了高出口马赫数叶型及其相关技术。

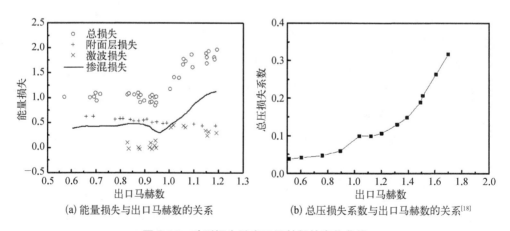

(a) 能量损失与出口马赫数的关系   (b) 总压损失系数与出口马赫数的关系[18]

图 7.11   叶型损失随出口马赫数的变化曲线

NASA 和 GE 公司在"高负荷涡轮研究计划"[19]开展过程中,提出了几种削弱激波、控制损失的技术措施,包括采用缩放流道叶栅并减小尾缘厚度,优化安装角、落后角、尾楔角等几何参数,减小叶型尾缘弯折角等。

超跨声速叶型设计中,控制激波损失的具体措施有:叶背喉部前采用"倒曲率"型线,之后采用直线,减小喉部到尾缘叶背型线的弯折角;控制喉部上游叶栅流动的收敛梯度,先迅速收敛再缓慢收敛,在接近喉部处的收敛梯度为零;此外,减小叶背上流道喉部之后型线的曲率或负曲率、对叶背尾缘附近局部修形、尾缘椭圆修形等方式也可有效控制高出口马赫数的叶型损失,尤其以叶背喉部后采用负曲率的效果最佳[20]。吸力侧负曲率设计方法适用于超声速流动工况,并且随着出口马赫数增大,曲率开始变大的位置应向前移动[21]。上述部分参数的调节与性能的实现,可通过调节叶片最大厚度、尾缘角及吸力侧后半段叶型曲线参数来完成(图 7.12)。

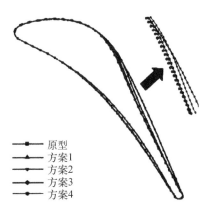

图 7.12　四个反曲率设计方案的叶型对比

超跨声速叶型的尾迹损失与基压及尾缘边界层的发展密切相关,影响基压和边界层发展的关键叶型几何参数有叶片后缘楔角、尾缘厚度、叶背曲率,与后弯角相比,尾楔角的变化对叶栅的尾缘基压影响较小,其总压损失影响较小。尾缘相对厚度对基压系数的影响较大,尾缘增厚,气流通过尾缘在基压区产生的旋涡强度增大,基压降低,尾缘损失增大,从而使总损失增大[16]。在较高膨胀比的情况下,损失随着马赫数增大而增大的主要原因在于激波、边界层及尾缘损失的增加[22]。而缩放通道及吸力侧小曲率设计是如今高马赫数出口叶型的关键特征,该设计可以有效减弱尾缘周围斜激波,尤其在出口马赫数高于 1.3 的情况下,与传统渐缩通道相比,缩放通道能够获得更小的损失。不同于渐缩通道,缩放型流道的几何喉部在叶栅槽道中间位置(图 7.13)。

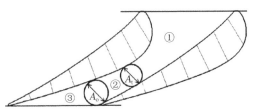

图 7.13　缩放型流道叶栅示意图

3. 低雷诺数叶型设计技术

当雷诺数低于某个阈值之后,涡轮效率会随雷诺数的减小而降低,即低雷诺数效应。数据表明[23],PW545 发动机低压涡轮效率在高空状态(雷诺数降低一个数量级)较地面状态下降约 6%,"全球鹰"无人机的 AE3007H 发动机也因低压涡轮效率的下降导致高空状态耗油率显著上升[24]。

　　叶型边界层演化与损失受雷诺数的影响,是决定低雷诺数涡轮性能的重要因素。在低雷诺数条件下,涡轮吸力面附着边界层一般保持层流状态,摩擦损失很小,但在尾缘逆压梯度作用下极易发生分离,使叶型损失急剧上升[25],成为决定低雷诺数涡轮气动性能的关键。因此,低雷诺数涡轮叶型设计的核心工作是对边界层转捩和分离的有效控制,尤其需要避免层流开式分离的发生。北京航空航天大学的研究表明[7,26-28],后部加载或者偏均匀加载的形式更利于改善低雷诺数条件下涡轮部件的性能(图7.14)。在这种负荷分布形式下,吸力面马赫数峰值出现在相对靠后的位置,能保证叶型前半部分保持较长段的顺压梯度,有利于附着边界层保持为层流状态,从而充分利用其摩擦损失小的优势。同时,这种负荷分布有利于尾缘附近强压力梯度强度的控制,能有效避免边界层的分离。需要注意的是,低雷诺数涡轮叶型吸力峰应与尾缘保证一定距离,即使出现层流分离也可能在分离剪切层转捩的作用下再附到壁面,避免开放式分离的发生造成很大损失和流动堵塞。此外,低雷诺数叶型对吸力面加速段和逆压梯度的要求都决定了其负荷水平不宜太高,叶型负荷增大到一定程度后必将影响前部加速段的保持和尾缘逆压梯度的控制,使低雷诺数条件下叶栅性能下降的风险增大。

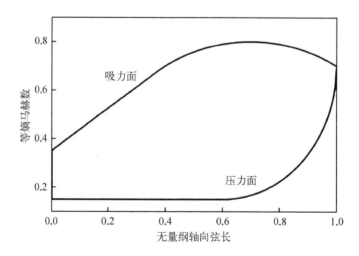

图 7.14　低雷诺数涡轮叶型建议负荷分布示意图

　　利用主动/被动流动控制手段,包括凹槽/凹坑、射流、等离子体加速等,促使吸力面边界层提前转捩也是改善涡轮叶栅低雷诺数性能的重要手段,但相关的设计准则和工程适用性还有待进一步明确和改善。此外,利用涡轮内的固有非定常相互作用对低雷诺数叶型边界层时空演化的控制也已被证明是有效且具有很大潜力的技术途径[29]。

7.2.2　高载荷叶栅设计技术

关于涡轮负荷水平的划分,在整级设计中通常将级负荷系数不小于 2.0、落压比不小于 4.0 的涡轮确定为高负荷涡轮,级负荷系数不小于 2.0、落压比不小于 5.0 的涡轮确定为超高负荷涡轮。而对于单一叶型是否高负荷的判定,现阶段[30] 应用最广的是 Zweifel 载荷系数 Z_w,在当前技术背景下,Z_w 是否大于 1.15 可以作为判断涡轮叶栅是否属于高负荷设计的依据[31]。叶片负荷的提高需要提高叶栅转角或者降低叶栅稠度,而这又往往伴随着叶栅负荷前移(图 7.15)、端区二次流损失的增加。

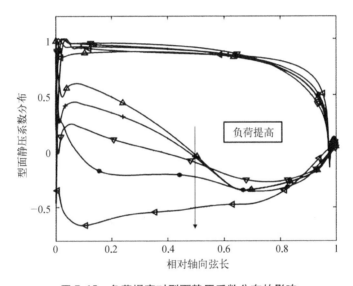

图 7.15　负荷提高对型面静压系数分布的影响

增加叶栅节距与增加折转角是两种提高叶栅负荷的方式。由图 7.16 和图 7.17 可知,两种方式在有效提高叶栅负荷的同时,均造成了端区二次流发展的增强与损失的增大,但两种方式对叶栅的端区二次流发展趋势的影响存在一定差异。负荷提高时,这两种方式对流动与损失影响的相同之处在于: 随着叶栅负荷的提高,吸力面低能流体向叶展中部与角区堆积的趋势增强、壁角涡与脱落涡的发展得到增强、通道涡旋涡核心位置处的损失增大。而这两种方式对端区二次流影响的不同之处则在于: 在调整叶栅节距改变负荷的方案中,如图 7.16 所示,随着叶栅负荷的提高,马蹄涡压力侧分支更晚抵达相邻叶片吸力面,通道涡向叶展中部的发展趋势减弱,发展过程中与端壁更为贴近,通道涡周向尺寸与影响范围扩大;在调整折转角的改变负荷的方案中,如图 7.17 所示,随着叶栅负荷的提高,马蹄涡压力侧分支更早抵达相邻叶片吸力面,通道涡向叶展中部的发展趋势增强、发展过程中更远离端壁,通道涡展向尺寸与影响范围明显扩大。在相同的载荷系数条件下,通

过调整折转角改变负荷时,低能流体的周向与展向迁移趋势均相对更强,脱落涡的
空间尺度更大、损失更高,壁角涡更倾向于朝展向发展。

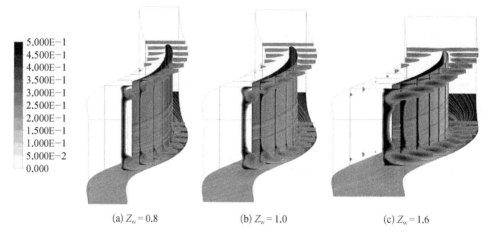

(a) $Z_w = 0.8$ (b) $Z_w = 1.0$ (c) $Z_w = 1.6$

图 7.16   不同节距与负荷下的能量损失系数云图

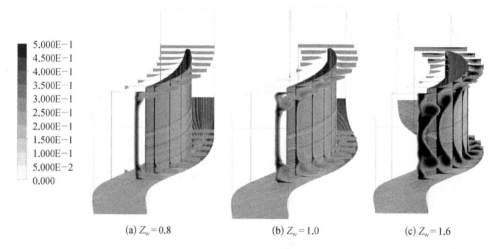

(a) $Z_w = 0.8$ (b) $Z_w = 1.0$ (c) $Z_w = 1.6$

图 7.17   不同折转角与负荷下的能量损失系数云图

在具体的高负荷叶栅设计过程中,除端区二次流损失外,通常还需考虑吸力面
分离对叶栅损失的影响。由于较高的负荷必然伴随较高的吸力面展向静压梯度,
吸力面低能流体向叶展中部的迁移与堆积会提高分离发生的可能性并增大损失。
而在单纯考虑端区二次流损失的前提下,负荷相近时,大节距方案通常拥有更低的
周向与展向静压梯度,在条件允许的前提下通常为更优的选择。此外,采用弯曲叶
片与非对称端壁等设计,也是控制高负荷叶栅损失的重要手段。在大转角高负荷
叶栅中,端区周向静压梯度与吸力面展向静压梯度均很高,通道涡展向发展充分,

同时压力面入口前的高压区导致鞍点向来流、流道中部迁移严重。因此,可以通过反弯设计,抑制低能流体的展向迁移与通道涡的展向发展,促使鞍点向叶片前缘处移动,推迟马蹄涡的生成。在大节距高负荷叶栅中,栅内周向与展向静压梯度均相对较低,通道涡的展向发展较弱,在此情况下应用反弯设计则有可能因周向静压梯度的提高,增强通道涡与吸力面低能流体的掺混,反而提高叶栅损失。因此,更宜选择非轴对称端壁技术等控制手段。

7.2.3　端区设计技术

1. 高负荷叶栅非轴对称端壁设计技术

非轴对称端壁造型是相对于传统涡轮设计中采用的轴对称端壁而言的,其通过对端壁进行曲面造型,改变叶栅端区的静压分布,从而降低二次流强度,控制端壁二次流损失。非轴对称端壁造型的报道最早见于 Kopperet 等[32]的研究,其研究显示,非轴对称端壁减少了 17%叶栅流动损失。随后该技术得到了大量的研究,其中以英国 Durham 大学和罗·罗公司的工作较为突出[33-39],并成功地将非轴对称端壁造型技术应用到高压涡轮中,使效率提高 0.59%±0.25%。

本节主要以高负荷叶栅端区二次流控制为背景,基于栅内静压梯度分析对非轴对称端壁造型手段进行阐述。当前端区二次流的控制思路通常限于"抑制低能流体的周向迁移与展向迁移",当这一思想应用于非轴对称端壁设计时,通常会得到"压力面外凸、吸力面内凹"的经典的"端壁周向静压梯度控制"方案,如图 7.18 所示。该方案可以有效降低端壁周向静压梯度、抑制低能流体与马蹄涡压力侧分支的周向迁移、推迟通道涡的生成,所以在以通道涡为主要损失来源的涡轮叶栅中,这一方案可以有效抑制通道涡的发展、降低端区二次流的损失。

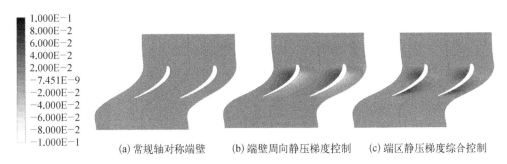

```
 1.000E-1
 8.000E-2
 6.000E-2
 4.000E-2
 2.000E-2
-7.451E-9
-2.000E-2
-4.000E-2
-6.000E-2
-8.000E-2
-1.000E-1
```

(a) 常规轴对称端壁　　　(b) 端壁周向静压梯度控制　　　(c) 端区静压梯度综合控制

图 7.18　非轴对称端壁几何造型方案

但随着叶栅负荷的提高,在吸力面展向静压梯度增强的影响下,脱落涡、壁角涡等旋涡结构对栅内损失的影响随之增强,单纯地抑制通道涡发展的思路不再能很好地控制端区二次流。在大转角和大节距高负荷叶栅中,"端壁周向静压梯度控制"方案中,吸力面内凹会提高局部的展向静压梯度,增强吸力面低能流体向叶展中部的迁移堆积与分离,导致通道涡上方出现与通道涡同向的旋涡结构,增大端区的二次流损失(图7.19和图7.20)。

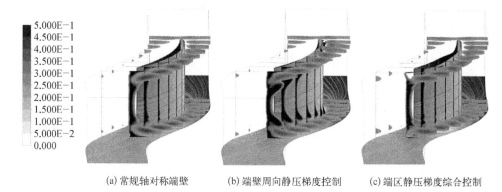

(a) 常规轴对称端壁　　　　　(b) 端壁周向静压梯度控制　　　　　(c) 端区静压梯度综合控制

图 7.19　非轴对称端壁对大节距高负荷叶栅端区二次流损失的影响

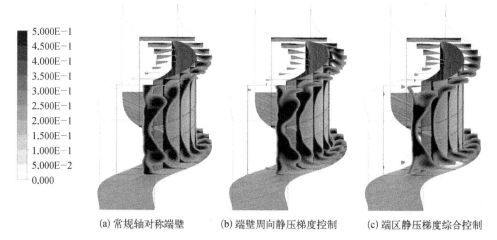

(a) 常规轴对称端壁　　　　　(b) 端壁周向静压梯度控制　　　　　(c) 端区静压梯度综合控制

图 7.20　非轴对称端壁对大转角高负荷叶栅端区二次流损失的影响

而"端区静压梯度综合控制"方案[图7.18(c)]通过压力面附近的外凸结构降低叶栅中前部周向静压梯度、延缓马蹄涡发展;通过吸力面附近的外凸结构,在20%~80%轴向弦长间抑制吸力面低能流体向叶展中部的迁移、增强低能流体向下游的迁移;在80%轴向弦长至尾缘范围内,通过提升根部静压,抑制通道涡下方低能流体向叶片根部的堆积,抑制壁角涡的发展。因此,以大转角和大节距高负荷叶栅为例,采用"端区静压梯度综合控制"方案后,两叶栅壁角涡的空间尺度与损失大幅度下降,低能流体向叶展中部的迁移与堆积趋势减弱,通道涡与尾缘脱落涡的发展及损失得到抑制。

与其他造型方式相结合可以进一步发挥非对称端壁的损失与流动的控制作用。例如,"内凹非轴对称端壁"方案可以改变下端壁的局部静压分布,延缓大节距高负荷叶栅中马蹄涡的周向迁移;但在大转角高负荷叶栅中,由于其端壁周向静压梯度较高,其效果十分微弱[图 7.21(a)]。而"端区静压梯度综合控制"方案与"内凹非轴对称端壁"方案联合应用时,可观察到大转角高负荷叶栅中通道涡的发展被抑制,损失明显下降[图 7.21(b)]。如图 7.21(c)所示,将反弯与非对称端壁联合应用的"反弯与端区静压梯度综合控制"方案中,反弯对低能流体向叶展中部迁移的抑制效果很好地弥补了"端区静压梯度综合控制"方案的不足,改善了叶展中部的流动状况,抑制了脱落涡对低能流体的卷吸,降低了端区二次流动损失。

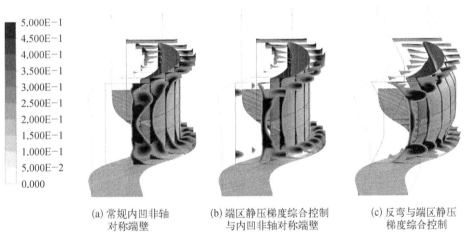

(a) 常规内凹非轴　　　(b) 端区静压梯度综合控制　　　(c) 反弯与端区静压
　　对称端壁　　　　　　与内凹非轴对称端壁　　　　　梯度综合控制

图 7.21　非轴对称端壁联合应用对大转角高负荷叶栅端区二次流损失的影响

2. 叶身/端壁一体化设计技术

由于涡轮叶片前缘修型技术、三维叶片技术及端壁造型技术各自存在不同的优缺点,为了追求更高的涡轮性能,将几种技术有机结合起来,更加高效地组织端区流动、削弱二次流强度及尺度,是涡轮精细化气动设计的发展方向之一。

为了应对飞行器机翼区域的马蹄涡系,局部修型技术作为一项重要技术被引入。由于其在控制马蹄涡系方面具有优越效果,相关机理及技术在发动机内流涡轮叶片前缘得到了应用。其中,Zess 和 Thole 将该技术应用于涡轮叶片前缘区域[40],并采用试验及数值模拟方法研究了其流动机理,发现合理的前缘改型能够有效地削弱马蹄涡的尺度及强度。通过不同修型结果的对比(图 7.22)[41],发现采用最佳的前缘修型结构能够有效控制涡轮叶栅内的二次流,试验发现,具有两倍边界层厚度的长度、一倍边界层厚度的涡轮前缘修型结构为最佳结构。之后,

Sauer 等[42]引入了一种球形前缘改型结构,并将该结构用于涡轮叶片前缘马蹄涡控制中,结果发现,采用不对称的前缘泡状结构反而增大了马蹄涡吸力面分支,发展的马蹄涡与通道涡旋转方向相反,从而减小了通道涡的尺度及强度,该结构可以将二次流损失减小至原型的 50%。

此外,Turgut 和 Camci[43,44]综合前缘修型及非轴对称端壁技术(图 7.23),有效削减了叶片端壁区域的流动损失,修型后的前缘结构减少了近轮毂区域的横向二次流,进一步降低了与下游封严气之间的掺混损失。美国空军实验室[24,45]将端壁一体化成形技术应用于某高负荷涡轮叶栅中,获得的改进效果如下:消除了压力面的气流分离、减小了近端壁区域的二次流损失,端区流动损失降低了 23%。从上述研究成果可以看出,叶身/端壁的一体化设计将成为端壁二次流控制技术的发展方向,其控制原理已经在端壁造型、叶片前缘修型等研究中获得了较丰富的认识。

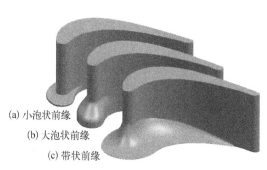

(a) 小泡状前缘
(b) 大泡状前缘
(c) 带状前缘

图 7.22   不同涡轮叶片前缘修型结构

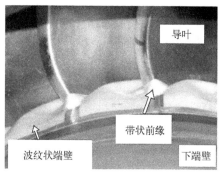

导叶

带状前缘

波纹状端壁

下端壁

图 7.23   带状前缘和非轴对称端壁一体化造型

7.3   先进冷却设计技术

7.3.1   涡轮微尺度冷却理念介绍

在航空发动机涡轮叶片的冷却中,多采用外部气膜冷却与内部带扰流结构的强化冷却通道相结合的冷却方案。根据传热学理论,气流边界层对换热起决定性作用,边界层以外的流动和温度分布影响相对较小。叶片外部气膜冷却技术主要是通过喷射冷气覆盖在叶片表面形成温度较低的边界层,达到降低叶片外壁面与燃气的换热强度的目的;叶片内部冷却技术主要是通过设计扰流结构破坏边界层,提高内表面附近的气流与壁面的交替接触频率并增强近壁面高温气流与远壁面低温气流的掺混作用,从而提高热量传输的效果,降低叶片壁温。这类方案是由传热学研究水平和加工技术的发展水平共同决定的。

　　然而,在较大的冷却结构尺度下,无论是外部气膜冷却还是内部扰流强化换热冷却,都存在冷气利用率不高的现象。气膜冷却主要表现为喷出的气流分布不均匀,以较大动量喷射时容易"穿入"燃气区,造成浪费;以较小动量喷射时,气膜覆盖范围较小,达不到冷却的目的。大尺度内部通道中,通道中心的气流离壁面较远,导致其参与换热的程度较低,冷气利用率不高。解决上述问题的最有效的方案就是减小冷却结构的尺度,采用微尺度冷却技术来满足未来发动机涡轮部件对先进高效冷却设计的需求。从国外先进航空发动机冷却技术的发展趋势来看,各种新型高效冷却技术均采用具有微尺度特征的冷却结构来增强换热效果。

　　微尺度($100 \sim 1\,000\ \mu m$)结构单位体积内具有非常高的流动换热表面积,可以在较小的冷气流量条件下产生极高的换热率,是用于产生大密度热流器件的主要冷却结构形式。微尺度流动换热问题于 20 世纪 80 年代提出,主要集中于高密度微电子器件的冷却及微电子机械系统中的流动和换热领域。近年来,有关微尺度流体力学及传热传质学理论的研究已成为国际学术界的热点,且发展势头非常迅猛,尽管其中的基础理论及关键技术尚不成熟,但微尺度结构具有极高换热速率的特点是毋庸置疑的。

　　宏观条件下流动的特征尺度一般在厘米到米之间,而当物体特征尺寸进一步减小时,流动实际特性和经典的流体动力学理论出现了差别,出现了很多与常规尺度下不同的物理现象:一类是物体特征尺寸缩小至微观粒子平均自由程量级时,连续介质的假设及一些宏观概念和规律不再适用,热物性参数需重新讨论,控制方程也不再适用;另一类是物体特征尺寸远大于微观粒子平均自由程,连续介质的假设仍然成立,但由于尺度的微细化,各种因素的相对重要性发生了变化,流动和换热规律发生变化。航空发动机涡轮微尺度冷却结构的流动换热问题属于后一类。

　　图 7.24 给出了不同尺度冷却结构的尺寸范围。现役涡轮叶片的常规冷却结构是集"冲击-扰流-气膜"于一体的复合冷却结构,如图 7.25 所示,特征尺度基本在毫米量级,大部分属于小尺度($0.5 \sim 1$ mm)冷却,也有部分冷却结构的尺寸在大

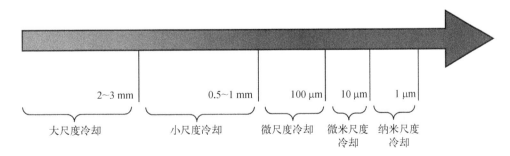

图 7.24　不同尺度冷却结构的尺寸范围

尺度冷却范围内。随着加工技术的发展,微尺度冷却结构已能够在涡轮部件上实现工程应用,微尺度冷却结构一般包括微尺度通道冷却、微尺度射流冲击冷却、微尺度气膜冷却及其组合形式,其特征尺寸小于毫米量级,如图 7.26 所示。本节将分别对微尺度气膜冷却、微尺度通道冷却和微尺度射流冲击冷却相对于常规尺寸冷却结构的优势进行介绍。

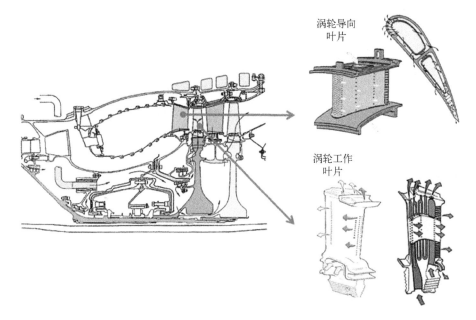

图 7.25　涡轮叶片常规冷却结构

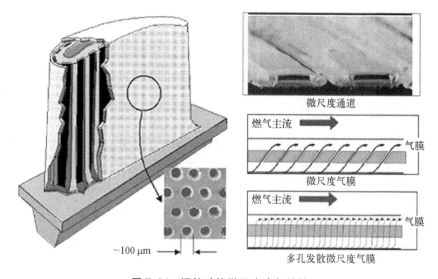

图 7.26　涡轮叶片微尺度冷却结构

7.3.2　微尺度气膜冷却技术

微尺度气膜冷却相对于常规大尺度孔的优势并不体现在单孔的气膜冷却效果上。数值计算研究表明,在保证相同的克努森数 Kn 与吹风比 M 条件下,在相同的无量纲空间范围内,微尺度孔与常规大尺度孔的气膜冷却效率[又称绝热气膜冷却效率,$\eta = (T_g - T_{aw})/(T_g - T_c)$]分布几乎是完全相同的,如图 7.27 所示。

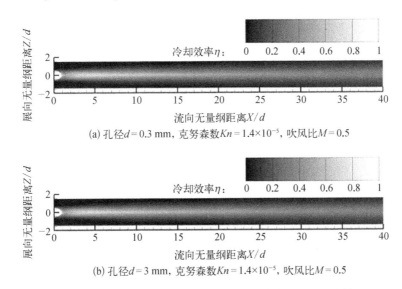

(a) 孔径 $d = 0.3$ mm, 克努森数 $Kn = 1.4 \times 10^{-5}$, 吹风比 $M = 0.5$

(b) 孔径 $d = 3$ mm, 克努森数 $Kn = 1.4 \times 10^{-5}$, 吹风比 $M = 0.5$

图 7.27　微尺度孔 ($d = 0.3$ mm) 与大尺度孔 ($d = 3$ mm) 的气膜冷却效率分布对比

微尺度气膜冷却的优势在冷却面积、开孔率与冷气流量都相同的条件下体现得较为充分,因为在相同冷却面积下要实现相同的开孔率与冷气流量,微尺度孔必须是多排孔结构,这样就可以实现小流量气膜的密集喷射,有效减少冷气对燃气的穿透并提高冷气覆盖的均匀性。

图 7.28 给出了吹风比 $M = 1.0$ 条件下单排大尺度气膜孔 ($d = 3.0$ mm)、5 排小尺度气膜孔 ($d = 0.6$ mm) 和 10 排微尺度气膜孔 ($d = 0.3$ mm) 的气膜冷却效率分布计算结果。图 7.28 中,三种气膜冷却结构的冷却面积、开孔率与冷气流量均相同,所用的数值计算方法与模型也都相同。可以很明显地看出,随着气膜孔径的减小、气膜孔排的增加,模型壁面的气膜冷却效率越高、分布越均匀。图 7.29 给出了吹风比分别为 1.0、1.5、2.0 条件下三种不同孔径气膜冷却结构的冷却效率展向平均结果。由图 7.29 可知,多排微小尺度孔模型的冷却效率在三个吹风比条件下均远高于单排大尺度孔模型;对比 10 排微尺度孔模型与 5 排小尺度孔模型可知,采用更小孔径的多排孔模型有利于提升冷却效率,而且多排微尺度孔模型的冷却效率不会随吹风比增加而明显增加。这意味着微尺度气膜冷却结构的冷气利用率非常高,可以

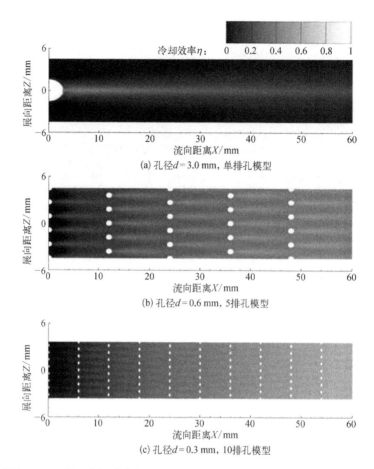

图 7.28　不同尺度气膜冷却结构在吹风比 $M=1.0$ 条件下的冷却效率分布

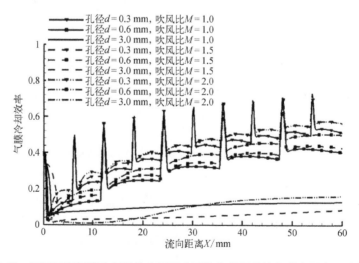

图 7.29　不同尺度气膜冷却结构在不同吹风比条件下的冷却效率展向平均结果

用相对较少的冷气量实现更好的冷却效果,这也正是微尺度气膜冷却的优势所在。

为了进一步深入理解微尺度气膜冷却结构的机理,图 7.30 给出了模型孔中截面无量纲温度 $\Theta = (T_g - T)/(T_g - T_c)$ 的分布云图。由图可知,单排大尺度孔二次流冷气喷出后形成的气膜非常厚,导致大量的冷气掺混进入高温主流,没有发挥冷却壁面的作用,因此浪费了很大一部分冷气。对比小尺度 5 排孔模型与微尺度 10 排孔模型可以发现,随着孔径的减小、孔排数的增加,气膜厚度更薄、气膜贴壁性更好,因此冷却效率也就越高,二次流冷气利用得也更加充分。

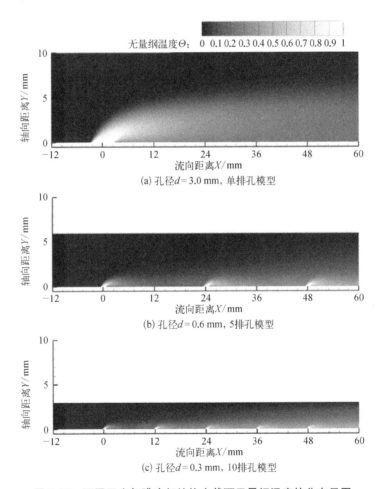

图 7.30　不同尺度气膜冷却结构中截面无量纲温度的分布云图

多排微尺度孔结构可以显著提高壁面的气膜冷却效率,同时也会增大壁面的对流换热系数,而且孔径越小,这种强化换热的效应越明显。为了评估不同尺度气膜孔结构的综合冷却效果,还需要比较不同结构的热流密度比。热流密度比表征了在主流条件相同时,有气膜冷却壁面热流密度与无气膜冷却壁面热流密度的比

值,定义为

$$q/q_0 = (h/h_0)(1 - \eta/\varphi) \tag{7.1}$$

式中,φ 为实际冷却条件下的壁面无量纲温度,$\varphi = (T_g - T_w)/(T_g - T_c)$,一般取 0.6 来计算壁面热流密度比。三种不同尺度的气膜冷却结构在不同吹风比下的壁面平均热流密度比如表 7.1 所示。

表 7.1　气膜冷却结构的壁面平均热流密度比

模　　型	吹风比	平均冷效率	平均换热系数比	平均热流密度比
	1	0.108	1.203	0.986
$d = 3.0$ mm,单排模型	1.5	0.060	1.377	1.239
	2	0.095	1.592	1.340
	1	0.309	1.530	0.742
$d = 0.6$ mm,5 排模型	1.5	0.325	1.916	0.878
	2	0.364	2.107	0.829
	1	0.402	1.701	0.561
$d = 0.3$ mm,10 排模型	1.5	0.431	2.042	0.575
	2	0.436	2.381	0.651

表 7.1 中的数据清楚地表明了多排微小尺度孔模型的热流密度比小于 1,也远小于单排大尺度孔模型,而且孔径越小、孔排数越多,冷却效果越好。需要注意的是,对比不同吹风比下多排孔模型的热流密度比可以发现,增加冷气流量不能明显减小热流密度比,反而可能会增加热流密度比,对壁面的冷却效果起相反的作用,这进一步验证了微尺度气膜冷却可以用较少的冷气用量实现更好的冷却效果。

7.3.3　微尺度通道冷却技术

微尺度通道冷却相对于常规尺度冷却通道拥有更大的面积-体积比,而且壁面粗糙度的强化换热效果也会更加显著。图 7.31 给出了微尺度通道流动换热特性试验件的照片,试验件选用不锈钢材料。为了减小测量误差,试验件设计为多通道结构,共 44 个通道,通道长度为 10 mm,直径为 0.4 mm。试验件的微尺度通道由电钻钻孔获得,通过钻孔加工工艺加工出不同粗糙度的试验件,通道壁面的粗糙度 Ra 测量结果如图 7.32 所示。

图 7.31　微尺度通道试验件示意图

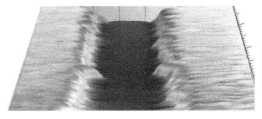

图 7.32　通道壁面粗糙度 Ra 测量结果示意图

由图 7.33 和图 7.34 可以看出，不同粗糙度下的摩擦因子 f 是不同的。通过对比不同粗糙度试验件的 f - Re 曲线，可以看出摩擦因子 f 曲线随着雷诺数 Re 的增大而减小；在层流区，泊肃叶数 Po 随着雷诺数 Re 的增大而增大，其中泊肃叶数 $Po = f\,Re$，这与经典理论所认为的泊肃叶数 $Po = 64$ 不一致。在同一雷诺数 Re 下，粗糙度大的试验件所对应的泊肃叶数 Po 越大，这也说明了粗糙元会明显增大通道内的流阻。

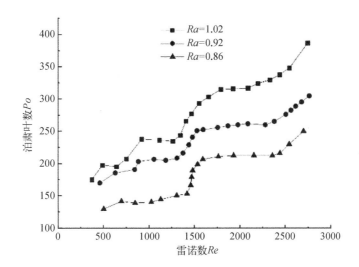

图 7.33　不同粗糙度试验件的泊肃叶数对比

由图 7.35 可以看出，不同粗糙度下的压差-流量曲线趋势基本相同，随着流量的增大，通道两端的压差逐渐增大。由图可以看出，在流量较小时，压差增长速度有一个较为明显的增大过程，当流量较大时，压差增速又变回原来的值。随着流量增大，通道两边的压差 ΔP 逐渐增大。由不同粗糙度下的压差-流量对比可以看出，粗糙度越大，相应的压差越大。较层流区而言，不同的粗糙度下湍流区的压差值的区分更加明显，由此可见，在湍流区，粗糙度对压差的影响更大。

管内壁面综合换热系数变化规律如图 7.36 所示，对于同一雷诺数 Re，不同粗

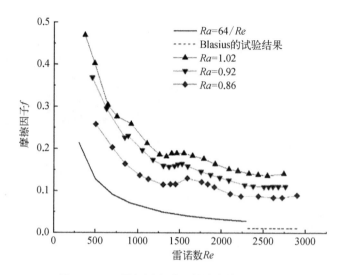

图 7.34   不同粗糙度试验件的摩擦因子对比

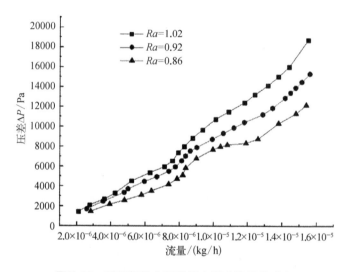

图 7.35   不同粗糙度下微尺度通道的压差对比

糙度的试验件努塞尔数 Nu 不同。在层流区和湍流区,努塞尔数 Nu 随着雷诺数 Re 的增大而增大。而在过渡区,随着雷诺数 Re 的增大,努塞尔数 Nu 的增大速度相较其他两个流态变小。此外,还容易看出,粗糙度越大,得到的努塞尔数 Nu 越大,即换热能力越强。

将试验数据用理论求解的方式求解,可与常规尺度圆管换热特性理论值进行对比,如图 7.37 所示,实际发动机处于湍流状态,微尺度通道强化传热效果可提高 30% 以上。

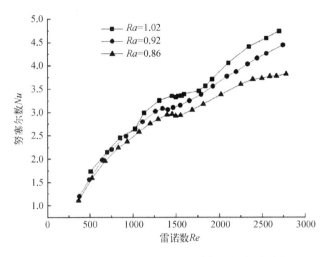

图 7.36　不同粗糙度微尺度通道努塞尔数的对比

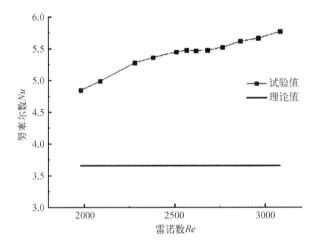

图 7.37　微尺度通道换热特性与常规尺度理论值对比

7.3.4　微尺度射流冲击冷却技术

由微尺度冲击冷却与微尺度气膜冷却构成的双层壁冷却结构是涡轮叶片微尺度冷却常用的结构形式,如图 7.38 所示。本节将介绍带有交错出流孔的微尺度冲击冷却的换热特性。计算模型参照图 7.38 所示的周期性计算单元,试验模型为单排多孔,冲击冷却结构内的冲击孔与出流孔一一对应、交错排列,同时冲击孔与出流孔径一致,考察的因素包括冲击孔径 d、孔间距 P'、冲击距 H,试验件组装图如图 7.39 所示。

图 7.40 为不同孔径($D=0.3\,\text{mm}$、$0.4\,\text{mm}$、$0.5\,\text{mm}$)下冲击通道平均换热系数随雷诺数变化的分布图。分析可知,对于孔径不同但相同长度的冷却通道,冲

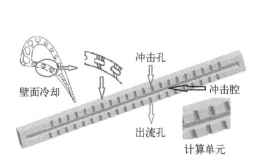

壁面冷却　冲击孔　冲击腔　出流孔　计算单元

图7.38　双层壁微尺度冲击冷却结构示意图

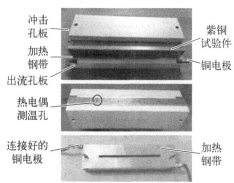

冲击孔板　紫铜试验件　加热钢带　铜电极　出流孔板　热电偶测温孔　连接好的铜电极　加热钢带

图7.39　微尺度冲击冷却试验件组装图

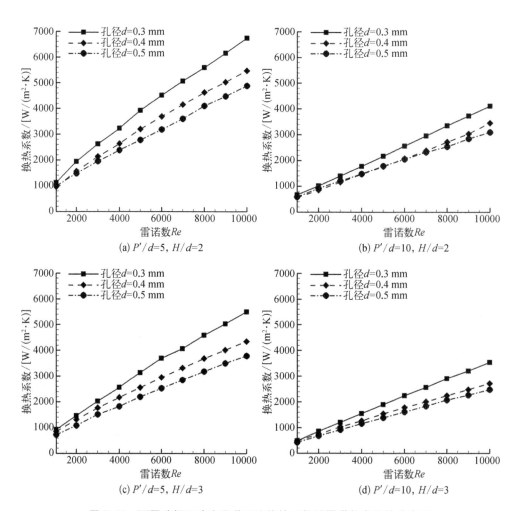

(a) $P'/d=5$, $H/d=2$

(b) $P'/d=10$, $H/d=2$

(c) $P'/d=5$, $H/d=3$

(d) $P'/d=10$, $H/d=3$

图7.40　不同孔径下冲击通道平均换热系数随雷诺数变化的分布图

击雷诺数相同即可保证总冷气量一致。此外,可以观察到,随着孔径的减小,冲击通道平均换热系数增大,换热效果得到明显提升。在相同的孔间距下,当 $P'/d = 5$ 时,如图 7.40(a) 和(c)所示,不同孔径的换热系数增长率随着孔径的减小而增大,并且在相同的雷诺数下的换热系数的差距比较明显。当 $P'/d = 10$ 时,如图 7.40(b) 和(d)所示,在相同的孔间距下,孔径 $d = 0.4$ mm 与孔径 $d = 0.5$ mm 下的换热系数在雷诺数相同时比较接近,但此时孔径 $d = 0.3$ mm 的换热系数均比孔径 $d = 0.4$ mm 和孔径 $d = 0.5$ mm 的换热系数高,并且孔径 $d = 0.3$ mm 的换热系数增长率远高于其他两个孔径。当雷诺数为 8 000 时,在相同冷却面积、相同冷气流量下,孔径 $d = 0.3$ mm 的冲击通道与孔径 $d = 0.5$ mm 相比,最小的换热系数比值约为 1.31,最大的换热系数比值约为 1.44。当雷诺数从 1 000 增加到 10 000 时,孔径 $d = 0.3$ mm 与孔径 $d = 0.5$ mm 的平均换热系数之比从 1.12 增加至 1.45,孔径 $d = 0.4$ mm 与孔径 $d = 0.5$ mm 的平均换热系数之比从 1.04 增加至 1.19,这表明在大雷诺数下,小孔径对于改善换热效果具有明显效果,且孔径越小时提升作用越大。

图 7.41 为不同雷诺数条件下,孔间距 $P' = 5d$、冲击距 $H = 2.5d$、冲击孔径分别为 $d = 0.3$ mm 与 $d = 0.5$ mm 时冲击靶面处的换热系数分布图。从图中可以看出,冲击孔径大小的变化不仅改变了靶面平均换热效果,同时还对局部产生了明显影

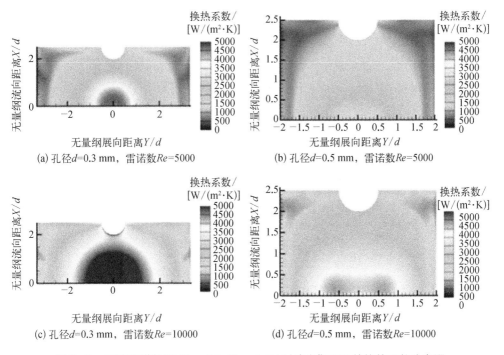

图 7.41 不同雷诺数下 $P' = 5d$、$H = 2.5d$ 时冲击靶面处的换热系数分布图

响。冲击靶面换热系数的分布趋势基本一致,但在换热强化区,即冲击孔下方圆形驻点区域内出现差异。随着孔径的减小,驻点区域内靶面的换热系数峰值增大。这是由于在相同流量下,随着孔径的增大,冲击气流速度逐渐降低,因此驻点内的换热系数趋于平均。随着雷诺数的增加,孔径减小所带来的冲击靶面换热系数的提升效果越明显。当雷诺数 $Re = 5\,000$ 时,孔径变化所带来的差异明显,驻点内的换热系数峰值明显增加。当雷诺数 Re 增加至 $10\,000$ 时,孔径变化所带来的差异进一步加剧,孔径 $d = 0.3$ mm 与孔径 $d = 0.5$ mm 冷却结构的冲击驻点区域增加得更为明显,峰值也进一步升高,并且导致出流孔附近的抽吸作用变强,使得出流孔附近的换热系数有所增加。可以看出,冷却效果随着孔径的减小而变强,且在冷气流量较大时,孔径减小所带来冷却效果的增益更明显。

7.4 先进结构强度设计技术

7.4.1 先进涡轮构型设计技术

1. 对转涡轮

随着现代发动机推重比的不断提高,涡轮负荷进一步增加,单纯依靠提高叶片负荷已经难以满足技术需求,采用对转高、低压涡轮是具有重大潜力的技术方向之一。对转涡轮指高、低压涡轮旋转方向不一致的涡轮设计形式,图 7.42 中所示的 1+1/2 对转涡轮即取消了低压导向器。由于减少了涡轮叶片数,其更易实现高、低压涡轮结构的单元体设计,使得高、低压涡轮部件结构更紧凑,可维护性更好。同时,因取消了低压导向器,涡轮冷气量减少,发动机推力有所提高,耗油率下降;若保持冷气量不变,则可进一步提高涡轮前温度,从而提高发动机的推重比。由图 7.42 可知,因减少了半级低压导向叶片,涡轮结构更为紧凑,发动机长度将缩小,同时将减轻发动机的重量。此外,由于高、低压转子的对转,将减轻单向旋转

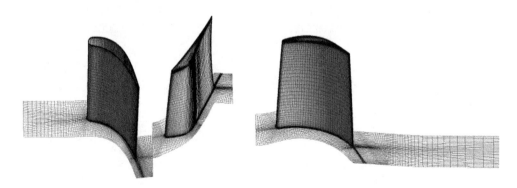

图 7.42　国内某型 1+1/2 对转涡轮气动计算网格

导致的陀螺力矩,从而提高飞机的机动性和可操纵性。因此,对转涡轮部件技术是提高涡轮发动机推重比及飞机整机性能的关键国防应用基础技术之一。

国外发达国家对于对转涡轮技术的实际应用已经较为成熟,其试验验证也相对成熟。20 世纪 50 年代国外就已经开始了对转涡轮的相关研究。GE 公司和罗·罗公司联合研制的 F136 发动机及 GE 本田航空发动机公司的 HF120 发动机已采用了无导叶对转涡轮。NASA 刘易斯研究中心曾设计和验证了一种用于火箭发动机的小型无低压涡轮导向器对转涡轮,转子设计点的总体效率提高了 2%,速度降低时,其效率甚至可以提高 7%。20 世纪,普惠公司在 XTC‐66 的基础上发展的技术验证机 XTE‐66 也采用了 1+1/2 对转低压涡轮。

国内近年来也开展了对转涡轮设计技术的研究,完成了对转涡轮流动基础研究、设计技术发展、缩尺模型试验等机理性和探索性的研究工作,积累了一些经验和认识,使国内的对转涡轮气动布局理论得到了很大发展,在相关理论和方法层面上减小了与国外的差距。但总体来说,国内在对转涡轮结构强度设计和试验验证方面仍然落后于国外。

2. 变几何涡轮

为了实现航空发动机在亚声速和超声速状态兼具良好的性能,国外航空发动机设计人员提出了变循环发动机思想。变循环发动机就是通过改变某些重要部件的几何形状、尺寸、位置或角度,来改变发动机的热力循环参数,使发动机在各种飞行条件和工作状态下都能处于良好的工作状态,达到所需的性能指标,从而提高发动机的工作适应性和可靠性。

随着变循环发动机的研究,涡轮喉道调节设计技术(可调导叶设计技术、变几何涡轮设计技术)也得到了深入研究及发展。早在 20 世纪 50 年代,NASA 刘易斯研究中心就开始了对变几何涡轮的研究。英国罗·罗公司在 70 年代首先验证了通过改变导叶安装角有效控制涡轮流量的设计技术。之后,很多变循环发动机的设计都采用了涡轮导向叶片安装角可调的方案。例如,美国 GE 公司于 70 年代发展的双涵道发动机 GE21 就采用了变几何涡轮技术。此外,日本的 HYPR‐T 发动机、普惠公司的变流路控制发动机、斯奈克玛公司的 MCV99 VCE 方案等都采用了变几何涡轮设计技术。

由于变几何涡轮在地面燃气轮机总体性能优化设计中具有很大的优势,在燃气轮机领域,对变几何涡轮也开展了深入系统的研究。1977 年,GE 公司研制了采用变几何动力涡轮技术的 GT‐225 型汽车燃气轮机,有效提高了低工况下 GT‐225 型汽车燃气涡轮发动机的经济性能;1985 年,日本三菱重工 Takagi 对单级跨声速变几何动力涡轮的气动性能进行了试验研究和理论研究;1989 年,美国 Solar 和 Caterpiller 公司联合研制了采用变几何动力涡轮技术的 Solar5650 型舰船燃气轮机,使得油耗减少到当时的中速柴油机的水平;1991 年,美国海军开始设计发展新一代船用燃气轮机 WR-21,由于采用变几何涡轮等三大关键技术,WR-21 燃气轮机增加了输出功率,降低了额定功率下的耗油率,而且在大部分功率范围内具有平坦的耗油率曲线。如今,WR-21 燃气轮机已应用于英国海军 45 型防空导弹驱逐舰上。此外,ABB、Garrett 及 MAN B&W 等国际知名企业也纷纷投入大量的人力物力进行变几何涡轮研究,并取得了较好的成绩。变几何动力涡轮技术在舰船燃气轮机的发展中也具有现实的国防意义和重要的应用前景。

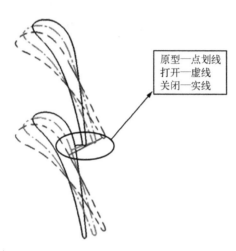

原型—点划线
打开—虚线
关闭—实线

图 7.43 可调静叶喉道变化示意图

在国内,受限于相关的变循环航空发动机研制进展,变几何涡轮在工程应用方面还处于空白。尽管如此,我国一些涡轮设计人员,仍对变几何涡轮原理和结构开展了一些探索性的研究工作。例如,针对图 7.43 中所示的变几何涡轮可调静叶喉道,中国航发沈阳发动机设计研究所对导向器喉道面积变化对涡轮性能的影响、变几何涡轮叶片造型的特点(叶片根尖端面球面设计、叶型攻角的选择、叶型几何参数的选择)、变几何涡轮的特性(流量特性、功量特性、效率特性)、机械式变几何涡轮结构可实现性等问题做了初步理论分析与研究。

7.4.2 先进涡轮强度设计技术

1. 涡轮叶片抗高周疲劳设计技术

随着型号研制工作的深入开展,暴露出了热端部件,尤其是涡轮叶片抗高周疲劳能力不足的问题;原有设计流程中的涡轮叶片振动特性和减振设计部分流程环节,还不能完全满足型号研制需求。涡轮部件相关的高周疲劳储备评估方法仍不成熟,如数值模型精确模拟、激振力预估、阻尼减振效果评估等。

通过开展涡轮叶片振动特性及响应分析技术研究,运用高周疲劳评估方法及阻尼减振设计技术,并结合部件/发动机级动应力测试手段,以及整机高周疲劳试验验证来考核叶片的抗高周疲劳设计精度,建立完善的设计规范与控制标准,以期降低发动机研制过程中涡轮叶片出现高周疲劳故障的风险。

2. 单晶/定向结晶涡轮叶片数值仿真及寿命预测技术

目前,国内对于单晶/定向结晶涡轮叶片等构件已经形成了基于线性累积损伤的寿命评估方法,但未考虑高、低周复合、蠕变疲劳损伤交互作用及热机疲劳对寿命的影响,且对应力集中部位(气膜孔、扰流柱等)缺少相应的寿命评估方法和评估准则,采用弹塑性本构的疲劳寿命预测结果有待试验验证,黏塑性本构模型的成熟度有待提高。另外,未形成热端部件焊接构件的疲劳分析方法,目前对于多联涡轮导叶焊接部位的疲劳寿命预测方法较粗放。

为此,需建立和完善涡轮叶片应力-应变数值仿真分析模型。利用模拟件试验获取仿真模型关键参数,同时验证分析精度。根据涡轮叶片不同部位可能的失效模式特点,开展带应力集中特征的单晶材料模拟件/构件蠕变疲劳寿命及热-机械疲劳寿命试验研究及验证。利用典型叶片构件,开展高、低周复合疲劳寿命数值仿真分析及试验验证,以及焊接多联导叶的热疲劳寿命数值仿真分析及试验验证,修正寿命预测方法,完善单晶/定向结晶涡轮叶片设计技术。

3. 高温机匣包容性和强度寿命分析技术

目前,机匣的包容性分析大多采用包容系数法进行验算。包容系数法是由英国罗·罗公司在地坑式轮盘旋转试验器和全尺寸发动机上通过机匣包容性试验得到的。这种方法认为叶片包容性由叶片的动能与机匣的包容系数的关系确定,其公式是从多次的包容试验中总结出来的,有一定的理论根据。但这些包容性设计公式中关键参数的取值范围、适用性及其依据尚需完善。此外,还需要借助数值仿真分析软件对机匣的包容性进行分析,为机匣的设计提供理论依据。

目前,国内针对高温部件机匣的复杂载荷的处理方法和多场耦合分析求解方法研究较少,简单地将应力水平作为机匣破裂的判断准则,未考虑机匣的细节结构、加工工艺及环境因素的影响。在寿命评估方面通常采用高温等温疲劳试验数据来预测高温机匣的寿命,但是已有研究结果表明,高温机匣的实际寿命并不像预想的那样偏于保守,需要同时考虑机匣的复杂受力状态及所处的高环境温度,以机匣多轴低循环疲劳研究和蠕变-疲劳研究为基础,针对不同部位开展多失效模式的寿命预测方法研究,为机匣限寿件预测提供理论基础。

4. 热障涂层复合损伤失效模式分析技术

大部分涡轮叶片采用了电子束物理气相沉积热障涂层,以提高涡轮叶片的抗氧化、抗腐蚀和隔热性能,但对于目前型号研制中广泛出现的热障涂层鼓包、起裂和脱落等故障,仍缺乏工程有效的仿真分析和评估手段。

为此,需研究和掌握电子束物理气相沉积热障涂层的失效模式及损伤机理,分析陶瓷层、黏结层与基体结构三者相互作用的损伤与强度破坏机制,明确导致涂层裂纹、剥落失效的主要因素,建立热氧化物的氧化生长模型及热障涂层、基体界面数值仿真模型,完善热障涂层-高温合金系统的寿命预测模型,结合模拟件高温氧化、热疲劳等试验确定本构模型相关参数,并对数值仿真分析结果进行试验验证,积累基础数据,为热障涂层的工程应用和工艺优化验证提供技术支持。

5. 陶瓷基复合材料热端结构强度分析技术

目前,国内在陶瓷基复合材料构件领域的研究尚处于起步阶段,从高性能纤维制备、复合材料制备/加工工艺到构件设计,尚不能满足航空发动机热端构件工程化应用需求。首先,陶瓷基复合材料(ceramic matrix composites, CMC)性能数据短缺、设计应用经验不足,需要开发特定应用环境下寿命评估方法及必要的软件工具。其次,由于纤维增强 CMC 结构强度具有很大的随机性,作为航空发动机的高温部件,无法采用常规金属部件惯用的安全系数等确定性设计方法,有必要采用概率设计方法进行可靠性分析。同时,还要重视 CMC 标准、性能数据、寿命评估方法与工具等体系方面的积累,建设基于 CMC 数据库支撑的评价方法,形成一套完整、经过验证的 CMC 适航复合型设计与验证技术体系。

7.4.3　涡轮先进结构强度涉及的材料与制造技术

1. 陶瓷基复合材料

研究人员在航空发动机的热端部件引入陶瓷材料已有约 50 年之久,设计开发的相关陶瓷零部件已在汽车、燃气轮机及航空发动机中进行了挂片验证。目前,主要由于材料的限制及相关成本的考虑,在航空发动机中使用陶瓷零部件仍存在较大的挑战。例如,在发动机服役过程中,由于断裂韧性低,单体陶瓷对于外来物损伤的防护仍有较高的失效风险。而同样具有耐温能力高、密度低、线膨胀系数小、热导率较低优点的 CMC,由于使用纤维阻止裂纹扩展,克服了一般陶瓷易碎的缺点,具有高得多的损伤容限能力,在先进航空发动机的涡轮、燃烧室、尾喷管等热端部件中具有广阔的应用前景。

为了减轻结构重量并提高发动机效率,欧洲、美国和日本等国家和地区相继在军用、民用航空发动机热端部件中开展了 CMC 的研究,基于先易后难、从低温到高温的研制思路,CMC 构件已由中温中等载荷段的密封片、调节片发展到高温中等载荷的涡轮外环,并进一步向高温高载荷的涡轮导叶迈进。法国和美国等在 20 世纪 90 年代初期以推重比为 8 和 10 的一级发动机为演示验证平台,对 CMC 构件进行了大量应用验证。2002 年,M88 - 2 发动机喷管已形成批量生产,并发展到 F100、F110、F414、F119 等推重比为 8~10 的多种型号军用发动机。在此基础上,发展了 CMC 高压涡轮外环应用到 LEAP - 1A 民用涡扇发动机,于 2015 年在新空客 A320neo 飞机上完成首飞和适航取证,这是 CMC 首次实际应用于发动机核心机部件,已完成了 2 万多小时的部件及整机试验,试验表明 CMC 的应用能极大地减少压气机的引气量,提高发动机推力,并使燃油消耗量降低 1.5% 以上[46]。

国内已突破了尾喷管 CMC 密封片/调节片和内锥体的设计与制造技术,现阶段,国内 CMC 构件在航空发动机上的装机应用仍仅局限于尾喷管等发动机后缘,温度工况较低。目前,我国已针对喷管调节片(图 7.44)、涡轮外环、涡轮导叶等高温涡轮静子零件开展了预先研究工作,但相关零件制备工艺尚未稳定,应用考核研究仍显不足。

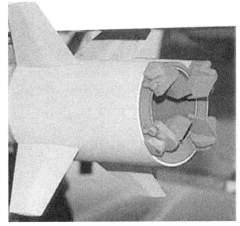

图 7.44　采用 CMC 制备的喷管调节片

2. 涡轮叶片用热障涂层

涡轮叶片在高温、高应力条件下工作,仅靠采用先进的冷却技术、研发新型耐高温合金材料和改进涡轮叶片的制造工艺,很难满足其安全可靠工作所需的高温蠕变强度和抗高温氧化腐蚀能力的要求。热障涂层可避免高温工作介质直接作用于金属基体表面,降低叶片的表面温度,以提高其抗氧化、抗腐蚀和耐高温的能力。涡轮叶片,特别是高压涡轮叶片在表面喷涂热障涂层后,可带来如下效益:① 提高涡轮进口温度,进而提高发动机性能;② 降低叶片金属基体温度,延长叶片的使用寿命,使其可靠性更高;③ 减少冷气用量。

国外先进航空发动机均在涡轮叶片表面喷涂了防护涂层。目前,国外先进的陶瓷热障涂层已经能在工作环境下进一步使叶片温度降低 170℃左右。与开发新的高温合金材料相比,热障涂层技术的研究成本要低得多,工艺也现实可行。因此,热障涂层技术已经成为未来发动机热端部件高温防护涂层技术的主要发展方向。

从目前航空发动机的应用来看,用于涡轮叶片的热障涂层材料的组成结构已比较明确。涡轮叶片的隔热涂层是一个二元涂层系统,由黏结层和陶瓷层组成(图 7.45)。黏结层采用常规或真空等离子喷涂方法,材料为MCrAlY(M 为 Ni、Co 或两种元素的混合物 NiCo),其功能是使基体和陶瓷层

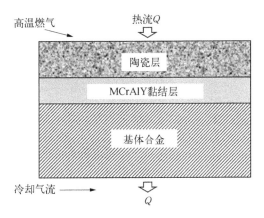

图 7.45　典型双层结构热障涂层

能很好地黏结到一起,同时又对基体起到防腐蚀、防氧化的作用。陶瓷层采用常规等离子喷涂或电子束物理气相沉积喷涂方法,材料为 $6\% \sim 8\%$ $Y_2O_3 - ZrO_2$。在这个二元体系中,陶瓷层是热障涂层的主体,对基体起到热防护的作用。

国外涂层材料的一个发展方向是探索研究导热率低、循环氧化耐久性更高、抗腐蚀能力更强的陶瓷面层材料,其采用的方法是在 YSZ 中增加耐更高温度的稀土金属氧化物,这些稀土元素包括 Hf、Ce、Sc、Gd、Yb 和 La 等,如根据超高效发动机技术(Ultra-Efficient Engine Technology, UEET)计划研发的 $ZrO_2 - (YNdGd)_2O_3$ 和 $ZrO_2 - (YNdYb)_2O_3$ 热障涂层,以及 NASA 成功开发的等离子喷涂 $HfO_2 - Y_2O_3$ 热障涂层。NASA 的试验表明,0.4 mm 陶瓷热障涂层可使涡轮叶片的表面温度降低 $100 \sim 300℃$。

国内在先进热障涂层制备技术领域的起步较晚,为了满足新一代发动机对长寿命热障涂层的需求,国内相关科研院所及企业已引进先进设备,并开展了前期研究工作,基本具备了开展高质量、长寿命热障涂层研制的基础能力,但仍需在粉末材料性能提升、涂层性能考核和工艺控制稳定性等方面开展大量的研究工作。

3. 拓扑优化

近年来,蓬勃发展的拓扑优化方法充分融合了材料“物尽其用”的思想,是早期尺寸和形状优化方法的进一步延拓,构成了未来针对复杂结构在设计初期实施轻量化布局设计以减少相关开发成本的关键技术。

双辐板涡轮盘(图 7.46)技术是其中一个重要的标志性成果,具有重量轻、转动惯量小、寿命长等优点,它的研制成为目前涡轮结构强度设计中的前沿方向。在双辐板之间可以通冷气,增大盘的散热面积,提高冷却效率,而且当双辐板之间装上特殊的舌板时,可以根据不同的转速(工作环境温度)调节冷气的通过量,提高发动机低转速(如巡航状态)的循环效率。这种结构不仅可以减轻重量,还可适应更高的 AN^2 值。国外已有了双辐板涡轮盘的相关专利,美国在可承受多用途先进涡轮发动机后续计划中仍将双辐板涡轮盘研制列为关键技术。目前,国内双辐板涡轮盘研制还基本处于起步阶段,西北工业大学与中国航发四川燃气涡轮研究院

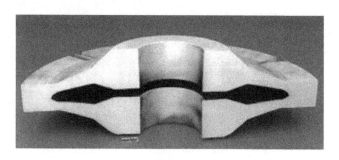

图 7.46　双辐板涡轮盘结构示意

在这一领域处于领先地位。目前,结构强度设计人员考虑的重点主要集中在以下几个问题:如何进行内腔与外形的优化设计;如何建立考虑强度和疲劳的设计准则与设计流程。

4. 3D 打印

在机械制造行业内,长期以来采用的加工方法是用刀具从较大的毛坯逐步切除无用材料来得到所需的工件,称为减材制造(subtractive manufacturing, SM)法。传统的车、铣、刨、磨、钳,以及现代的电火花、电液束、激光切割均属于此范畴。虽然减材制造的工件精度高,表面品质好,成型材料与机床无依存关系,其适用范围非常广泛,但是该制造方法的毛坯通常来源于铸造或者锻造,并且还需要用模具预成型,加工周期较长,材料利用很低,成本较高。此外,还会受到工件的复杂结构、刀具、模具及铸造工艺水平的限制。

随着全球市场一体化的形成,制造业的竞争十分激烈,产品的开发速度日益成为主要矛盾。在这种情况下,自主快速产品开发(快速设计和快速工模具)的能力(周期和成本)成为制造业全球竞争的实力基础。为满足日益变化的用户需求,要求制造技术有较强的灵活性,能够以小批量甚至单件生产而不增加产品的成本。因此,产品的开发速度和制造技术的柔性就十分关键。同时,计算机科学、计算机辅助设计(computer aided design, CAD)技术、材料科学、激光技术的发展和普及也为新的制造技术的产生奠定了技术物质基础。鉴于以上传统减材制造的缺点,通过数字化增加材料的增材制造(additive manufacturing, AM)出现在世人的面前,其不需要模具快速成型、复杂构件近净成形以至净成形、全数字化、高柔性,而且可以实现多材料任意复合制造的优势展露无遗。

在以创新和试验为特色的航空航天业领域,利用增材制造技术,只需通过简单调整计算机里的设计文件,新设计的部件很快就能打印出来用于测试。而在过去,这需要几个星期的时间才能完成。因此,设计师可以更自由地专注于设计更紧致的结构、提高效率、减少消耗等与成本密切相关的重要因素。

随着"两机"专项工作的展开,涡轮部件的快速验证需求越来越迫切。但涡轮叶片内冷结构复杂,无法直接机加形成,需要采用精密熔模铸造并综合机加工艺,加工周期长,已成为限制发动机研制周期的瓶颈零件。目前,金属增材制造技术和快速精铸技术是有可能解决涡轮部件快速验证问题的两条途径。

其中,金属增材制造技术是一种利用激光或电子束等手段,依据三维建模,在计算机自动控制下通过材料逐层添加而直接快速精确形成零件的制造技术。图7.47 为基于金属增材制造技术制备的涡轮转子及叶片,其过程与零件复杂程度无关,但其无法同时做到高精度、成型表面光滑、可选材料广泛且成型后强度高,现阶段仍需配合相关后处理技术才能交付用于零部件试验件,尚无法直接用于发动机整机试车环境。

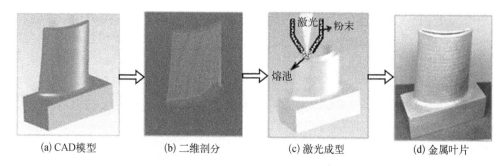

(a) CAD模型　　　　(b) 二维剖分　　　　(c) 激光成型　　　　(d) 金属叶片

图 7.47　基于金属增材制造技术制备的涡轮转子及叶片示意

　　快速精铸技术则是将 3D 打印技术与传统精铸技术相结合,以期高速、低成本地完成精密铸造,其基本原理是利用快速成型技术直接或间接制造铸造用消失模、聚苯乙烯消失模凹模、模样、模板、铸型、型芯或型壳等,然后结合传统铸造工艺,快速地制造金属零件。快速成型技术为实现涡轮叶片的短周期、多方案、低费用、高精度提供了一条可能的路径。

　　3D 打印技术与铸造工艺的结合使得两者的优点均得到更充分的发挥。3D 打印技术制造速度快、成本低,可制造复杂零件,并可预先消除缺陷;而铸造则几乎可使任何一种金属成型,且不受形状、大小的限制,成本低廉,但从设计、模具加工到铸造的周期较长。而两者的结合正可扬长避短,使冗长的设计、修改、再设计到制模这一过程大大简化。

　　国外很早就将 3D 打印技术在铸造生产中进行了应用,除了将 3D 打印技术应用于制造新产品试制用的原型及熔模铸造的蜡模,还可用于直接生产酚醛树脂壳型、壳芯,它们可直接用来装配成砂型。AC Technology 公司采用这种直接壳型法为客户生产样品铸件,在接到客户提供的三维 CAD 数据后,根据铸件尺寸和复杂程度,可在 3 周时间内为客户提供 1~5 个铸件。

　　在发动机零件制造方面,国内较早地应用 3D 打印技术。早在 21 世纪初,某型发动机曾利用熔丝沉积成型技术制造过铸造用整体叶盘型芯。在涡轮叶片方面,西安交通大学开发的基于激光固化快速成型的空心叶片成型工艺则是快速精铸技术在涡轮叶片的一个成功应用。

参考文献

[1]　尹泽勇,米栋,吴立强,等. 航空发动机多学科设计优化[M]. 北京:北京航空航天大学出版社,2005.

[2]　邹正平,王松涛,刘火星,等. 航空燃气轮机涡轮气体动力学: 流动机理及气动设计[M]. 上海: 上海交通大学出版社,2014.

[3]　Hodson H P. The development of unsteady boundary layers on the rotor of an axial-flow turbine [C]. Copenhagen: AGARD Conference on Viscous Effects in Turbomachines, AGARD CP –

351，1983.

[4]　Hodson H P，Howell R J. The role of transition in high-lift low-pressure turbines for aero engines[J]. Progress in Aerospace Sciences，2005，41：419 - 514.

[5]　Haselbach F，Schiffer H，Horsman M. The application of ultra high lift blading in the BR715 LP turbine[J]. Journal of Turbomachinery，2002，124(3)：45 - 51.

[6]　张磊.超高负荷跨音速涡轮气动设计理论及其非定常流动特性研究[D].北京：中国科学院研究生院(工程热物理研究所)，2011.

[7]　冯涛.叶轮机械内部流动分析与设计若干问题[D].北京：北京航空航天大学，2006.

[8]　叶建.非定常环境中叶片边界层时空演化机制的大涡模拟[D].北京：北京航空航天大学，2008.

[9]　张伟昊.低压涡轮内若干流动机理及气动设计问题研究[D].北京：北京航空航天大学，2013.

[10]　Liang Y，Zou Z，Liu H，et al. Experimental investigation on the effects of wake passing frequency on boundary layer transition in high lift low pressure turbines[J]. Experiments in Fluids，2015，56(4)：81.

[11]　König S，Stoffel B，Schobeiri M T. Experimental investigation of the clocking effect in a 1. 5-stage axial turbine — Part Ⅰ：time-averaged results[J]. Journal of Turbomachinery，2009，131：021003.

[12]　Huber F W，Johnson P D，Sharma O P，et al. Performance improvement through indexing of turbine airfoils：Part Ⅰ — experimental investigation[J]. Journal of Turbomachinery，1996，118(4)：630 - 635.

[13]　Graham C G，Kost F H. Shock boundary layer interaction on high turning transonic turbine cascades[C]. San Diego：The Gas Turbine Conference & Exhibit & Solar Energy Conference，ASME Paper 79 - GT - 37，1979.

[14]　Denton J D. The 1993 IGTI scholar lecture：Loss mechanisms in turbomachines [J]. Journal of Turbomachinery，1993，115(4)：621 - 656.

[15]　Mee D J，Baines N C，Oldfield M L G，et al. An examination of the contributions to loss on a transonic turbine blade in cascade[J]. ASME Journal of Turbomachinery，1992，114：155 - 162.

[16]　袁超.高出口马赫数叶型流动与设计[D].哈尔滨：哈尔滨工业大学，2014.

[17]　Sonoda T，Arima T，Olhofer M，et al. A study of advanced high-loaded transonic turbine airfoils[J]. Journal of Turbomachinery，2006，128：650 - 657.

[18]　Denton J D，Xu L. The trailing edge loss of transonic turbine blades [J]. Journal of Turbomachinery，1990，112(2)：277 - 285.

[19]　Giel P W. NASA/GE highly-loaded turbine research program [C]. New Orleans：NASA Fundamental Aeronautics 2007 Annual Meeting，2007.

[20]　史文斌.叶轮机械叶栅流动数值与试验研究[D].北京：北京航空航天大学，2012.

[21]　王宇峰，温风波，王松涛，等.叶片吸力侧反曲率设计对流道内激波强度影响的研究[J].节能技术，2013，31(5)：404 - 408.

[22]　Yao J，Carson S. HPT/LPT interaction and flow management in the inter-turbine space of a modern axial flow turbine[C]. Barcelona：Proceedings of the ASME Turbo Expo 2006：Power

for Land, Sea, and Air, ASME Paper GT2006 - 90636, 2006.

[23] Castner R, Chiappetta S, Wyzykowski J, et al. An engine research program focused on low pressure turbine aerodynamic performance[C]. Amsterdam: Proceedings of IGTI: ASME Turbo Expo 2002, ASME Paper GT2002 - 30004, 2002.

[24] Lyall M E, King P I, Clark J P, et al. Endwall loss reduction of high lift low pressure turbine airfoils using profile contouring — Part I: Airfoil design[J]. Journal of Turbomachinery, 2014, 136(8): 81005.

[25] Hourmouziadis J. Aerodynamic design of low pressure turbines[J]. AGARD Lecture Series, 167: 1 - 40, 1989.

[26] 邹正平, 叶建, 刘火星, 等. 低压涡轮内部流动及其气动设计研究进展[J]. 力学进展, 2007, 37(4): 551 - 562.

[27] 杨琳. 低雷诺数低压涡轮内部复杂流动机理及气动设计方法研究[D]. 北京: 北京航空航天大学, 2006.

[28] 梁赟. 高负荷低压涡轮尾迹诱导边界层转捩研究[D]. 北京: 北京航空航天大学, 2015.

[29] Howell R J. Wake separation bubble interactions in low Reynolds number turbomachinery[D]. Cambridge: Cambridge University, 1999.

[30] Zweifel O. The spacing of turbo-machine blading, especially with large angular deflection[J]. Brown Boveri Review, 1945, 32(12): 436 - 444.

[31] Mcquiling M W. Design and validation of a high-lift low pressure turbine blade[D]. Wright State University, 2007.

[32] Kopper F C, Milanot R, Vancot M. Experimental investigation of endwall profiling in a turbine vane cascade[J]. AIAA Journal, 1981, 19(8): 1033 - 1040.

[33] Hartland J, Gregory-Smith D. A design method for the profiling of end walls in turbines[C]. Amsterdam: Proceedings of ASME Turbo Expo, ASME Paper GT - 2002 - 30433, 2002.

[34] Hartland J C, Gregory-Smith D G, Harvey N W, et al. Nonaxisymmetric turbine end wall design: Part II — Experimental validation[J]. Journal of turbomachinery, 2002, 122: 286.

[35] Rose M G. Non-axisymmetric endwall profiling in the HP NGV's of an axial flow gas turbine [C]. Hague: The International Gas Turbine and Aeroengine Congress and Exposition, ASME Paper 94 - GT - 249, 1994.

[36] Rose M G, Harvey N W, Seaman P, et al. Improving the efficiency of the trent 500 HP turbine using non-axisymmetric end walls. Part II: Experimental validation[C]. New Orleans: Proceedings of ASME Turbo Expo 2001, ASME Paper 2001 - GT - 0505, 2001.

[37] Harvey N W, Rose M G, Taylor M D, et al. Nonaxisymmetric turbine end wall design: Part I — Three-dimensional linear design system[J]. Journal of turbomachinery, 2000, 122: 278.

[38] Ingram G, Gregory-Smith D, Harvey N. The benefits of turbine endwall profiling in a cascade [J]. Proceedings of the Institution of Mechanical Engineers, Part A: Journal of Power and Energy, 2005, 219(1): 49 - 59.

[39] Brennan G, Harvey N W, Rose M G, et al. Improving the efficiency of the trent 500-hp turbine using nonaxisymmetric end walls — Part I: Turbine design[J]. Journal of turbomachinery, 2003, 125(3): 497 - 504.

[40] Zess G A, Thole K A. Computational design and experimental evaluation of using a leading

edge fillet on a gas turbine vane[J]. Journal of Turbomachinery, 2002, 124(2): 167 - 175.

[41] Becz S, Majewski M S, Langston L S. Leading edge modification effects on turbine cascade endwall loss[C]. Atlanta: Proceedings of ASME Turbo Expo 2003 Power for Land, Sea, ASME Paper GT2003 - 38898, 2003.

[42] Sauer H, Muller R, Vogeler K. Reduction of secondary flow loss in turbine cascades by leading edge modifications at the endwall[C]. Munich: Proceedings of the ASME Turbo Expo 2000: Power for Land, Sea, and Air, ASME Paper 2000 - GT - 0473, 2000.

[43] Turgut Ö H, Camci C. Experimental investigation and computational evaluation of contoured endwall and leading edge fillet configurations in a turbine NGV[C]. Copenhagen: Proceedings of the ASME Turbo Expo 2012: Turbine Technical Conference and Exposition, ASME Paper GT2012 - 69304, 2012.

[44] Turgut Ö H, Camci C. Influence of leading edge fillet and nonaxisymmetric contoured endwall on turbine NGV exit flow structure and interactions with the rim seal flow[C]. San Antonio: Proceedings of the ASME Turbo Expo 2013: Turbine Technical Conference and Exposition, ASME Paper GT2013 - 95843, 2013.

[45] Sangston K, Little J, Lyall M E, et al. End wall loss reduction of high lift low pressure turbine airfoils using profile contouring — Part Ⅱ: Validation[J]. Journal of Turbomachinery, 2014, 136(8): 81006.

[46] 高铁,洪智亮,杨娟. 商用航空发动机陶瓷基复合材料部件的研发应用及展望[J]. 航空制造技术,2014,6: 12 - 21.